冰河技术丛书

深入理解 高并发编程

核心原理与案例实战

冰河（@冰河技术）◎著

U0259397

电子工业出版社·
Publishing House of Electronics Industry
北京·BEIJING

内 容 简 介

本书从实际需求出发，全面细致地介绍了高并发编程的基础知识、核心原理、实战案例和系统架构等内容。通过阅读和学习本书，读者可以对高并发编程有更加全面、深入、透彻的理解，提高对高并发编程问题的处理能力和项目实战能力，并站在更高的层面解决高并发编程系统架构问题。

本书适合互联网行业从业人员、高校师生阅读，尤其适合中高级开发人员、架构师、技术经理及技术专家阅读，也适合对高并发编程感兴趣的人员阅读。

图书在版编目（CIP）数据

深入理解高并发编程：核心原理与案例实战 / 冰河著. —北京：电子工业出版社，2022.6
ISBN 978-7-121-43469-3

Ⅰ. ①深… Ⅱ. ①冰… Ⅲ. ①JAVA 语言—程序设计 Ⅳ. ①TP312.8

中国版本图书馆 CIP 数据核字（2022）第 084202 号

责任编辑：张　晶
印　　刷：北京天宇星印刷厂
装　　订：北京天宇星印刷厂
出版发行：电子工业出版社
　　　　　北京市海淀区万寿路 173 信箱　　邮编：100036
开　　本：787×980　　1/16　　印张：23.25　　字数：483.6 千字
版　　次：2022 年 6 月第 1 版
印　　次：2023 年 8 月第 4 次印刷
定　　价：129.00 元

凡所购买电子工业出版社图书有缺损问题，请向购买书店调换。若书店售缺，请与本社发行部联系，联系及邮购电话：（010）88254888，88258888。

质量投诉请发邮件至 zlts@phei.com.cn，盗版侵权举报请发邮件至 dbqq@phei.com.cn。

本书咨询联系方式：（010）51260888-819，faq@phei.com.cn。

推荐语

（排名不分先后）

冰河是 CSDN 的专家博主，多年来坚持在 CSDN 输出高质量技术文章。当今开发者的技术栈和开发模式都在走向云原生，云原生技术的核心是分布式系统。冰河多年来研究高并发和分布式技术，这次出版的书籍《深入理解高并发编程：核心原理与案例实战》从操作系统到 JVM 再到 JDK 中的 JUC，对并发编程的原理和本质问题进行了详细的剖析；对于操作系统线程调度、Java 中各类锁和线程池的核心原理与实现细节、CAS 问题、ABA 问题等都有详细的阐述；同时结合分布式锁和电商秒杀等热门高并发业务场景对高并发系统的设计进行了深度解密，是国内这一领域难得的高质量原创图书。无论是对于并发编程初学者，还是对于具有一定开发实践经验的工程师和架构师，这本书都值得一看。

CSDN 创始人、总裁　蒋涛

我加入 CSDN 之后认识了很多博主，冰河就是其中的优秀代表之一。冰河的这本《深入理解高并发编程：核心原理与案例实战》和我们平常看到的入门介绍的博文不同，该书深入地解析了高并发编程的核心原理，并分析了 CPU、OS、编译、原子性等场景中的核心矛盾，光是这些透彻的分析就已经值回书价。不仅如此，该书还通过实际案例来给出应用指导，对于并发编程领域的学生和工程师乃至架构师和技术专家，都是一本高质量的指南，建议人手一本。

CSDN 副总裁、《编程之美》《构建之法》作者　邹欣

从城市健康码故障排查到优惠券抢购承压，高并发场景早已不局限于每年的"双十一"大促。冰河在本书中深入浅出地讲述了并发编程的原理及具体场景应用，更难得的是还佐以大量可运行的代码。无论对于入行不久的朋友，还是有一定经验的朋友，本书都是一本有价值的工具书。

资深技术专家、《程序员的三门课》《深入分布式缓存》联合作者　右军

在计算机多核时代，并发编程是每个程序员都应掌握的技能。本书从操作系统到 JDK、JUC，对并发编程的原理和本质做了深度的剖析，让读者知其然，亦知其所以然；结合电商的"超卖""秒杀"等热门业务场景对高并发系统设计进行了技术解密，体现了作者在这一领域的深厚积累。阅读此书，受益良多。

阿里中间件分布式事务团队负责人　季敏

冰河算是互联网行业内很勤奋的高产写书人了，我个人收藏了不少他撰写的书，在工作之余反复阅读。本书从计算机基础原理开始娓娓道来，而后巨细靡遗地梳理了分布式系统高并发的相关知识，让我这样一个在大厂基础架构部门从业十二年的一线开发人员有种"朝花夕拾"之感：把"毕业即还给老师"的知识重新捡了起来，收获感很强。最难能可贵的是，本书还从实战角度讲解了秒杀系统的详细实现与优化技巧，是实际工作中很好的借鉴范例。虽然书中的很多知识是使用 Java 语言讲解的，但个人觉得对非 Java 开发人员亦有指导意义。

Dubbo-go 社区负责人　于雨

本书从操作系统底层原理到应用实战深入浅出地剖析了高并发编程。通过阅读本书，可以更好地理解锁、线程、并发编程等知识，学会解决开发中的并发难题，了解在单机和分布式业务场景下如何高效地进行并发编程。强烈推荐大家阅读。

高德资深技术专家、《亿级流量网站架构核心技术》作者　张开涛

高并发编程是每一个 IT 数字化人才必备的核心技能，本书是业界难得的实践类好书，作者冰河同样是技术领域绝对的资深专家。

这本书深入浅出剖析高并发的核心原理、实战案例以及系统架构等，让技术人员真正掌握高并发架构设计的本质，从而在面向不同业务场景时，能够给出优雅的高并发架构设计解决方案，让企业真正降本增效。

本书是高并发架构设计实践类好书，特推荐之。

奈学科技创始人兼 CEO、58 集团前技术委员会主席　孙玄

高并发是海量用户在线系统架构所必须具备的特性。如果想从微观内核到并发应用，再到业务架构学习高并发的核心原理和高并发系统的工程架构最佳实践，那么这本《深入理解高并发编程：核心原理与案例实战》是不错的选择。

在微观层面，对于内核调度、同步异步、各类锁的实现细节，书中都有详尽的叙述；在并发应用层面，对于 CAS 问题、ABA 问题、连接池实现，书中都有细致的案例讲解；在架构层面，对于缓存并发实战、电商超卖问题、秒杀系统架构，书中都进行了扩展讲解。

总的来说，不管你已经是一名工程师、架构师、技术经理，又或者是一名希望从事高并发编程的互联网从业人员，本书都值得一看。

互联网架构专家、公众号"架构师之路"作者　沈剑

当前，新技术层出不穷，但是真正底层的技术更新非常慢，推荐阅读冰河的新书《深入理解高并发编程：核心原理与案例实战》，这些知识才是最需要好好学习和研究的，也是从程序员进阶到架构师的必备知识。

饿了么前技术总监、公众号"军哥手记"作者　程军

初识冰河还是在一个内部建立的技术群里，大家在这个群里交流各种技术。冰河分享了他写的一些技术文章，我读完发现这些文章写得相当通俗易懂，非常适合希望从事这个行业却不知道从哪里入手的年轻技术人员阅读。冰河的新作《深入理解高并发编程：核心原理与案例实战》，同样保持了其一贯的高水准。

对高并发问题的处理是工程技术人员水平的重要体现，大厂程序员和小厂程序员的实践差异就在这里，因为这需要了解很多的原理，包括从底层操作系统到数据库的实现等。该书按照先原理后实践的顺序为大家介绍了高并发问题的由来，以及在实践中如何解决高并发问题。对于希望负责高并发业务的技术人员是不可多得的优秀读物。

杭州任你说智能科技 CTO　李鹏云

这是一本以 Java 语言为例，以 CPU、操作系统、JVM 底层原理为基础，站在实践的角度上全面解析高并发的基本原理的书籍。

本书有大量的实战案例和图解说明，能极大地方便读者理解高并发的原理并加以实践。作者有大量的高并发应用的开发和运维经验，在书中进行了递进式的内容布局，给出了代码和对应讲解，可以帮助读者更好地处理实际问题。本书是一本非常优秀的高并发系统性书籍，强烈推荐大家阅读。

Apache RocketMQ 北京社区联合发起人&& Commiter　李伟

高并发可以说是每个程序员都想拥有的经验，随着流量增大，我们会遇到各种各样的技术挑战。本书作者从原理和实战两个方面入手，系统地介绍了高并发知识，既有微观层面的操作系统原理和并发编程技巧，也有宏观层面的系统架构设计和分布式技术，对于读者系统性地学习高并发编程有非常好的指导意义。

京东零售架构师　骆俊武

跟冰河兄相熟是因为我们同为技术公众号作者，一直觉得他是有才华又上进的技术人，最近得知他的新书即将出版，惊叹于他的高产与高质量。高并发编程是互联网大厂对程序员最基本的要求，如果你想进入大厂，那么高并发编程是必须扎实掌握的核心技能，本书系统地讲解了各种场景下的高并发编程的精髓，我把这本书推荐给那些有志于成为优秀程序员的朋友们。

"技术领导力"公众号作者、某电商公司 CTO　Mr.K

并发编程是 Java 工程师绕不过去的挑战，Java 并发编程所涉及的知识点较多，多线程编程所考虑的场景相对复杂，包括线程间的资源共享、竞争、死锁等问题，冰河的这本书刚好对这些问题进行了系统讲解。冰河在并发编程领域深耕多年，在本书中用浅显易懂的文字为大家系统地介绍了 Java 并发编程的相关内容。推荐大家关注学习本书。

"纯洁的微笑"公众号作者　纯洁的微笑

　　高并发编程一直以来都是开发工作中的难点和重点。一旦你具有了优秀的高并发编程技能，就可以更充分地利用现有资源，更高效率地完成各种工作。如果你有能力高效利用你能调度的各种资源，你就比其他开发者拥有更高的价值。所以，如果你已经做了一段时间的开发工作，想要进一步提升自己的能力，高并发编程就是一个不错的方向。如果你打算好好研究一下高并发编程，那么我向你推荐冰河的这本新书。作者冰河从基础理论与核心原理开始，为你讲解高并发的主要技术点；同时从实战案例与系统架构的角度出发，为你解析工作中可能遇到的问题。这是一本理论与实践相结合的好书，可以让你更好地理解并掌握高并发编程的知识，同时更轻松地将这些知识运用到工作中。

公众号"程序猿 DD"维护者、《Spring Cloud 微服务实战》作者　翟永超

为什么要写这本书

随着互联网的不断发展，CPU 硬件的核心数也在不断提升，并发编程越来越普及，但是并发编程并不像其他业务那样简单明了。在编写并发程序时，往往会出现各种各样的 Bug，这些 Bug 常常以某种"诡异"的形式出现，然后迅速消失，并且在大部分场景下难以复现。所以，高并发编程着实是一项让程序员头疼的技术。

本书从实际需求出发，全面细致地介绍了高并发编程的基础知识、核心原理、实战案例和系统架构等内容。每个章节都根据实际需要配有相关的原理图和流程图，在实战案例篇，还会提供完整的实战案例源码。书中的每个解决方案都经过高并发、大流量的生产环境的考验，可以用于解决实际生产环境中的高并发问题。通过阅读和学习本书，读者可以更加全面、深入、透彻地理解高并发编程知识，提高对高并发编程问题的处理能力和项目实战能力，并站在更高的层面解决高并发编程系统架构问题。

读者对象

- 互联网从业人员。
- 中高级开发人员。
- 架构师。
- 技术经理。
- 技术专家。
- 想转行从事高并发编程的人员。
- 需要系统学习高并发编程的开发人员。
- 需要提高并发编程开发水平的人员。
- 需要时常查阅高并发编程技术和开发案例的人员。

本书特色

1. 系统介绍高并发编程的知识

目前，图书市场少有全面细致地介绍有关高并发编程的基础知识、核心原理、实战案例和系统架构的图书，多从其中一两个角度入手讲解。本书从以上四方面入手，全面、细致并且层层递进地介绍了高并发编程相关知识。

2. 大量图解和开发案例

为了便于理解，笔者在高并发编程的基础知识、核心原理和系统架构章节中配有大量的图解和图表，在实战案例章节中配有完整的高并发编程案例。读者按照本书的案例学习，并运行案例代码，能够更加深入地理解和掌握相关知识。另外，这些案例代码和图解的 draw.io 原文件会一起收录于随书资料里。读者也可以访问下面的链接，获取完整的实战案例源码和相关的随书资料。

- GitHub：https://github.com/binghe001/mykit-concurrent-principle。
- Gitee：https://gitee.com/binghe001/mykit-concurrent-principle。

3. 案例应用性强

对于高并发编程的各项技术点，书中都配有相关的典型案例，具有很强的实用性，方便读者随时查阅和参考。

4. 具有较高的实用价值

书中大量的实战案例来源于笔者对实际工作的总结，尤其是实战案例篇与系统架构篇涉及的内容，其中的完整案例稍加修改与完善便可应用于实际的生产环境中。

本书内容及知识体系

第 1 篇　基础知识（第 1~2 章）

本篇简单地介绍了操作系统线程调度的相关知识和并发编程的基础知识。操作系统线程调度的知识包括冯·诺依曼体系结构、CPU 架构、操作系统线程和 Java 线程与操作系统线程的关系。并发编程的基础知识包括并发编程的基本概念、并发编程的风险和并发编程中的锁等。

第 2 篇　核心原理（第 3~14 章）

本篇使用大量的图解详细介绍了并发编程中各项技术的核心原理，涵盖并发编程的三大核心问题、并发编程的本质问题、原子性的核心原理、可见性与有序性核心原理、synchronized核心原理、AQS 核心原理、Lock 锁核心原理、CAS 核心原理、死锁的核心原理、锁优化、线程池核心原理和 ThreadLocal 核心原理。

第 3 篇　实战案例（第 15~18 章）

本篇在核心原理篇的基础上，实现了 4 个完整的实战案例，包括手动开发线程池实战、基于 CAS 实现自旋锁实战、基于读/写锁实现缓存实战和基于 AQS 实现可重入锁实战。每个实战案例都是核心原理篇的落地实现，掌握这 4 个实战案例的实现方式，有助于我们更好地在实际项目中开发高并发程序。

第 4 篇　系统架构（第 19~20 章）

本篇以高并发、大流量场景下典型的分布式锁架构和秒杀系统架构为例，深入剖析了分布式锁和秒杀系统的架构细节，使读者能够站在更高的架构层面来理解高并发编程。

如何阅读本书

- 对于没有接触过高并发编程或者高并发编程技术薄弱的读者，建议按照顺序从第 1 章开始阅读，并实现书中的每一个案例。
- 对于有一定多线程和并发编程基础的读者，可以根据自身实际情况，选择性地阅读相关篇章。
- 对本书中涉及的高并发编程案例，读者可以先自行思考其实现方式，再阅读相关内容，可达到事半功倍的学习效果。
- 可以先阅读一遍书中的高并发编程案例，再阅读各种技术对应的原理细节，理解会更加深刻。

勘误和支持

由于作者的水平有限，编写时间仓促，书中难免会出现一些错误或者不妥之处，恳请读者批评指正。如果读者对本书有任何建议或者想法，请联系笔者。

- 微信：hacker_binghe。
- 邮箱：1028386804@qq.com。
- 公众号：冰河技术。

如果想获得更多有关高并发编程的知识，可以关注"冰河技术"微信公众号，阅读相关的技术文章。

致谢

感谢蒋涛（CSDN 创始人、总裁）、邹欣（CSDN 副总裁）、右军（蚂蚁金服资深技术专家）、季敏（阿里中间件分布式事务团队负责人）、于雨（Dubbo-go 社区负责人）、张开涛（高德资深技术专家）、孙玄（奈学科技创始兼 CEO、58 集团前技术委员会主席）、沈剑（互联网架构专家、公众号"架构师之路"作者）、程军（饿了么前技术总监、公众号"军哥手记"作者）、李鹏云（杭州任你说智能科技 CTO）、李伟（Apache RocketMQ 北京社区联合发起人）、骆俊武（京东零售架构师）、Mr.K（"技术领导力"公众号作者、某电商公司 CTO）、"纯洁的微笑（纯洁的微笑"公众号作者）、翟永超（公众号"程序猿 DD"维护人、《Spring Cloud 微服务实战》作者）（以上排名不分先后）等行业大佬对本书的大力推荐。

感谢冰河技术社区的兄弟姐妹们，感谢你们长期对社区的支持和贡献。你们的支持是我写作的最大动力。

感谢我的团队和许许多多一起合作、交流过的朋友们，感谢博客、公众号的粉丝，以及在我博客、公众号留言及鼓励我的朋友们。

感谢电子工业出版社博文视点的张晶编辑，在这几个月的时间中始终支持我写作，你的鼓励和帮助引导我顺利完成全部书稿。

感谢我的家人，他们都在以自己的方式在我写作期间默默地给予我支持与鼓励，并时时刻刻为我灌输着信心和力量！

最后，感谢所有支持、鼓励和帮助过我的人。谨以此书献给我最亲爱的家人，以及众多关注、认可、支持、鼓励和帮助过我的朋友们！

冰河

目　　录

第 1 篇　基础知识

第 2 篇 核心原理

第 3 篇　实战案例

第 4 篇 系统架构

第 1 篇

基础知识

第 **1** 章

操作系统线程调度

并发编程离不开操作系统和 CPU 的支持，只有操作系统和 CPU 支持多线程运行，才能很好地实现并发编程。所以，本章先对操作系统线程调度的有关知识进行简单的介绍。

本章所涉及的知识点如下。

- 冯·诺依曼体系结构。
- CPU 架构。
- 操作系统线程。
- Java 线程与操作系统线程的关系。

1.1　冯·诺依曼体系结构

1945 年，美籍匈牙利数学家、计算机科学家冯·诺依曼提出了计算机最基本的工作模型，这个模型就是著名的冯·诺依曼体系结构。本节简单介绍一下冯·诺依曼体系结构。

1.1.1　概述

冯·诺依曼体系结构最基本的思想是：必须将提前编写好的程序和数据传送到内存中才能执行程序。计算机在运行时，首先从内存中获取第一条指令，对指令进行译码操作，按照指令的要求从内存中取出相应的数据进行计算，并将计算的结果输出到内存。然后，从内存中获取第二条指令，完成与获取第一条指令后相同的操作。接下来，从内存中获取第三条指令，以此类推。

同时，冯·诺依曼体系结构指出，一旦启动程序，计算机就能够在不需要人工干预的情况下自动完成从内存中取出指令并执行任务的操作。

可以将冯·诺依曼体系结构的特点总结为如下几点。

（1）采用"存储程序"的方式工作。也就是说，计算机需要具备长期存储数据、中间计算结果、最终计算结果及程序的能力，而不是仅仅具有短暂的存储能力。

（2）计算机由五大基本部件组成，分别为运算器、控制器、存储器、输入设备和输出设备。

（3）运算器能够进行加、减、乘、除运算，并且能够进行逻辑运算。

（4）控制器能够自动执行从内存中获取的指令。

（5）存储器可以存放指令，也可以存放数据，计算机内部的数据及指令都是以二进制的形式表示的。

（6）计算机中的每条指令都是由操作码和地址码组成的，操作码指定操作的类型，地址码指定操作数的地址。

（7）用户可以通过输入设备将程序和数据输入计算机。

（8）计算机可以通过输出设备将处理结果显示给用户。

1.1.2　计算机五大组成部分

冯·诺依曼体系结构中的计算机主要有五大组成部分，分别为运算器、控制器、存储器、输入设备和输出设备。

这五大组成部分负责的主要功能有所不同，各组成部分的主要功能如下。

- 运算器：主要用于完成各种运算操作，例如算术运算、逻辑运算等。同时，运算器要负责数据的加工处理，例如数据的传送等。
- 控制器：主要用于控制程序的执行，是整个计算机最核心的部分，被称为计算机的大脑，与运算器、寄存器组和内部总线一起构成了计算机中最重要的部分——CPU。控制器根据存放在存储器中的指令或程序工作，其内部的程序计数器能够控制指令或程序的执行流程。控制器还具备判断指令或程序的能力，能够根据运算器的计算结果来选择不同的执行流程。
- 存储器：主要用于存储指令、程序和数据，计算机中的内存就属于存储器。在计算机中，指令、程序和数据都是以二进制的形式存储在存储器中的，具体的存储位置由存储地址决定。

- 输入设备：主要用于将指令、程序和数据输入计算机进行加工和处理。例如计算机中的鼠标和键盘等。
- 输出设备：主要用于将指令、程序和数据的加工、处理结果输出并展示给用户。例如显示器和打印机等。

计算机各组成部分间的协作关系如图 1-1 所示。

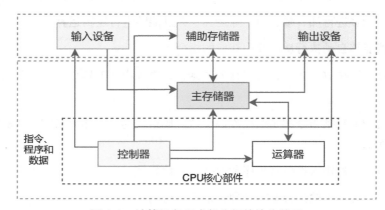

图 1-1   计算机各组成部分间的协作关系

（1）存储器可以分为主存储器和辅助存储器，主存储器就是通常所说的内存，辅助存储器也叫作外存储器，磁盘就属于外存储器。

（2）CPU 核心部件可以分为控制器和运算器两部分。

（3）输入设备向主存储器输入指令、程序和数据。

（4）主存储器可以将指令、程序和数据输出到辅助存储器，也可以从辅助存储器中读取指令、程序和数据。

（5）主存储器和辅助存储器都可以存储输入设备输入的指令、程序和数据。

（6）控制器控制着计算机中其他组成部分的执行流程。

（7）运算器读取主存储器中存储的指令、程序和数据，完成相应的算术运算、逻辑运算，并对数据进行加工处理，将得出的结果输出到主存储器。

（8）主存储器会根据控制器的控制指令，将运算器向主存储器输出的结果输出到输出设备。

1.2　CPU 架构

CPU 是整个计算机中最核心的部分，尤其是 CPU 中的控制器，被称为计算机的大脑，控制着计算机各组成部分之间的执行流程，使其协调、有序地工作。本节将对 CPU 架构的基础知识进行简单的介绍。

1.2.1　CPU 的组成部分

在某种程度上来讲，CPU 主要由运算器、控制器、寄存器组和内部总线构成。

运算器和控制器在上一节中已经详细介绍过，这里重点介绍寄存器组和内部总线。

- 寄存器组：寄存器组的字面意思很好理解，就是一组寄存器，或者说包含若干寄存器。寄存器可以存放程序的一部分指令，也负责存储程序执行的跳转指针和循环指令，它可以从高速缓存、内存和控制单元中读取数据。寄存器组可以分为专用寄存器和通用寄存器，专用寄存器的作用一般是固定的，寄存相应的数据；通用寄存器往往由使用人员规定其用途。
- 内部总线：内部总线能够快速完成 CPU 内部各部件之间的数据交换，也能够使数据快速流入和流出 CPU。

接下来，介绍 CPU 中的核心组成部分——运算器和控制器。运算器一般包括算术逻辑单元、累加寄存器、数据缓冲寄存器和状态条件寄存器。

运算器各组成部分的主要功能如下。

- 算术逻辑单元：主要实现数据的算术运算和逻辑运算，对数据进行加工处理。
- 累加寄存器：也是通用寄存器，能够为算术逻辑单元提供一个工作区，暂存指令、程序和数据。
- 数据缓存寄存器：在 CPU 向内存写数据时，暂存指令、程序和数据。
- 状态条件寄存器：在 CPU 执行指令和程序的过程中，存储状态标志和控制标志。

控制器主要由程序计数器、指令寄存器、指令译码器和时序部件组成。

控制器各组成部分的主要功能如下。

- 程序计数器：主要在运行过程中存储下一条要执行的指令的地址。
- 指令寄存器：主要存储即将执行的指令。
- 指令译码器：主要对指令中的操作码字段进行解析，将操作码字段转换成计算机能够理解的形式。
- 时序部件：主要在 CPU 执行过程中提供时序控制信号。

注意： 指令译码器主要对指令中的操作码字段进行解析。在计算机中，一条指令往往代表着一组有意义的二进制代码，指令由操作码字段和地址码字段组成。

其中，操作码字段指明了计算机要执行何种操作，例如，加、减、乘、除，以及读取数据和保存数据等。

地址码字段需要包含每个操作数的地址和操作结果需要保存的地址等，从地址结构的角度，可以将指令分为零地址指令、一地址指令、二地址指令和三地址指令。

1.2.2 CPU 逻辑结构

CPU 从内部逻辑上可以划分为控制单元、运算单元和存储单元，CPU 内部逻辑组成如图 1-2 所示。

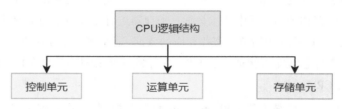

图 1-2　CPU 内部逻辑组成

在某种程度上，控制单元又可以划分为指令寄存器、指令译码器和操作控制器。所以，可以将 CPU 的逻辑结构简化为图 1-3 来表示。

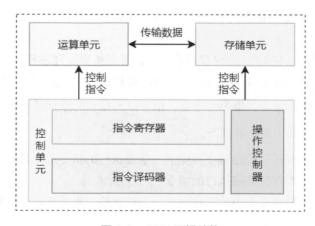

图 1-3　CPU 逻辑结构

由图 1-3 可以得出如下结论。

（1）在逻辑上可以将 CPU 分为控制单元、运算单元和存储单元。

（2）控制单元可以分为指令寄存器、指令译码器和操作控制器。

（3）控制单元可以通过向运算单元和存储单元发送控制指令来控制运算单元和存储单元的执行流程。

（4）运算单元和存储单元可以实现数据的双向传输。

除了由图 1-3 得出的结论，控制单元、运算单元和存储单元还具备很多其他的功能。接下来，就对这些功能进行简单的介绍。

1. 控制单元

控制单元是整个 CPU 最核心的逻辑组成部分，协调整个计算机的工作有序地进行。

其中，操作控制器中的主要控制逻辑部件有：节拍脉冲发生器、时钟脉冲发生器、复位电路、启停电路和控制矩阵等。

控制单元能够根据提前编写好的程序和指令，依次从存储器中取出每一条指令，存放在寄存器中，通过指令译码器对这些指令进行译码，确定需要执行的具体操作，然后通过操作控制器按照确定的时序，向相应的部件发送控制信号，相应的部件接收到操作控制器发来的控制信号，会根据控制信号执行具体的操作。

2. 运算单元

运算单元可以执行算术运算和逻辑运算。算术运算包括加、减、乘、除等基本运算，逻辑运算包括与、或、非、移位等操作。

运算单元接收控制单元发送过来的控制信号，进行具体的运算操作。所以，在某种程度上，运算单元属于执行部件。

3. 存储单元

存储单元一般包括高速缓存和寄存器组，能够暂时存储 CPU 中待处理或者已经处理的数据。寄存器拥有非常高的读写性能，数据在寄存器之间传输的速度是非常快的，CPU 访问寄存器所花费的时间远远低于访问内存所花费的时间。

寄存器可以大大减少 CPU 访问内存的次数，从而大大提高 CPU 的工作效率。

1.2.3　单核 CPU 的不足

在 CPU 技术发展初期，CPU 是单核的，在"摩尔定律"的指引下，CPU 的性能每 18 个月就会翻一倍。

尽管如此，单核 CPU 的性能仍会遇到瓶颈，尤其是在运行多线程程序时，会存在很多问题。其中一个很突出的问题是线程的频繁切换，将严重影响 CPU 和程序的执行性能。

这个问题同样存在于多核 CPU 中。在并发编程中，CPU 的每个核心在同一时刻只能被一个线程使用，如果设置的线程数大于 CPU 的核数，就会频繁地发生线程切换。

这是因为 CPU 采用了时间片轮转策略进行资源分配，也就是为每个线程分配一个时间片，线程在这个时间片周期内占用 CPU 的资源执行任务。当线程执行完任务或者占用 CPU 资源达到一个时间片周期时，就会让出 CPU 的资源供其他线程执行。这就是任务切换，也叫作线程切换或者线程的上下文切换。

图 1-4 模拟了线程在 CPU 中的切换过程。

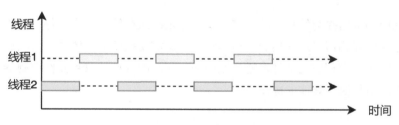

图 1-4　线程在 CPU 中的切换过程

图 1-4 中存在线程 1 和线程 2 两个线程，图中的小方块代表线程占用 CPU 资源并且正在执行任务，小方块占用 CPU 资源的时间，就是时间片周期。虚线部分代表当前线程未获取到 CPU 资源，不会执行任务。

在单核 CPU 中，同一时刻只能有一个线程抢占到 CPU 资源执行任务，其他线程此时不得不挂起等待，严重影响任务的执行效率。

1.2.4　多核 CPU 架构

为了解决单核 CPU 的性能瓶颈问题，研发工程师尝试在一个 CPU 中嵌入多颗 CPU 核心，多核 CPU 由此诞生。

现如今，单核 CPU 已经很少见了，目前主流的 CPU 基本都是多个核心的，有些性能比较好的个人笔记本计算机或者台式机的 CPU 核数已经达到 16 或者 32。笔者使用的笔记本计算机的 CPU 就是 8 核的，打开系统的资源监视器，就能看到计算机的 CPU 核数。如图 1-5 所示，图中右侧从上至下依次显示了 CPU 0 到 CPU 7 的使用率。

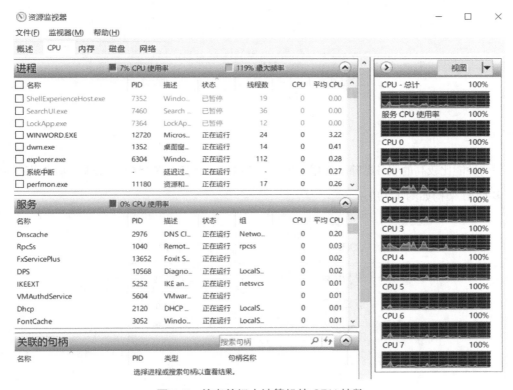

图 1-5　笔者笔记本计算机的 CPU 核数

我们以双核 CPU 为例讲解多核 CPU 架构，如图 1-6 所示。

多核 CPU 将多个 CPU 核心集成到一个 CPU 芯片中。由图 1-6 可以看出，每个 CPU 核心都是一个独立的处理器，拥有独立的控制单元和运算单元，并且存在独立的缓存。同时，多个 CPU 核心会共享 CPU 内部的缓存。CPU 的多个核心之间通过 CPU 内部总线通信。

注意：关于 CPU 缓存架构的知识会在本书 6.1 节进行介绍。

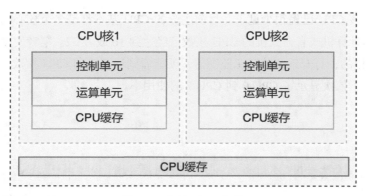

图 1-6　多核 CPU 架构

1.2.5　多 CPU 架构

一些性能比较高的服务器除了使用多核心的 CPU，还会使用多个 CPU 来进一步增强其性能。多 CPU 架构如图 1-7 所示。

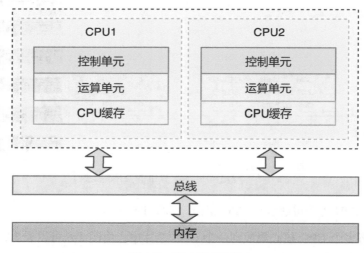

图 1-7　多 CPU 架构

　　由图 1-7 可以看出,在多 CPU 架构中,每个 CPU 在物理上都是独立的,每个 CPU 内部都存在控制单元和运算单元,并且都有独立的缓存。多个 CPU 之间、CPU 与内存之间是通过主板上的总线进行通信的。

　　注意:多核 CPU 与多 CPU 的本质区别是:多核 CPU 本质上是将多个 CPU 核心集成到单个 CPU 芯片中,在物理上是一个 CPU;多 CPU 在物理上是多个 CPU。

1.3　操作系统线程

　　无论使用何种编程语言编写的多线程程序,最终都是通过调用操作系统的线程来执行任务的。线程是 CPU 调度的最小执行单元,在操作系统层面,可以划分为用户级线程、内核级线程和混合级线程。

1.3.1　用户级线程

　　可以用图 1-8 来表示用户级线程。

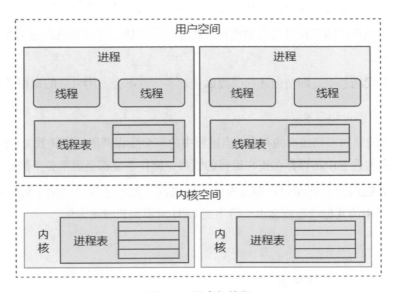

图 1-8　用户级线程

1. 用户级线程的特点

用户级线程有如下特点。

（1）用户级线程都是在操作系统的用户空间中创建的，不依赖操作系统的内核。

（2）操作系统只能感知进程的存在，无法感知线程的存在。

（3）用户空间创建的进程利用线程库实现线程的创建和管理。

（4）由于用户级线程创建的线程都在用户空间，所以，在线程的运行过程中，不会涉及用户态和内核态的切换问题。

（5）操作系统无法感知线程的存在，一个线程阻塞会使整个进程阻塞。

（6）CPU 的时间片分配是以进程为单位的。

（7）每个用户空间中的进程都会维护一个线程表来追踪本进程中的线程，而内核空间中会维护一个进程表来追踪用户空间中创建的进程。

2. 用户级线程的优点

（1）线程的切换不会涉及用户态和内核态的切换，执行效率高。

（2）用户级线程能够实现自定义的线程调度算法，例如，可以实现自定义的垃圾回收器来回收用户级线程。

（3）在高并发场景下，即使创建的线程数量过多，也不会占用大量的操作系统空间。

3. 用户级线程的缺点

（1）操作系统感知不到线程的存在，当进程中的某个线程调用系统函数时，如果发生阻塞，则无论线程所在的进程中是否存在正在运行的线程，操作系统都会阻塞整个进程。

（2）操作系统的用户空间中不存在时钟中断机制，如果进程中的某个线程长时间不释放 CPU 资源，进程中的其他线程就会由于得不到 CPU 资源而长时间等待。

1.3.2　内核级线程

可以用图 1-9 来表示内核级线程。

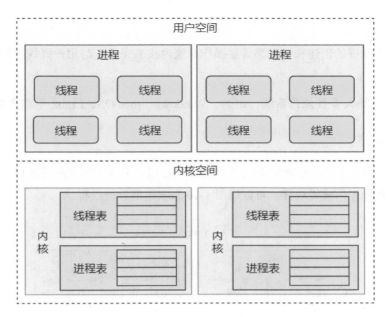

图 1-9　内核级线程

1. 内核级线程的特点

内核级线程的特点如下。

（1）内核级线程的创建和管理都是在操作系统内核中完成的。

（2）操作系统内核保存线程的执行状态和上下文。

（3）操作系统内核同时维护线程表和进程表来追踪线程的执行状态和进程的执行状态。

（4）进程中的某个线程阻塞后不会阻塞整个进程，操作系统内核会调度进程中的其他线程。

2. 内核级线程的优点

（1）内核级线程不会引起整个进程的阻塞。当进程中的某个线程阻塞时，操作系统内核可以调度进程中的其他线程，也可以调度其他进程中的线程，不会阻塞进程。

（2）操作系统内核将同一进程的多个线程调度到不同的 CPU 核心上执行，能够大大提高任务执行的并行度，提高程序的执行效率。

3. 内核级线程的缺点

（1）内核级线程在执行过程中，如果涉及线程的阻塞与唤醒，则可能触发用户态和内核态的切换。

（2）内核级线程的创建和管理都需要操作系统内核来完成，与用户级线程相比，这些操作比较慢。

注意：如今绝大多数操作系统，例如，Windows、mac OS、Linux 等都支持内核级线程。

1.3.3　混合级线程

混合级线程综合了用户级线程和内核级线程，在用户空间中创建和管理用户级线程，在内核空间中创建和管理内核级线程。可以用图 1-10 来表示混合级线程。

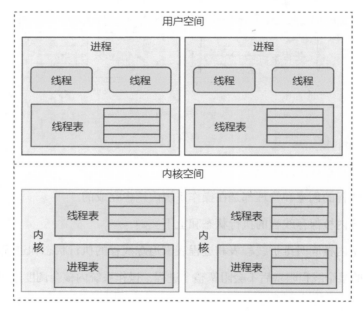

图 1-10　混合级线程

在混合级线程中，操作系统内核空间只能感知由操作系统内核创建的线程，用户空间的线程基于内核空间的线程执行。用户可以定义用户空间的线程调度，也可以决定用户空间创建的线程数量。由于用户空间的线程是基于内核空间的线程执行的，因此用户空间的线程数量间接决定了新创建的内核空间的线程的数量。

注意：混合级线程是用户级线程和内核级线程的综合体，可以结合用户级线程和内核级线程来理解混合级线程。关于混合级线程，笔者不再赘述。

1.4　Java 线程与操作系统线程的关系

　　Java 语言创建的线程和操作系统的线程基本上呈一一对应的关系。当使用 Thread 类创建线程时，并不会真正创建线程，只有调用 Thread 类的 start()方法时，操作系统才会真正创建线程。

　　Java 线程与操作系统线程的关系如图 1-11 所示。

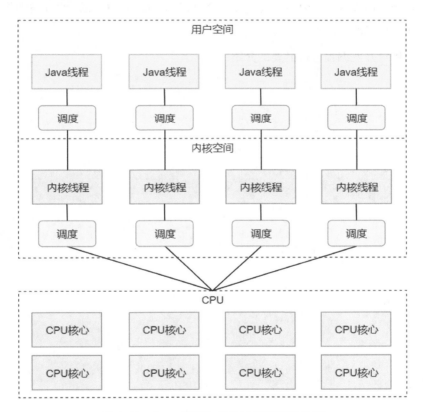

图 1-11　Java 线程与操作系统线程的关系

　　由图 1-11 可以看出，Java 线程和内核线程呈一一对应的关系，创建一个 Java 线程，在操作系统中就会创建一个对应的内核线程，内核线程最终会被调度到 CPU 上执行。

　　注意：用户空间的线程调度是通过库调度器完成的，而内核空间的线程调度是通过操作系统调度器完成的。

1.5　本章总结

　　本章主要介绍了有关操作系统线程调度的基础知识。首先，简单介绍了冯·诺依曼结构体系和计算机的五大组成部分。随后简单介绍了 CPU 的架构知识，包括 CPU 的组成部分、CPU 逻辑结构、单核 CPU 的不足、多核 CPU 架构和多 CPU 架构。接下来，介绍了操作系统线程的相关知识，包括用户级线程、内核级线程和混合级线程。最后，对 Java 线程与操作系统线程的关系进行了简明扼要的介绍。

　　下一章，将对并发编程进行简要的介绍。

第2章

并发编程概述

为了更好地学习并发编程的知识，需要明确一些概念。本章就对并发编程中涉及的一些概念进行简单的介绍。

本章涉及的知识点如下。

- 并发编程的基本概念。
- 并发编程的风险。
- 并发编程中的锁。

2.1 并发编程的基本概念

2.1.1 程序

程序是人为编写的或由某种方式自动生成的代码，能够保存在文件中，程序本身是静态的。如果要运行程序，则需要将程序加载到内存中，通过编译器或解释器将其翻译成计算机能够理解的方式运行。

可以通过某种编程语言来编写程序，例如，汇编语言、C/C++语言、Java 语言、Python 语言和 Go 语言等。

2.1.2 进程与线程

现代操作系统在启动一个程序时，往往会为这个程序创建一个进程。例如，在启动一个 Java 程序时，就会创建一个 JVM 进程；在启动一个 Python 程序时，就会创建一个 Python 进程；在启动一个 Go 程序时，就会创建一个 Go 进程。

进程是操作系统进行资源分配的最小单位，在一个进程中可以创建多个线程。

线程是比进程粒度更小的能够独立运行的基本单位，也是 CPU 调度的最小单元，被称为轻量级的进程。在一个进程中可以创建多个线程，多个线程各自拥有独立的局部变量、线程堆栈和程序计数器等，能够访问共享的资源。

进程与线程存在着本质的区别。

（1）进程是操作系统分配资源的最小单位，线程是 CPU 调度的最小单元。

（2）一个进程中可以包含一个或多个线程，一个线程只能属于一个进程。

（3）进程与进程之间是互相独立的，进程内部的线程之间并不完全独立，可以共享进程的堆内存、方法区内存和系统资源。

（4）进程上下文的切换要比线程的上下文切换慢很多。

（5）进程是存在地址空间的，而线程本身无地址空间，线程的地址空间是包含在进程中的。

（6）某个进程发生异常不会对其他进程造成影响，某个线程发生异常可能会对所在进程中的其他线程造成影响。

2.1.3　线程组

线程组可以同时管理多个线程。在实际的应用场景中，如果系统创建的线程比较多，创建的线程功能也比较明确，就可以将具有相同功能的线程放到一个线程组中。

线程组的使用比较简单，例如下面的代码创建了一个线程组——threadGroup，两个线程——thread1 和 thread2，并将 thread1 和 thread2 放到 threadGroup 中。

```java
/**
 * @author binghe
 * @version 1.0.0
 * @description 测试线程组的使用
 */
public class ThreadGroupTest {

    public static void main(String[] args){
        //创建线程组 threadGroup
        ThreadGroup threadGroup = new ThreadGroup("threadGroupTest");

        //创建 thread1 对象实例，并在构造方法中传入线程组和线程名称
```

```
    Thread thread1 = new Thread(threadGroup, ()->{
        String groupName = Thread.currentThread().getThreadGroup().getName();
        String threadName = Thread.currentThread().getName();
        System.out.println(groupName + "-" + threadName);
    }, "thread1");

    //创建 thread2 对象实例，并在构造方法中传入线程组和线程名称
    Thread thread2 = new Thread(threadGroup, ()->{
        String groupName = Thread.currentThread().getThreadGroup().getName();
        String threadName = Thread.currentThread().getName();
        System.out.println(groupName + "-" + threadName);
    }, "thread2");

    //启动 thread1
    thread1.start();
    //启动 thread2
    thread2.start();
    }
}
```

运行上面的代码会输出如下信息。

```
threadGroupTest-thread2
threadGroupTest-thread1
```

在实际业务中，可以根据线程的不同功能将其划分到不同的线程组中。

2.1.4　用户线程与守护线程

用户线程是最常见的线程。例如，在程序启动时，JVM 调用程序的 main()方法就会创建一个用户线程。

下面的代码创建了一个用户线程。

```
/**
 * @author binghe
 * @version 1.0.0
 * @description 测试用户线程
 */
public class ThreadUserTest {

    public static void main(String[] args){
        //创建 threadUser 线程实例
        Thread threadUser = new Thread(()->{
            System.out.println("我是用户线程");
```

```
    }, "threadUser");

    //启动线程
    threadUser.start();
    }
}
```

守护线程是一种特殊的线程，这种线程在系统后台完成相应的任务，例如，JVM 中的垃圾回收线程、JIT 编译线程等都是守护线程。

在程序运行的过程中，只要有一个非守护线程还在运行，守护线程就会一直运行。只有所有的非守护线程全部运行结束，守护线程才会退出。

在编写 Java 程序时，可以手动指定当前线程是否是守护线程。方法也比较简单，就是调用 Thread 对象的 setDeamon()方法，传入 true 即可。

下面的代码创建了一个线程 threadDeamon，并将其设置为守护线程。

```
/**
 * @author binghe
 * @version 1.0.0
 * @description 测试守护线程
 */
public class ThreadDaemonTest {
    public static void main(String[] args){
        //创建 threadDaemon 线程实例
        Thread threadDaemon = new Thread(()->{
            System.out.println("我是守护线程");
        }, "threadDaemon");

        //将线程设置为守护线程
        threadDaemon.setDaemon(true);
        //启动线程
        threadDaemon.start();
    }
}
```

2.1.5　并行与并发

并行与并发是两个非常容易混淆的概念。并行指当多核 CPU 中的一个 CPU 核心执行一个线程时，另一个 CPU 核心能够同时执行另一个线程，两个线程之间不会相互抢占 CPU 资源，可以同时运行。图 2-1 形象地表示了并行的执行流程。

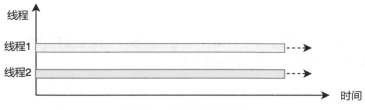

图 2-1　并行的执行流程

并发指在一段时间内 CPU 处理了多个线程，这些线程会抢占 CPU 的资源，CPU 资源根据时间片周期在多个线程之间来回切换，多个线程在一段时间内同时运行，而在同一时刻实际上不是同时运行的。图 2-2 形象地表示了并发的执行流程。

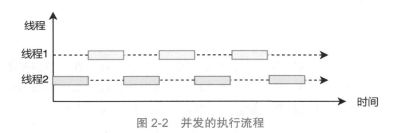

图 2-2　并发的执行流程

并行与并发存在如下区别。

（1）并行指多个线程在一段时间的每个时刻都同时运行，并发指多个线程在一段时间内（而非每个时刻）同时运行。

（2）并行执行的多个任务之间不会抢占系统资源，并发执行的多个任务会抢占系统资源。

（3）并行只有在多核 CPU 或者多 CPU 的情况下才会发生，在单核 CPU 中只可能发生串行执行或者并发执行。

2.1.6　同步与异步

同步与异步主要是针对一次方法的调用来说的。以同步方式调用方法时，必须在方法返回信息后，才能执行后面的操作。而以异步方式调用方法时，不必等方法返回信息，就可以执行后面的操作，当完成被调用的方法逻辑后，会以通知或者回调的方式告知调用方。

2.1.7　共享与独享

共享指多个线程在运行过程中共享某些系统资源，而独享指一个线程在运行过程中独占某些系统资源。

例如在 Java 程序运行的过程中，JVM 中的方法区和堆空间是线程共享的，而栈、本地方法栈和程序计数器是每个线程独占的，也就是独享的。

2.1.8 临界区

临界区一般表示能够被多个线程共享的资源或数据，但是每次只能提供给一个线程使用。临界区资源一旦被占用，其他线程就必须等待。

在并发编程中，临界区一般指受保护的对象或者程序代码片段，可以通过加锁的方式保证每次只有一个线程进入临界区，从而达到保护临界区的目的。

2.1.9 阻塞与非阻塞

阻塞与非阻塞一般用来描述多个线程之间的相互影响。例如，在并发编程中，多个线程抢占一个临界区资源，如果其中一个线程抢占成功，那么其他的线程必须阻塞等待。在占用临界区资源的线程执行完毕，释放临界区资源后，其他线程可以再次抢占临界区资源。

如果占用临界区资源的线程一直不释放资源，其他线程就会一直阻塞等待。

非阻塞指线程之间不会相互影响，所有的线程都会继续执行。例如，著名的高性能网络编程框架 Netty，内部就大量使用了异步非阻塞的编程模型。

2.2 并发编程的风险

并发编程存在诸多优点，例如可以充分利用多核 CPU 的计算能力，通过对业务进行拆分并以多线程并发的方式执行，来提升应用的性能。

并发编程也存在很多风险，典型的风险包括安全性问题、活跃性问题和性能问题。

2.2.1 安全性问题

编写安全的多线程程序是比较困难的，如果处理不当，就会出现意想不到的后果，甚至会出现各种诡异的 Bug，导致程序不能按照最初的设想执行。

例如，下面的代码就存在安全性问题。

```
/**
 * @author binghe
```

```
 * @version 1.0.0
 * @description 测试线程的不安全性
 */
public class UnSafevalue {

    private long value;

    public long nextvalue(){
        return value++;
    }
}
```

上述代码的本意是每当调用同一个 UnSafevalue 对象的 nextvalue()方法时，value 的值都会加 1 并返回。但是在多线程并发的情况下，当多个线程调用同一个 UnSafevalue 对象的 nextvalue()方法时，不同线程可能返回相同的 value 值。也就是说，上面的代码不是线程安全的，具有安全性问题。

那么，如何让上述代码变得安全呢？可以在 nextvalue()方法上添加一个 synchronized 关键字，为其添加一个同步锁，如下所示。

```
/**
 * @author binghe
 * @version 1.0.0
 * @description 测试线程的安全性
 */
public class Safevalue {

    private long value;

    public synchronized long nextvalue(){
        return value++;
    }
}
```

此时，当多个线程调用同一个 Safevalue 对象的 nextvalue()方法时，每次调用 value 的值都会加 1 并返回，解决了线程安全的问题。

注意：有关 synchronized 锁的知识，会在本书 7.5 节进行详细的介绍，笔者在此不再赘述。

2.2.2 活跃性问题

通常来讲，活跃性问题指程序中某个操作无法正常执行下去了。在串行程序中，如果程序中发生无限循环的异常，就会使循环后面的代码无法正常执行，从而引起活跃性问题。

在并发编程中，死锁、饥饿与活锁都是典型的活跃性问题。例如，系统中存在两个线程，分别是线程 A 和线程 B，线程 B 等待线程 A 释放资源，如果线程 A 永远不释放资源，线程 B 就会永远等待下去，这就是活跃性问题。

解决活跃性问题的方法就是在串行程序中避免出现无限循环的异常。在并发编程中，避免出现死锁、饥饿和活锁等异常。

注意： 关于死锁、饥饿与活锁的知识会在 2.3 节进行介绍，笔者在此不再赘述。

2.2.3　性能问题

在一般情况下，在多核 CPU 上，多线程程序往往会比单线程程序的执行效率高。但是，如果为了线程解决线程的安全性问题，为临界区添加了锁，而锁的粒度或范围比较大，就会影响程序的执行性能。

另外，如果程序在运行的过程中出现服务响应时间过长、资源消耗过高、系统吞吐量过低等问题，那么也会影响执行性能。

在并发编程中，尽量使用无锁的数据结构和算法，尽量减少锁的范围和持有时间，以提升程序的执行性能。

总之，提升程序的性能可以从三方面着手：提高吞吐量、降低延迟和提高并发量。

2.3　并发编程中的锁

在并发编程中会涉及各种锁的概念，本节简单介绍并发编程中的常见锁。

2.3.1　悲观锁与乐观锁

悲观锁顾名思义就是持有悲观的态度，线程每次进入临界区处理数据时，都认为数据很容易被其他线程修改。所以，在线程进入临界区前，会用锁锁住临界区的资源，并在处理数据的过程中一直保持锁定状态。其他线程由于无法获取到相应的资源，就会阻塞等待，直到获取锁的线程释放锁，等待的线程才能获取到锁。

Java 中的 synchronized 重量级锁就是一种典型的悲观锁。

乐观锁顾名思义就是持有乐观的态度，认为每次访问数据的时候其他线程都不会修改数据，所以，在访问数据的时候，不会对数据进行加锁操作。当涉及对数据更新的操作时，会检测数据是否被其他线程修改过：如果数据没有被修改过，则当前线程提交更新操作；如果数据被其他线程修改过，则当前线程会尝试再次读取数据，检测数据是否被其他线程修改过，如果再次检测的结果仍然为数据已经被其他线程修改过，则会再次尝试读取数据，如此反复，直到检测到的数据没有被其他线程修改过。

乐观锁在具体实现时，一般会采用版本号机制，先读取数据的版本号，在写数据时比较版本号是否一致，如果版本号一致则更新数据，否则再次读取版本号，比较版本号是否一致，直到版本号一致时更新数据。

Java 中的乐观锁一般都是基于 CAS 自旋实现的。在 Java 中，CAS 是一种原子操作，底层调用的是硬件层面的比较并交换的逻辑。在实现时，会比较当前值与传入的期望值是否相同，如果相同，则把当前值修改为目标值，否则不修改。

Java 中的 synchronized 轻量级锁属于乐观锁，是基于抽象队列同步器（AQS）实现的锁，如 ReentrantLock 等。

2.3.2　公平锁与非公平锁

公平锁的核心思想就是公平，能够保证各个线程按照顺序获取锁，也就是"先来先获取"的原则。

例如，存在三个线程，分别为线程 1、线程 2 和线程 3，并依次获取锁。首先，线程 1 获取锁，线程 2 和线程 3 阻塞等待，线程 1 执行完任务释放锁。然后，线程 2 被唤醒并获取锁，执行完任务释放锁。最后，线程 3 被唤醒并获取锁，执行完任务释放锁。这就是获取公平锁的流程。

非公平锁的核心思想就是每个线程获取锁的机会是不平等的，也是不公平的。先抢占锁的线程不一定能够先获取锁。

例如，存在三个线程，分别为线程 1、线程 2 和线程 3，在线程 1 和线程 2 抢占锁的过程中，线程 1 获取到锁，线程 2 阻塞等待。线程 1 执行完任务释放锁后，在唤醒线程 2 时，线程 3 尝试抢占锁，则线程 3 是可以获取到锁的。这就是非公平锁。

在 Java 中，ReentrantLock 默认的实现为非公平锁，也可以在构造方法中传入 true 来创建公平锁对象。

2.3.3　独占锁与共享锁

独占锁也叫排他锁，在多个线程争抢锁的过程中，无论是读操作还是写操作，只能有一个线程获取到锁，其他线程阻塞等待，独占锁采取的是悲观保守策略。

独占锁的缺点是无论对于读操作还是写操作，都只能有一个线程获取锁。但是读操作不会修改数据，如果当读操作线程获取锁时其他的读线程被阻塞，就会大大降低系统的读性能。此时，就需要用到共享锁了。

共享锁允许多个读线程同时获取临界区资源，它采取的是乐观锁的机制。共享锁会限制写操作与写操作之间的竞争，也会限制写操作与读操作之间的竞争，但是不会限制读操作与读操作之间的竞争。

在 Java 中，ReentrantLock 是一种独占锁，而 ReentrantReadWriteLock 可以实现读/写锁分离，允许多个读操作同时获取读锁。

2.3.4　可重入锁与不可重入锁

可重入锁也叫递归锁，指同一个线程可以多次占用同一个锁，但是在解锁时，需要执行相同次数的解锁操作。

例如，线程 A 在执行任务的过程中获取锁，在后续执行任务的过程中，如果遇到抢占同一个锁的情况，则也会再次获取锁。

不可重入锁与可重入锁在逻辑上是相反的，指一个线程不能多次占用同一个锁。

例如，线程 A 在执行任务的过程中获取锁，在后续执行任务的过程中，如果遇到抢占同一个锁的情况，则不能再次获取锁。只有先释放锁，才能再次获取该锁。

在 Java 中，ReentrantLock 就是一种可重入锁。

2.3.5　可中断锁与不可中断锁

可中断与不可中断主要指线程在阻塞等待的过程中，能否中断自己阻塞等待的状态。

可中断锁指锁被其他线程获取后，某个线程在阻塞等待的过程中，可能由于等待的时间过长而中断阻塞等待的状态，去执行其他任务。

不可中断锁指锁被其他线程获取后，某个线程如果也想获取这个锁，就只能阻塞等待。如果占有锁的线程一直不释放锁，其他想获取锁的线程就会一直阻塞等待。

在 Java 中，ReentrantLock 是一种可中断锁，synchronized 则是一种不可中断锁。

2.3.6　读/写锁

读/写锁分为读锁和写锁，当持有读锁时，能够对共享资源进行读操作，当持有写锁时，能够对共享资源进行写操作。写锁具有排他性，读锁具有共享性。在同一时刻，一个读/写锁只允许一个线程进行写操作，可以允许多个线程进行读操作。

当某个线程试图获取写锁时，如果发现其他线程已经获取到写锁或者读锁，则当前线程会阻塞等待，直到任何线程不再持有写锁或读锁。当某个线程试图获取读锁时，如果发现其他线程获取到读锁，则这个线程会直接获取到读锁。当某个线程试图获取读锁时，如果发现其他线程获取到写锁，则这个线程会阻塞等待，直到占有写锁的线程释放锁。

在读/写锁中，读操作与读操作是可以共存的，但是读操作与写操作，写操作与写操作不能共存。

在 Java 中，ReadWriteLock 就是一种读/写锁。

2.3.7　自旋锁

自旋锁指某个线程在没有获取到锁时，不会立即进入阻塞等待的状态，而是不断尝试获取锁，直到占用锁的线程释放锁。

自旋锁可能引起死锁和占用 CPU 时间过长的问题。

程序不能在占有自旋锁时调用自己，也不能在递归调用时获取相同的自旋锁，可以在一定程度上避免死锁。

当某个线程进入不断尝试获取锁的循环时，可以设定一个循环时间或者循环次数，超过这个时间或者次数，就让线程进入阻塞等待的状态，在一定程度上可以有效避免长时间占用 CPU 的问题。

在 Java 中，CAS 是一种自旋锁。

注意：有关 CAS 的核心原理，在本书第 10 章中会有详细的介绍，笔者在此不再赘述。

2.3.8　死锁、饥饿与活锁

死锁指两个或者多个线程互相持有对方所需要的资源，导致多个线程相互等待，无法继续执行后续任务的现象。

死锁的产生有 4 个必要条件，分别是互斥、不可剥夺、请求与保持和循环等待。

注意：关于死锁的核心原理，在本书第 11 章中会有详细的介绍，笔者在此不再赘述。

饥饿指一个或者多个线程由于一直无法获得需要的资源而无法继续执行的现象。

导致饥饿问题的原因有以下两点。

（1）高优先级的线程不断抢占资源，导致低优先级的线程无法获取资源。

（2）某个线程一直不释放资源，导致其他线程无法获取资源。

可以从如下几个方面入手，解决饥饿问题。

（1）在程序运行过程中，尽量公平地分配资源，可以尝试使用公平锁。

（2）为程序分配充足的系统资源。

（3）尽量避免持有锁的线程长时间占用锁。

活锁指两个或者多个线程在同时抢占同一资源时，主动将资源让给其他线程使用，导致这个资源在多个线程间"来回跳动"，这些线程因无法获得所有资源而无法继续执行的现象。活锁是两个或者多个线程抢占同一资源时的一种冲突。

当两个或者多个线程抢占同一资源发生冲突时，可以让每个线程随机等待一小段时间后再次尝试抢占资源，这样会大大减少线程抢占资源的冲突次数，有效避免活锁的发生。

2.4　本章总结

本章主要对并发编程进行了概述。首先，简单介绍了并发编程中的基本概念，例如程序、进程与线程、线程组、并行与并发、同步与异步、临界区、共享与独享等。接下来，介绍了并发编程中存在的风险，包括安全性问题、活跃性问题和性能问题。最后，简要介绍了并发编程中常见锁的基本概念，以及在 Java 中的实现方式。

下一章将对并发编程的三大核心问题——分工、同步和互斥进行简要的介绍。

注意：本章涉及的源代码已经提交到 GitHub 和 Gitee，GitHub 和 Gitee 链接地址如下。

- GitHub：https://github.com/binghe001/mykit-concurrent-principle。
- Gitee：https://gitee.com/binghe001/mykit-concurrent-principle。

第 2 篇

核心原理

第 3 章

并发编程的三大核心问题

从本章开始，正式进入核心原理篇。并发编程并不是一项孤立存在的技术，也不是脱离现实生活场景而提出的一项技术。相反，并发编程是一项综合性的技术，同时，它与现实生活中的场景有着紧密的联系。并发编程有三大核心问题，本章就对这三大核心问题进行简单的介绍。

本章涉及的知识点如下。

- 分工问题。
- 同步问题。
- 互斥问题。

3.1 分工问题

关于分工，比较官方的解释是：一个比较大的任务被拆分成多个大小合适的任务，这些大小合适的任务被交给合适的线程去执行。分工强调的是执行的性能。

3.1.1 类比现实案例

可以类比现实生活中的场景来理解分工，例如，如果你是一家上市公司的 CEO，那么，你的主要工作就是规划公司的战略方向和管理好公司。就如何管理好公司而言，涉及的任务就比较多了。

这里，可以将管理好公司看作一个很大的任务，这个很大的任务可以包括人员招聘与管理、产品设计、产品开发、产品运营、产品推广、税务统计和计算等。如果将这些工作任务都交给 CEO

一个人去做，那么估计 CEO 会被累趴下的。CEO 一人做完公司所有日常工作如图 3-1 所示。

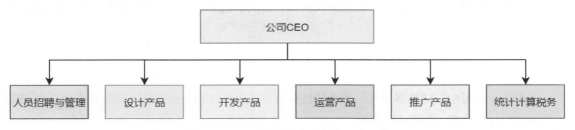

图 3-1　CEO 一人做完公司所有日常工作

如图 3-1 所示，公司 CEO 一个人做完公司所有日常工作是一种非常不可取的方式，这将导致公司无法正常经营，那么应该如何做呢？

有一种很好的方式是分解公司的日常工作，将人员招聘与管理工作交给人力资源部，将产品设计工作交给设计部，将产品开发工作交给研发部，将产品运营和产品推广工作分别交给运营部和市场部，将公司的税务统计和计算工作交给财务部。

这样，CEO 的重点工作就变成了及时了解各部门的工作情况，统筹并协调各部门的工作，并思考如何规划公司的战略。

公司分工后的日常工作如图 3-2 所示。

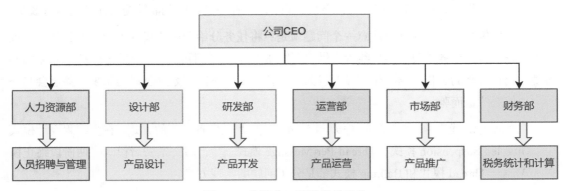

图 3-2　公司分工后的日常工作

将公司的日常工作分工后，可以发现，各部门之间的工作是可以并行推进的。例如，在人力资源部进行员工的绩效考核时，设计部和研发部正在设计和开发公司的产品，与此同时，公司的运营人员正在和设计人员与研发人员沟通如何更好地完善公司的产品，而市场部正在加大力度宣传和推广公司的产品，财务部正在统计和计算公司的各种财务报表等。一切都是那么有条不紊。

所以，在现实生活中，安排合适的人去做合适的事情是非常重要的。映射到并发编程领域也是同样的道理。

3.1.2　并发编程中的分工

在并发编程中，同样需要将一个大的任务拆分成若干比较小的任务，并将这些小任务交给不同的线程去执行，如图 3-3 所示。

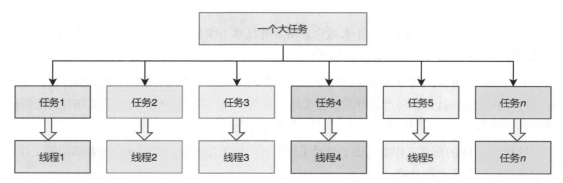

图 3-3　将一个大的任务拆分成若干比较小的任务

在并发编程中，由于多个线程可以并发执行，所以在一定程度上能够提高任务的执行效率。

在并发编程领域，还需要注意一个问题就是：将任务分给合适的线程去做。也就是说，该由主线程执行的任务不要交给子线程去做，否则，是解决不了问题的。这就好比一家公司的 CEO 将规划公司未来的工作交给一位产品开发人员一样，不仅不能规划好公司的未来，甚至会与公司的价值观背道而驰。

在 Java 中，线程池、Fork/Join 框架和 Future 接口都是实现分工的方式。在多线程设计模式中，Guarded Suspension 模式、Thread-Per-Message 模式、生产者—消费者模式、两阶段终止模式、Worker-Thread 模式和 Balking 模式都是分工问题的实现方式。

3.2　同步问题

在并发编程中，同步指一个线程执行完自己的任务后，以何种方式来通知其他的线程继续执行任务，也可以将其理解为线程之间的协作，同步强调的是执行的性能。

3.2.1 类比现实案例

可以在现实生活中找到与并发编程中的同步问题相似的案例。例如，张三、李四和王五共同开发一个项目，张三是一名前端开发人员，他需要等待李四的开发接口任务完成再开始渲染页面，而李四又需要等待王五的服务开发工作完成再写接口。也就是说，任务之间是存在依赖关系的，前面的任务完成后，才能执行后面的任务。

在现实生活中，这种任务的同步，更多的是靠人与人之间的交流和沟通来实现的。例如，王五的服务开发任务完成了，告诉李四，李四马上开始执行开发接口任务。等李四的接口开发完成后，再告诉张三，张三马上调用李四开发的接口将返回的数据渲染到页面上。现实生活中的同步模型如图 3-4 所示。

图 3-4 现实生活中的同步模型

由图 3-4 可以看出，在现实生活中，张三、李四和王五的任务之间是有依赖关系的，张三渲染页面的任务依赖李四开发接口的任务完成，李四开发接口的任务依赖王五开发服务的任务完成。

3.2.2 并发编程中的同步

在并发编程领域，同步机制指一个线程的任务执行完成后，通知其他线程继续执行任务的方式，并发编程同步简易模型如图 3-5 所示。

图 3-5 并发编程同步简易模型

由图 3-5 可以看出，在并发编程中，多个线程之间的任务是有依赖关系的。线程 A 需要阻塞等待线程 B 执行完任务才能开始执行任务，线程 B 需要阻塞等待线程 C 执行完任务才能开始执行任务。线程 C 执行完任务会唤醒线程 B 继续执行任务，线程 B 执行完任务会唤醒线程 A 继续执行任务。

这种线程之间的同步机制，可以使用如下的 if 伪代码来表示。

```
if(依赖的任务完成){
    执行当前任务
}else{
    继续等待依赖任务的执行
}
```

上述 if 伪代码所代表的含义是：当依赖的任务完成时，执行当前任务，否则，继续等待依赖任务的执行。

在实际场景中，往往需要及时判断出依赖的任务是否已经完成，这时就可以使用 while 循环来代替 if 判断， while 伪代码如下。

```
while(依赖的任务未完成){
    继续等待依赖任务的执行
}
执行当前任务
```

上述 while 伪代码所代表的含义是：如果依赖的任务未完成，则一直等待，直到依赖的任务完成，才执行当前任务。

在并发编程领域，同步机制有一个非常经典的模型——生产者—消费者模型。如果队列已满，则生产者线程需要等待，如果队列不满，则需要唤醒生产者线程；如果队列为空，则消费者线程需要等待，如果队列不为空，则需要唤醒消费者。可以使用下面的伪代码来表示生产者—消费者模型。

- 生产者伪代码

```
while(队列已满){
    生产者线程等待
}
唤醒生产者
```

- 消费者伪代码

```
while(队列为空){
    消费者等待
}
唤醒消费者
```

在 Java 中，Semaphore、Lock、synchronized.、CountDownLatch、CyclicBarrier、Exchanger 和 Phaser 等工具类或框架实现了同步机制。

3.3　互斥问题

在并发编程中，互斥问题一般指在同一时刻只允许一个线程访问临界区的共享资源。互斥强调的是多个线程执行任务时的正确性。

3.3.1　类比现实案例

互斥问题在现实中的一个典型场景就是交叉路口的多辆车汇入一个单行道，如图 3-6 所示。

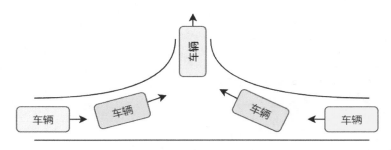

图 3-6　交叉路口的多辆车汇入一个单行道

从图 3-6 可以看出，当多辆车经过交叉路口汇入同一个单行道时，由于单行道的入口只能容纳一辆车通过，所以其他的车辆需要等待前面的车辆通过单行道入口后，再依次有序通过单行道入口。这就是现实生活中的互斥场景。

3.3.2　并发编程中的互斥

在并发编程中，分工和同步强调的是任务的执行性能，而互斥强调的则是执行任务的正确性，也就是线程的安全问题。如果在并发编程中，多个线程同时进入临界区访问同一个共享变量，则可能产生线程安全问题，这是由线程的原子性、可见性和有序性问题导致的。

而在并发编程中解决原子性、可见性和有序性问题的核心方案就是线程之间的互斥。

例如，可以使用 JVM 中提供的 synchronized 锁来实现多个线程之间的互斥，使用 synchronized 锁的伪代码如下。

- 修饰方法

```
public synchronized void methodName(){
    //省略具体方法
}
```

- 修饰代码块

```
public void methodName(){
    synchronized(this){
        //省略具体方法
    }
}

public void methodName(){
    synchronized(obj){
        //省略具体方法
    }
}

public void methodName(){
    synchronized(ClassName.class){
        //省略具体方法
    }
}
```

- 修饰静态方法

```
public synchronized static void staticMethodName(){
    //省略具体方法
}
```

除了 synchronized 锁，Java 还提供了 ThreadLocal、CAS、原子类和以 CopyOnWrite 开头的并发容器类、Lock 锁及读/写锁等，它们都实现了线程的互斥机制。

3.4 本章总结

本章主要介绍了并发编程中的三大核心问题：分工、同步和互斥，并列举了现实生活中的场景进行类比，以便读者理解这三大核心问题。

下一章将对并发编程的本质问题，以及如何解决这些问题进行简要的介绍。

第 **4** 章

并发编程的本质问题

并发编程一直是让人头疼的事情，编写正确的并发程序也是比较困难的。在编写并发程序时，往往会出现一些让人匪夷所思的 Bug，而且这些 Bug 很多时候不能被完美地复现。也就是说，在并发编程中，有些 Bug 是很难追踪和重现的。如何从根本上理解这些让人匪夷所思的 Bug，又如何从根本上解决它们？这就需要深刻理解并发编程的本质问题。本章简单介绍一下并发编程的本质问题。

本章涉及的知识点如下。

- 计算机的核心矛盾。
- 原子性。
- 可见性。
- 有序性。
- 解决方案。

4.1 计算机的核心矛盾

随着计算机技术的不断发展，CPU、内存和磁盘等 I/O 设备的性能也在不断提升，数据的访问效率不断得到优化。但是，无论如何优化，三者之间总是存在一定的性能差距。本节简单介绍一下计算机的核心矛盾以及计算机是如何解决这些矛盾的。

4.1.1 核心矛盾概述

计算机的每个组成部分的性能和访问数据的效率是存在差距的，也就是说，计算机的每个组成部分存在一定的速度差距。这是计算机发展过程中的一个核心矛盾。CPU 的执行速度远远大于内存的执行速度，而内存的执行速度又远远大于磁盘等 I/O 设备的执行速度。

为了更加直观地感受 CPU、内存和磁盘等 I/O 设备的执行速度差距，这里就 CPU、内存和磁盘等 I/O 设备的执行速度差距打个比方。例如：对同一个数据进行访问，如果数据存储在 CPU 中，那么需要 1 天；如果数据存储在内存中，那么可能需要 1 年；如果数据存储在磁盘中，那么可能需要 1 个世纪。

根据木桶理论，计算机在运行程序的过程中，总体的系统性能取决于执行速度最慢的 I/O 设备，此时，如果只提升 CPU 或者内存的性能和执行速度，则不能提升计算机的整体性能。

如果不进行系统性的优化，则 CPU 会花费大量的时间等待内存和磁盘等 I/O 设备，这会极大浪费 CPU 的资源，影响整体的执行效率。

所以，为了缩小 CPU、内存和磁盘等 I/O 设备的访问速度差距，CPU、操作系统和编译程序都被进一步优化。

4.1.2　CPU 如何解决核心矛盾

CPU 内部增加了缓存，用以缩小 CPU 与内存之间的访问数据的效率的差距。目前主流的 CPU 内部不仅有寄存器等可以临时存储数据的部件，还存在 L1、L2、L3（部分 CPU 可能没有 L3）三级缓存，根据局部性原理，CPU 内部的三级缓存会极大提高 CPU 访问数据的效率。

注意：关于 CPU 的缓存结构，会在 6.1 节进行详细介绍，笔者在这里不再赘述。

4.1.3　操作系统如何解决核心矛盾

为了缩小 CPU 与磁盘等 I/O 设备的执行速度差距，操作系统中新增了进程、线程等技术，能够分时复用 CPU，提高 CPU 的利用效率。

例如，一个线程在利用 CPU 执行耗时的 I/O 操作时，当读取磁盘数据时，可以暂时释放 CPU 资源，让其他的线程占用 CPU 资源执行任务。待 I/O 线程读取完数据，再抢占 CPU 资源继续执行后续任务，可以在一定程度上提高 CPU 的利用效率。

4.1.4　编译程序如何解决核心矛盾

并发程序在操作系统中运行时，对于 CPU 缓存的使用可能存在不合理的情况，造成 CPU 缓存的浪费。为了使 CPU 中的缓存能够得到更加合理的利用，编译程序会对 CPU 上指令的执行顺序进行优化。

为了更加直观地理解编译程序对 CPU 指令的执行顺序做出的优化，这里举例说明。在程序中有如下代码。

```
int a = 1;
int b = 2;
int sum = a + b;
System.out.println(sum);
```

编译器对程序进程编译后，可能会将程序编译成如下方式。

```
int b = 2;
int a = 1;
int sum = a + b;
System.out.println(sum);
```

也就是为变量 a 赋值的语句和为变量 b 赋值的语句交换了顺序。

4.1.5　引发的问题

尽管计算机和操作系统的制造商为了缩小 CPU、内存和磁盘等 I/O 设备之间的执行速度差距，做出了很多努力，问题在一定程度上得到缓解。但是，这也在无形中导致了并发编程中很多匪夷所思的 Bug。究其根本是引发了并发编程中的原子性、可见性和有序性问题。

4.2　原子性

原子性指一个或者多个操作在 CPU 中执行的过程具有原子性，它们是一个不可分割，不可被中断的整体。在执行的过程中，不会出现被中断的情况。

4.2.1　原子性概述

可以从另一个角度理解原子性，就是在线程执行一系列操作时，这些操作会被当作一个不可分割的整体，要么全部执行，要么全部不执行，不会存在只执行一部分的情况，也叫原子性操作。原子性操作与数据库中的事务类似。

关于原子性操作有一个典型的场景就是银行转账。例如，张三和李四的账户余额都是 300 元，张三向李四转账 100 元。如果转账成功，则张三的账户余额是 200 元，李四的账户余额是 400 元。如果转账失败，则张三和李四的账户余额仍然分别为 300 元。不会存在张三的账户余额是 200 元，李四的账户余额是 300 元的情况。也不会存在张三的账户余额是 300 元，李四的账户余额是 400 元的情况。

张三向李四转账 100 元的操作，就是原子操作，它涉及张三的账户余额减少 100 元和李四的账户余额增加 100 元的操作。这两个操作是一个不可拆分的整体，要么全部执行，要么全部不执行。

张三向李四转账成功的示意图如图 4-1 所示。

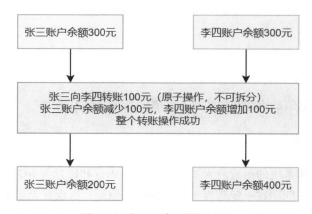

图 4-1　张三向李四转账成功

张三向李四转账失败的示意图如图 4-2 所示。

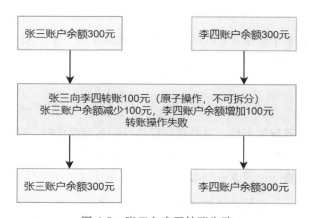

图 4-2　张三向李四转账失败

不会出现转账后张三账户余额 200 元，李四账户余额 300 元的情况，如图 4-3 所示。

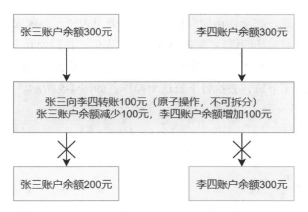

图 4-3　不会出现张三账户余额 200 元，李四账户余额 300 元

也不会出现执行完转账操作后，张三账户余额 300 元，李四账户余额 400 元的情况，如图 4-4 所示。

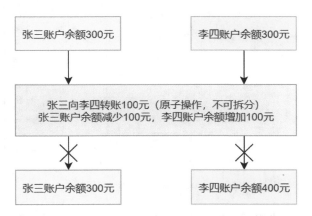

图 4-4　不会出现张三账户余额 300 元，李四账户余额 400 元

4.2.2　原子性问题

原子性问题产生的根源是线程切换，也就是说，线程切换带来了并发编程的原子性问题。线程在执行某项操作时，如果发生了线程切换，CPU 转而执行其他的任务，中断了当前线程执行的任务，就会造成原子性问题。

注意：关于线程切换，读者可以参考第 1 章中的相关内容，笔者在这里不再赘述。

这里，为了更好地理解线程切换带来的原子性问题，举一个简单的例子：张三和李四在银行同一窗口办理业务，张三在李四前面办理。柜台业务员为张三办理完业务，正好到了银行的下班时间，业务员微笑着对李四说："实在不好意思，先生，我们今天下班了，您明天再来吧。"此时的李四就好比是正好占有了 CPU 资源的线程，而柜台业务员就是那个发生了线程切换的 CPU，她将线程切换到了下班，去执行下班这个操作，如图 4-5 所示。

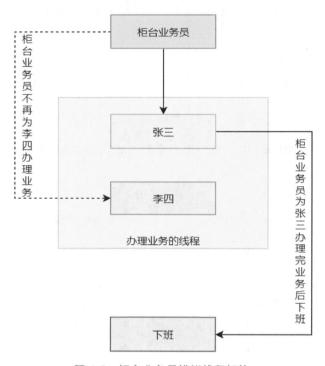

图 4-5　柜台业务员模拟线程切换

由图 4-5 可以看出，当银行的柜台业务员为张三办理完业务后，正好到下班的时间点，业务员便开始收拾柜台准备下班，不再为李四办理业务，可以以此场景来理解线程的切换问题。

4.2.3　Java 中的原子性问题

在 Java 中，在大部分场景下是基于多线程技术来编写并发程序的，使用多线程编写并发程序也会产生线程切换问题，这也主要源于 CPU 对于任务的切换机制。

在 Java 这种高级编程语言中，一条简单的语句可能对应多条指令，例如如下代码。

```
/**
 * @author binghe
```

```
 * @versI/On 1.0.0
 * @descriptI/On 测试线程的原子性
 */
public class ThreadAtomicityTest {

    private Long count;

    public Long getCount(){
        return count;
    }

    public void incrementCount(){
        count++;
    }
}
```

上述代码定义了一个私有的成员变量 count，同时定义了两个公有方法 getCount()和 incrementCount()，getCount()方法会直接返回 count 的值，而 incrementCount()方法会对 count 进行自增操作。

上述代码看上去不会出现原子性问题。接下来，在命令行中将当前目录切换到编译后的 ThreadAtomicityTest.class 所在的目录，使用 JDK 中自带的 javap 命令查看程序的指令码，如下所示。

```
javap -c ThreadAtomicityTest.class

Compiled from "ThreadAtomicityTest.java"
public class I/O.binghe.concurrent.chapter04.ThreadAtomicityTest {
  public I/O.binghe.concurrent.chapter04.ThreadAtomicityTest();
    Code:
       0: aload_0
       1: invokespecial #1                  // Method java/lang/Object."<init>":()V
       4: return

  public java.lang.Long getCount();
    Code:
       0: aload_0
       1: getfield      #2                  // Field count:Ljava/lang/Long;
       4: areturn

  public void incrementCount();
    Code:
       0: aload_0
       1: getfield      #2                  // Field count:Ljava/lang/Long;
```

```
    4: astore_1
    5: aload_0
    6: aload_0
    7: getfield        #2              // Field count:Ljava/lang/Long;
   10: invokevirtual #3               // Method java/lang/Long.longvalue:()J
   13: lconst_1
   14: ladd
   15: invokestatic   #4              // Method
java/lang/Long.valueOf:(J)Ljava/lang/Long;
   18: dup_x1
   19: putfield        #2              // Field count:Ljava/lang/Long;
   22: astore_2
   23: aload_1
   24: pop
   25: return
}
```

这里，重点关注下 incrementCount()方法的指令码，如下所示。

```
public void incrementCount();
  Code:
    0: aload_0
    1: getfield        #2              // Field count:Ljava/lang/Long;
    4: astore_1
    5: aload_0
    6: aload_0
    7: getfield        #2              // Field count:Ljava/lang/Long;
   10: invokevirtual #3               // Method java/lang/Long.longvalue:()J
   13: lconst_1
   14: ladd
   15: invokestatic   #4              // Method
java/lang/Long.valueOf:(J)Ljava/lang/Long;
   18: dup_x1
   19: putfield        #2              // Field count:Ljava/lang/Long;
   22: astore_2
   23: aload_1
   24: pop
   25: return
```

通过上述指令码可以看出，在 Java 中，短短的几行 incrementCount()方法竟然对应着这么多 CPU 指令。限于篇幅，笔者不再深入介绍这些指令的具体含义，感兴趣的读者可以关注"冰河技术"微信公众号回复"JVM 手册"自行查阅。

上述 incrementCount()方法的指令码大致包含三个步骤。

（1）将变量 count 从内存中加载到 CPU 的寄存器中。

（2）在 CPU 的寄存器中执行 count++操作。

（3）将 count++后的结果写入缓存（这里的缓存可能是 CPU 的缓存，也可能是计算机的内存）。

线程切换可能发生在任何一条指令完成之后，而不是在 Java 程序的某条语句完成后。假设线程 A 和线程 B 同时执行 incrementCount()方法，在线程 A 执行过程中，CPU 完成指令码的步骤（1）后发生了线程切换，此时线程 B 开始执行指令码的步骤（1）。

当两个线程都执行完整个 incrementCount()方法后，得到的 count 的值是 1 而不是 2。可以使用图 4-6 来表示线程的切换过程。

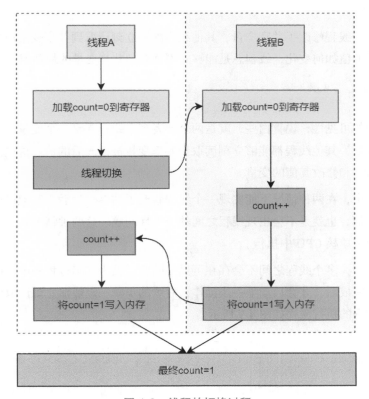

图 4-6　线程的切换过程

由图 4-6 可以看出，线程 A 将 count=0 加载到 CPU 的寄存器后，发生了线程切换。此时由于还没有执行 count++操作，也没有将操作的结果写入内存，所以，内存中 count 的值仍然为 0。

线程 B 将 count=0 加载到 CPU 的寄存器，执行 count++操作，并且将执行后的 count=1 写入内存。此时，CPU 切换到线程 A 继续执行，在执行线程 A 中的 count++操作后，线程 A 中的 count 值为 1，线程 A 将 count=1 写入内存。因此，最终的 count 值仍然为 1。

4.2.4 原子性问题总结

如果在 CPU 中存在正在执行的线程，而此时发生了线程切换，就可能导致并发编程的原子性问题，所以，造成原子性问题的根本原因是在线程执行过程中发生了线程切换。这也是并发编程容易出现 Bug 的根本原因之一。

4.3 可见性

可见性指一个线程修改了共享变量，其他线程能够立刻读取到共享变量最新的值。也就是说无论共享变量的值如何变化，线程总是能够立刻读取到共享变量的最新值。

4.3.1 可见性概述

并发编程中的可见性，说直白些，就是两个或者多个线程共享一个变量，无论哪个线程修改了这个共享变量，其他线程都能够立刻读取到共享变量被修改后的值。这里说的共享变量指多个线程都能访问和修改其值的变量。

在并发编程中，在两种情况下能实现一个线程修改了共享变量后，其他线程一定能够立刻读取到修改后的值，也就是不会出现线程之间的可见性问题。这两种情况就是：线程在串行程序中执行和线程在单核 CPU 中执行。

在串行程序中，多个线程之间不会存在可见性问题。因为在串行程序中，操作是串行执行的，上一步操作完成后，才会启动下一步操作，后续的步骤一定能够立刻读取到最新变量值，串行程序读写数据的执行流程如图 4-7 所示。

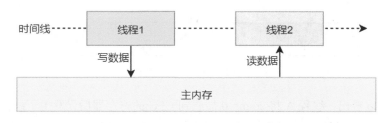

图 4-7 串行程序读写数据的执行流程

由图 4-7 可以看出，线程 1 和线程 2 是串行执行的，线程 1 向主内存写完数据后，线程 2 才会从主内存中读取数据。线程 1 向主内存写入的数据对线程 2 是可见的，所以，线程 1 和线程 2 之间不存在可见性问题。

在单核 CPU 中，多个线程之间不会存在可见性问题。因为在单核 CPU 中，无论程序在运行的过程中创建了多少线程，在同一时刻都只能有一个线程抢占到 CPU 的资源来执行任务。哪怕这个单核 CPU 中增加了缓存，这些线程最终还是在同一个 CPU 核心上运行，也还是对同一个 CPU 缓存进行读写操作，同一时刻也只会有一个线程操作 CPU 缓存中的数据。只要有一个线程修改了 CPU 缓存中的数据，当其他线程抢占到 CPU 资源执行任务时，就一定能够立刻读取到 CPU 缓存中最新的共享变量的值。

单核 CPU 读写数据的流程如图 4-8 所示。

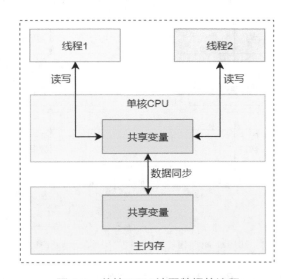

图 4-8　单核 CPU 读写数据的流程

由图 4-8 可以看出，多个线程在单个 CPU 中对共享变量进行读写，操作的都是单核 CPU 缓存中的同一个共享变量。线程 1 对共享变量进行修改，线程 2 能够立刻读取到修改后的共享变量值。

4.3.2　可见性问题

在串行程序和单核 CPU 中，多个线程之间对共享变量的修改不存在可见性问题。但是多个线程在多核 CPU 上运行时，就会出现可见性问题了。造成可见性问题的根本原因就是 CPU 缓存机制。

在多核 CPU 中，每个 CPU 的核心都有自己单独的缓存，多个线程可能同时运行在不同的 CPU 核心上，对共享变量的读写也就发生在不同的 CPU 核心上。一个线程对共享变量进行了写操作，另一个线程不一定能够立刻读取到共享变量的最新值。多个线程之间对共享变量的读写操作存在可见性问题。

例如，双核 CPU 的核心分别为 CPU-1 和 CPU-2，线程 1 运行在 CPU-1 上，线程 2 运行在 CPU-2 上，CPU-1 和 CPU-2 有各自的缓存。线程 1 和线程 2 同时读写主内存中的共享变量 X，如图 4-9 所示。

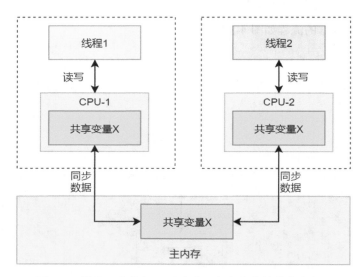

图 4-9　线程 1 和线程 2 同时读写主内存中的共享变量 X

由图 4-9 可以看出，线程 1 和线程 2 运行在不同的 CPU 核心上，当线程 1 和线程 2 同时读写主内存中的共享变量 X 时，并不是直接修改主内存中共享变量 X 的值，而是各自先将共享变量 X 复制到对应的 CPU 核心的缓存中。线程 1 和线程 2 修改的是自身对应的 CPU 核心缓存中的 X 值，线程 1 修改了共享变量 X 的值后线程 2 不能立刻读取到修改后的值，线程 2 修改了共享变量 X 的值后线程 1 也不能立刻读取到修改后的值。线程 1 和线程 2 之间对共享变量 X 的修改存在可见性问题。

4.3.3　Java 中的可见性问题

在 Java 中，大部分场景都是通过多线程的方式实现并发编程的，多个线程在多核 CPU 上运行时，就会出现可见性问题。

使用 Java 语言编写并发程序时，多个线程在读写主内存中的共享变量时，会先把主内存中的共享变量数据复制到线程的私有内存中，也就是线程的工作内存中。每个线程在对数据进行读写操作时，都是直接操作自身工作内存中的数据，如图 4-10 所示。

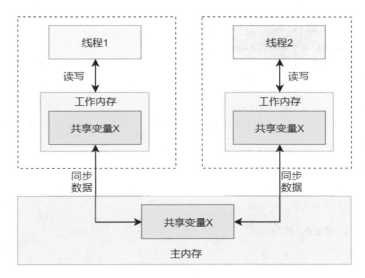

图 4-10　多个线程读写主内存中的共享变量

由图 4-10 可以看出，由于每个线程独享各自的工作内存，所以线程 1 修改的数据对线程 2 是不可见的。同理，线程 2 修改的数据对线程 1 也是不可见的。

所以，线程 1 修改了共享变量后，线程 2 不一定能够立刻读取到修改后的值，这就造成了线程 1 和线程 2 之间的可见性问题。

注意：Java 中多个线程读写主内存中共享变量的值可以类比多核 CPU 运行多个线程读写主内存中共享变量的值，此时，线程的私有内存就相当于多核 CPU 中每个核心对应的缓存。

为了更好地说明线程的可见性问题，这里给出一个完整的代码示例，如下所示。

```
/**
 * @author binghe
```

```
 * @versI/On 1.0.0
 * @descriptI/On 测试多个线程修改共享变量的值
 */
public class MultiThreadAtomicityTest {

    private Long count = 0L;

    public void  incrementCount(){
        count++;
    }

    public Long execute() throws InterruptedExceptI/On {
        Thread thread1 = new Thread(()->{
            IntStream.range(0, 1000).forEach((i) -> incrementCount());
        });

        Thread thread2 = new Thread(()->{
            IntStream.range(0, 1000).forEach((i) -> incrementCount());
        });

        //启动线程 1 和线程 2
        thread1.start();
        thread2.start();

        //等待线程 1 和线程 2 执行完毕
        thread1.join();
        thread2.join();

        //返回 count 的值
        return count;
    }

    public static void main(String[] args) throws InterruptedExceptI/On {
        MultiThreadAtomicityTest multiThreadAtomicity = new
MultiThreadAtomicityTest();
        Long count = multiThreadAtomicity.execute();
        System.out.println(count);
    }
}
```

在上述代码中，定义了 MultiThreadAtomicityTest 类，在 MultiThreadAtomicityTest 类中定义
了全局成员变量 count，同时，定义了一个 incrementCount()方法，在 incrementCount()方法中对
count 的值进行自增操作。

接下来，定义了 execute()方法，在 execute()方法中，创建了两个 Thread 线程对象，分别为 thread1 和 thread2，在两个线程中分别循环调用 1000 次 incrementCount()方法对 count 的值进行自增操作。在线程启动后，为了避免未执行完循环操作就退出，程序中分别调用了 thread1 和 thread2 的 join()方法。最后在 execute()方法中返回 thread1 和 thread2 对 count 的累加值。

随后，在 MultiThreadAtomicityTest 类中定义了 main()方法，在 main()方法中创建 MultiThreadAtomicityTest 类的对象，调用 execute()方法并接收打印 execute()的返回值。

上述代码看起来打印的结果数据应该是 2000，而实际上在大部分情况下打印的结果数据小于 2000。

接下来，我们分析下为何上述代码在大部分情况下打印的结果数据小于 2000。首先，变量 count 属于 MultiThreadAtomicityTest 类的成员变量，这个成员变量对于线程 1 和线程 2 来说，是一个共享变量。假设线程 1 和线程 2 同时执行，它们同时将 count=0 读取到各自的工作内存中，每个线程第一次执行完 count++操作后，都将 count 的值写入内存，此时，内存中 count 的值为 1，而不是我们想象的 2。而在整个计算过程中，线程 1 和线程 2 都基于各自工作内存中的 count 值进行计算，这就导致了最终的 count 值小于 2000。

4.3.4　可见性问题总结

如果一个线程修改了共享变量，其他线程能够立刻读取到修改后的值，则不存在可见性问题。否则，存在可见性问题。在串行程序和单核 CPU 上不存在可见性问题，在多核 CPU 上运行并发程序，可能产生可见性问题。造成可见性问题的根本原因是 CPU 缓存机制。可见性问题也是并发编程容易出现 Bug 的根本原因之一。

4.4　有序性

4.4.1　有序性概述

在并发编程中，有序性指程序能够按照编写的代码顺序执行，不会发生跳过代码行的情况，也不会发生跳过 CPU 指令的情况。例如，当代码被编译为 CPU 指令后，在 CPU 中的执行顺序是先执行第一条指令，再执行第二条指令，然后执行第三条指令，以此类推，如图 4-11 所示。

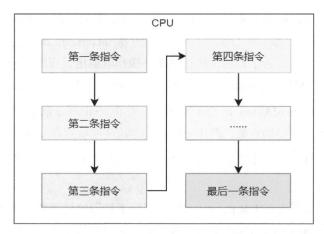

图 4-11　指令在 CPU 中的顺序执行

4.4.2　有序性问题

为了提高程序的执行性能和编译性能，计算机和编译器有时候会修改程序的执行顺序。在单线程场景下，编译器能够保证修改执行顺序后的程序结果与程序顺序执行的结果一致。但是在多线程场景下，编译器对执行顺序的修改可能造成意想不到的后果。

如果编译器修改了程序的执行顺序，则 CPU 在执行程序时，可能先执行第一条指令，再执行第二条指令，然后执行第四条指令，接着执行第三条指令，如图 4-12 所示。

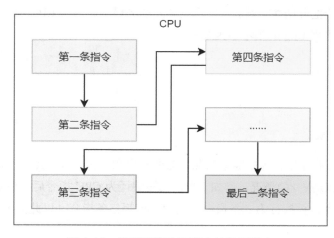

图 4-12　编译器修改了程序的执行顺序

由图 4-12 可以看出，当编译器修改了程序的执行顺序时，程序在 CPU 中执行指令的顺序发生了变化。此时，就会出现并发编程中的有序性问题。

4.4.3　Java 中的有序性问题

在 Java 中，一个典型的案例就是使用双重检测机制来创建单例对象，稍不注意就会由于并发编程中的有序性问题导致 Bug。

例如，下面的代码片段中，在 getInstance()方法中获取 SingleInstance 类的对象实例时，首先判断 instance 对象是否为空，如果为空，则锁定当前类的 class 对象，并再次检查 instance 是否为空，如果 instance 对象仍然为空，则创建 SingleInstance 类的对象并将对象实例赋值给instance。

```
/**
 * @author binghe
 * @versI/On 1.0.0
 * @descriptI/On 测试不安全的单例对象
 */
public class SingleInstance {

    private static SingleInstance instance;

    private SingleInstance(){

    }

    public static SingleInstance getInstance(){
        if (instance == null){
            synchronized (SingleInstance.class){
                if (instance == null){
                    instance = new SingleInstance();
                }
            }
        }
        return instance;
    }
}
```

如果编译器和解释器不会对上面的代码进行优化，也不会修改程序的执行顺序，则上述代码的执行流程如图 4-13 所示。

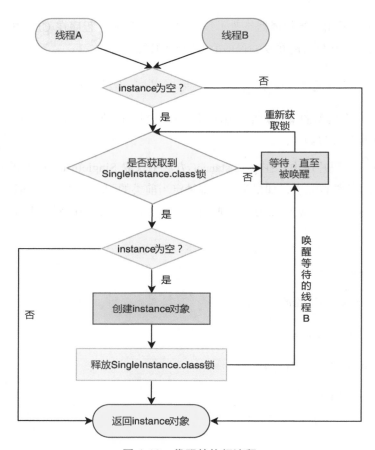

图 4-13　代码的执行流程

在图 4-13 中，假设有线程 A 和线程 B 同时调用 getInstance()方法获取对象实例，两个线程会同时发现 instance 对象为空，同时对 SingleInstance.class 加锁，而 JVM 会保证只有一个线程获取到锁。这里我们假设线程 A 获取到锁，线程 B 由于未获取到锁而进行等待。接下来，线程 A 再次判断 instance 对象为空，从而创建 instance 对象的实例，然后释放锁。此时，线程 B 被唤醒，再次尝试获取锁，获取锁成功后，线程 B 检查此时的 instance 对象已经不再为空，线程 B 不再创建 instance 对象。

上述流程表面上看起来没什么问题，但是在高并发、大流量的场景下获取 instance 对象时，使用 new 关键字创建 SingleInstance 类的实例对象时，会因为编译器或者解释器对程序的优化而出现问题。也就是说，问题的根源在于如下代码。

```
instance = new SingleInstance();
```

对于上面的代码包括如下三个步骤。

（1）分配内存空间。

（2）初始化对象。

（3）将 instance 引用指向内存空间。

正常执行的 CPU 指令顺序为（1）→（2）→（3），CPU 对程序进行重排序后的执行顺序可能为（1）→（3）→（2），此时就会出现问题。当 CPU 对程序进行重排序后的执行顺序为（1）→（3）→（2）时，我们将线程 A 和线程 B 调用 getInstance()方法获取对象实例的两种步骤总结如下。

1. 第一种步骤

（1）假设线程 A 和线程 B 同时进入第一个 if 条件判断。

（2）假设线程 A 首先获取到 synchronized 锁，进入 synchronized 代码块，此时因为 instance 对象为 null，所以执行 instance= new SingleInstance()语句。

（3）在执行 instance = new SingleInstance()语句时，线程 A 会在 JVM 中开辟一块空白的内存空间。

（4）线程 A 将 instance 引用指向空白的内存空间，在没有进行对象初始化的时，发生了线程切换，线程 A 释放 synchronized 锁，CPU 切换到线程 B 上。

（5）线程 B 进入 synchronized 代码块，读取到线程 A 返回的 instance 对象，此时这个 instance 不为 null，但是并未进行对象的初始化操作，是一个空对象。此时线程 B 如果使用 instance，就可能出现问题。

2. 第二种步骤

（1）线程 A 先进入 if 条件判断。

（2）线程 A 获取 synchronized 锁，并进行第二次 if 条件判断，此时的 instance 为 null，执行 instance = new SingleInstance()语句。

（3）线程 A 在 JVM 中开辟一块空白的内存空间。

（4）线程 A 将 instance 引用指向空白的内存空间，在没有进行对象初始化时，发生了线程切换，CPU 切换到线程 B 上。

（5）线程 B 进行第一次 if 判断，发现 instance 对象不为 null，但是此时的 instance 对象并未进行初始化操作，是一个空对象。如果线程 B 直接使用这个 instance 对象，就可能出现问题。

注意：在第二种步骤中，在发生线程切换时，线程 A 没有释放锁，所以线程 B 在进行第一次 if 判断时，发现 instance 已经不为 null，则直接返回 instance，而无须尝试获取 synchronized 锁。

创建单例对象的异常流程如图 4-14 所示。

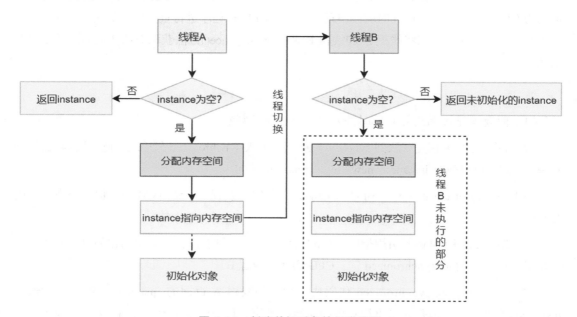

图 4-14　创建单例对象的异常流程

由图 4-14 可以看出，当线程 A 判断 instance 为空时，为对象分配内存空间，并将 instance 指向内存空间。此时还没有进行对象的初始化操作，发生了线程切换，线程 B 获取到 CPU 资源执行任务。线程 B 判断此时的 instance 不为空，则不再执行后续创建对象的操作，直接返回未初始化的 instance 对象。

究其根本原因就是编译器修改了程序的执行顺序。

4.4.4　有序性问题总结

如果编译器对程序进行优化，那么可能修改程序的执行顺序，从而造成有序性问题。有序性问题也是并发编程容易出现 Bug 的根本原因之一。

4.5　解决方案

原子性、可见性和有序性是导致并发编程频繁出现问题的根本原因。本节介绍如何解决并发编程中的原子性、可见性和有序性问题。

4.5.1　原子性问题解决方案

造成原子性问题的根本原因是线程切换，那禁止 CPU 发生线程切换是不是就能解决原子性问题呢？其实不然。在单核 CPU 上禁止 CPU 发生线程切换解决原子性问题的方案是可行的，但是在多核 CPU 中却无法用这个方法解决问题。

例如，在 32 位 CPU 上执行 long 或 double 等 64 位数据类型的写操作时，会把 long 或 double 等 64 位数据类型的数据分成写高 32 位和写低 32 位。如果 CPU 是单核的，那么在写数据的过程中，不会发生线程切换，获得 CPU 资源的线程会一直执行，写高 32 位和写低 32 位具有原子性。

如果这个 32 位的 CPU 是多核的，那么在同一时刻，可能有多个线程同时运行在 CPU 的不同核心上。如果只是禁止 CPU 发生线程切换，则只能保证线程在 CPU 中的执行不被中断，无法保证同一时刻只有一个线程执行。此时，如果多个线程同时读取 64 位数据的高 32 位，并对这高 32 位进行修改操作，则可能出现意想不到的 Bug。

所以，禁止 CPU 线程切换无法从根本上解决原子性问题。

保证同一时刻只能有一个线程执行任务，就能够保证原子性。在 Java 中，解决原子性问题的方案包括 synchronized 锁、Lock 锁、ReentrantLock 锁、ReadWriteLock 锁、CAS 操作、Java 中提供的原子类等。

注意：有关 synchronized 锁原理、Lock 锁原理、CAS 核心原理等内容，本书的后续章节会进行详细的介绍，笔者在这里不再赘述。

4.5.2　可见性与有序性问题解决方案

如果想解决可见性和有序性问题，那么根据需要适当禁用 CPU 缓存和编译优化即可。为此，Java 虚拟机（JVM）提供了禁用缓存和编译优化的方法。这些方法包括 volatile 关键字、synchronized 锁、final 关键字以及 Java 内存模型中的 Happens-Before 原则。

注意：有关 volatile 的核心原理、synchronized 锁原理和 Happens-Before 原则等内容，本书的后续章节会进行详细的介绍，笔者在这里不再赘述。

4.6　本章总结

　　本章主要介绍了并发编程中的本质问题，首先对计算机中的核心矛盾——CPU、内存和磁盘等 I/O 设备的速度差距——进行了简单的介绍，并介绍了 CPU、操作系统和编译程序是如何缓解这个矛盾的。接下来，介绍了并发编程中的三大本质问题：原子性、可见性和有序性，并对每种问题的产生原因进行了简单的描述，同时，分别介绍了在 Java 中原子性、可见性和有序性是如何产生的。最后，针对原子性、可见性和有序性问题给出了解决方案。

　　本章只是简单列举了问题的解决方案，关于方案的核心原理，在本书的后续章节还会进行详细介绍，笔者不再赘述。

　　下一章将会对原子性的核心原理进行简单介绍。

　　注意：本章涉及的源代码已经提交到 GitHub 和 Gitee，GitHub 和 Gitee 链接地址见 2.4 节结尾。

第 5 章

原子性的核心原理

并发编程中很多让人费解的问题都是原子性问题造成的，深刻理解原子性并保证原子性有助于更好地编写正确的并发程序。本章对原子性的核心原理进行简单介绍。

本章涉及的知识点如下。

- 原子性原理。
- 处理器保证原子性。
- 互斥锁保证原子性。
- CAS 保证原子性。

5.1 原子性原理

原子性规定：在并发编程中，如果将指定的一系列操作作为一个不可分割的整体，那么这些操作要么全部执行，要么全部不执行，不会出现只执行一部分的情况。

在并发编程中，对于涉及原子性的操作，同一时刻只能有一个线程执行，其他线程要么不执行，要么等待当前线程执行完毕之后再执行，要么基于某种特定的方式不断重试执行，直到成功。

在并发编程中要实现对某些资源的原子操作，需要保证多个线程在对这些资源进行操作时是互斥的。

5.2　处理器保证原子性

32 位的 IA-32 CPU 使用对缓存加锁和对总线加锁等方式来实现多个处理器之间的原子操作。

5.2.1　CPU 保证基本内存操作的原子性

第 4 章中提到在 32 位多核 CPU 中，当多个线程同时读写 long 或 double 等 64 位数据类型的高 32 位数据时存在原子性问题。不仅如此，当多个线程同时读写 long 或 double 等 64 位数据类型的低 32 位数据时也会存在原子性问题。

如果在 32 位多核 CPU 中，一个线程操作完 64 位数据的前 32 位数据后，另外一个线程恰好只读取到后 32 位数据，这样就导致另外一个线程读到的数据既不是原来的值，也不是修改后的值，同样存在原子性问题。

不过，随着 CPU 技术的不断发展，现在的 CPU 能够保证从内存中读取或者写入 1 字节的数据是原子的，最近几年推出的 CPU 也能够保证在单处理器核心内部，在同一个缓存行里读/写 16 位、32 位和 64 位的数据是原子的。

所以，目前的大部分 CPU 支持在同一个缓存行里读/写 16 位、32 位和 64 位数据的原子性，也就基本解决了在 32 位多核 CPU 中，当多个线程读写存储在同一个缓存行里的 long 或 double 等 64 位数据时出现的原子性问题。

但是，只靠 CPU 不能解决跨总线、跨多个缓存行、跨页表等访问数据的原子性问题，需要借助 CPU 提供的总线锁和缓存锁。

注意：在 CPU 中，缓存行是缓存的最小单位，也就是最小的缓存区块，在一般情况下，一个缓存行的大小是 64byte。

5.2.2　总线锁保证原子性

CPU 与内存之间的数据传输是通过总线进行的，如图 5-1 所示。

由图 5-1 可以看出，CPU 与内存之间并不是直接进行数据通信的。一个典型的案例就是多个 CPU 核心同时读取—修改—写入共享变量的值，会出现意想不到的情况。

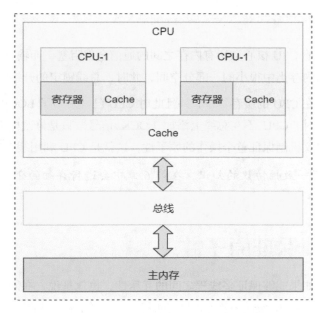

图 5-1　CPU 与内存之间的数据传输

在多核 CPU 中对内存中的一个共享变量 count 的值进行加 1 操作。count 的初始值为 0，如果这个 count 的值被两个 CPU 核心同时操作，则最终的 count 值可能为 2，也可能为 1。

这是因为在 CPU 中对 count 值加 1 的操作可以分为如下 3 步。

（1）将主内存中的 count 值读取到寄存器。

（2）对寄存器中的 count 值进行加 1 操作。

（3）将寄存器中的 count 值写回主内存。

对 count 值加 1 的操作并不是原子性操作，如果要保证对读取—修改—写入共享变量（count 值加 1）过程的原子性，就必须保证在 CPU-1 读取—修改—写入共享变量的过程中，CPU-2 不能读写缓存了这个共享变量内存地址的缓存。

CPU 是通过对总线加锁来解决这个问题的，也就是在执行的过程中，CPU 会发出一个 LOCK#信号，如果总线接收到 CPU 核心发出的 LOCK#信号，总线就会被锁住，其他 CPU 核心读写内存的数据会被阻塞，发出 LOCK#信号的 CPU 核心此时能够独占内存，实现原子性。

5.2.3 缓存锁保证原子性

总线锁定会将其他 CPU 核心和所有内存之间的通信全部阻塞，而输出 LOCK#信号的 CPU 核心可能只需要占用内存当中很小的一部分空间，此时，总线锁定的开销太大。

如果数据被缓存在 CPU 的缓存行中，并且此时 CPU 已经发出了 LOCK#信号，那么当执行完数据操作回写内存时，CPU 不在总线上添加 LOCK#信号，只是修改内部的缓存地址，并通过开启缓存一致性协议机制保证整个操作的原子性，这就是 CPU 利用缓存锁保证原子性。

注意：有关缓存一致性协议的知识，在第 6 章中会进行详细的介绍，笔者在这里不再赘述。

5.3 互斥锁保证原子性

在并发编程中，如果能够保证多线程之间的互斥性，也就是说，在同一时刻只有一个线程在执行，则无论是单核 CPU 还是多核 CPU，都能够保证多线程之间的原子性。

5.3.1 互斥锁模型

在并发编程中，可以使用互斥锁来保证多个线程之间的互斥性。通过对临界区资源添加互斥锁可以保证同一时刻只能有一个线程占用临界区的资源，其他线程在该线程释放互斥锁之前阻塞，直到它释放锁。

互斥锁模型如图 5-2 所示。

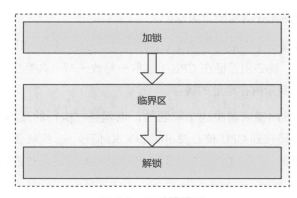

图 5-2　互斥锁模型

如图 5-2 所示，互斥锁模型包括加锁、临界区和解锁 3 部分。当多个线程进入临界区时，这些线程首先抢占锁资源，抢占成功的线程执行加锁操作，然后执行临界区的代码或者修改临界区的数据资源。其他线程抢占锁资源失败阻塞，直到加锁成功的线程解锁后，其他线程再次抢占锁资源。

在上述互斥锁模型中，线程在进入临界区时先执行加锁操作，在退出临界区时执行解锁操作，同一时间只能有一个线程进入临界区，多个线程在临界区是互斥的，看起来是能够保证临界区资源独占性的，但是在实际使用的过程中存在着意想不到的 Bug，优化后的互斥锁模型能够解决这个问题。

5.3.2　优化后的互斥锁模型

5.3.1 节中的锁模型忽略了两个非常重要的信息：一个是对什么资源进行加锁操作，另一个是加锁后要保护什么资源。只有在使用互斥锁时搞清楚这两个问题，才能更好地利用互斥锁实现原子性。优化后的互斥锁模型如图 5-3 所示。

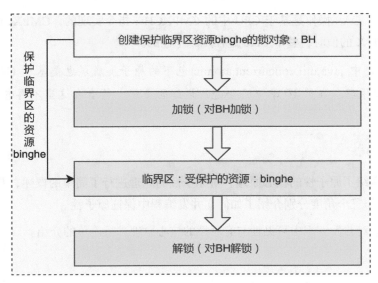

图 5-3　优化后的互斥锁模型

由图 5-3 可以看出，在优化后的互斥锁模型中，先创建了一个保护临界区资源的锁对象，然后使用这个锁对象进行加锁操作，再进入临界区执行代码，操作完临界区的资源后，退出临界区并执行解锁操作。其中，创建的保护临界区资源的锁对象，就起到了保护临界区特定资源的作用。

注意：在优化后的互斥锁模型中，创建特定资源的锁对象是为了保护临界区特定的资源，如果一个资源的锁保护了其他资源，则会出现意想不到的 Bug。

5.4　CAS 保证原子性

在 Java 的实现中，可以通过 CAS 机制来保证原子性，CAS 算法涉及 3 个操作数，如下所示。

- 需要读写的内存值 X。
- 进行比较的值 A。
- 要写入的新值 B。

当且仅当 X 的值等于 A 时，CAS 算法通过原子方式用新值 B 来更新内存中 X 的值。否则，会以自旋的方式不断重试更新内存中 X 的值。

在 JVM 中，CAS 操作是基于 CPU 中的 CMPXCHG 指令实现的，CMPXCHG 指令能够保证在更新内存中 X 的值时，整个 CAS 过程是原子性的。

注意：Java 中 java.util.concurrent.atomic 包下的原子类底层也是基于 CAS 实现的，有关 CAS 的核心原理，在第 10 章中还会进行详细的介绍，笔者在这里不再赘述。

5.5　本章总结

本章主要介绍了原子性的核心原理。对原子性的原理进行了简单的概述，并从处理器、互斥锁和 CAS 操作三个角度分别介绍了如何在并发编程中保证原子性。

下一章将会对并发编程中可见性与有序性的核心原理进行简单的介绍。

第6章

可见性与有序性核心原理

可见性与有序性是并发编程中两个重要的核心问题，理解可见性与有序性的核心原理，有助于更好地理解并发编程，编写正确的并发程序。本章就对并发编程中的可见性与有序性的核心原理进行简单的介绍。

本章涉及的知识点如下。

- CPU 多级缓存架构。
- 缓存一致性。
- 伪共享。
- volatile 核心原理。
- 内存屏障。
- Java 内存模型。
- Happens-Before 原则。

6.1　CPU 多级缓存架构

为了缩小 CPU 与内存和磁盘等 I/O 设备之间的速度差距，CPU 的设计者和研究者们在 CPU 中引入了多级缓存，有效地提升了 CPU 的资源利用率。本节对 CPU 多级缓存架构进行简单的介绍。

6.1.1　CPU 为何使用多级缓存架构

CPU 的早期发展规律与摩尔定律相符，这意味着每隔 18 个月 CPU 就会实现如下几点质的提升。

（1）集成电路上所集成的晶体管数量增加一倍。

（2）CPU 的核心性能提升一倍。

（3）CPU 的价格下降一半。

后来，随着硬件技术的不断突破，晶体管的大小已经达到原子级别和纳米级别，CPU 技术开始向多核和多 CPU 方向发展。

然而，CPU 的运行速度太快了，内存和磁盘等 I/O 设备根本无法跟上，这样会造成 CPU 资源的浪费。

为了缓解 CPU 和内存、磁盘等 I/O 设备之间速度不匹配的问题，CPU 内部引入了多级缓存。尽管多级缓存的容量远远小于内存、磁盘等 I/O 设备，但是在计算机局部性原理的指引下，这一方案还是极大地缓解了 CPU 和内存、磁盘等 I/O 设备之间速度不匹配的问题。

注意：局部性原理包括空间局部性和时间局部性。

● 空间局部性：如果某个数据被访问了，则与它相邻的数据有可能很快被访问。

● 时间局部性：如果某个数据被访问了，则在不久的将来它很有可能再次被访问。

6.1.2 CPU 多级缓存架构原理

为了提高 CPU 的执行效率和资源利用率，减少 CPU 与内存的数据交互，CPU 内部集成了多级缓存。目前，最为常见的是三级缓存架构，如图 6-1 所示。

由图 6-1 可以看出如下信息。

（1）在 CPU 内部除了集成寄存器，还内置了 L1、L2 和 L3 三级缓存。

（2）L1 缓存分为数据缓存和指令缓存，由每个 CPU 逻辑核心独占。

（3）L2 缓存由 CPU 物理核心独占，逻辑核心共享。

（4）L3 缓存由所有 CPU 物理核心共享。

（5）在存储速度上，寄存器快于 L1 缓存，L1 缓存快于 L2 缓存，L2 缓存快于 L3 缓存，L3 缓存快于内存。

（6）在存储容量上，寄存器小于 L1 缓存，L1 缓存小于 L2 缓存，L2 缓存小于 L3 缓存，L3 缓存小于内存。

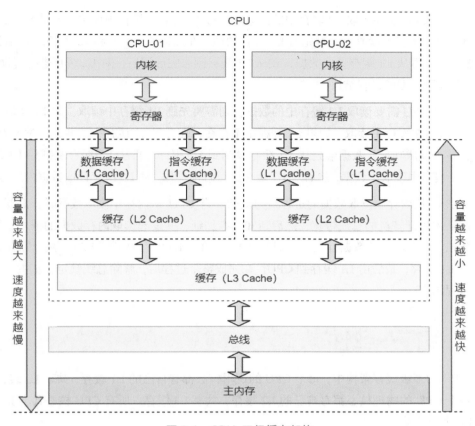

图 6-1　CPU 三级缓存架构

（7）CPU 与内存之间是通过总线进行数据通信的。

（8）计算机中的主内存是所有 CPU 都可以访问的，并且主内存的容量比 CPU 缓存大。

6.1.3　CPU 的计算流程

在引入多级缓存后，CPU 的计算流程会发生一些变化，总体来说，CPU 读取数据的流程如下。

（1）如果 CPU 需要读取寄存器中的数据，则直接读取。

（2）如果 CPU 需要读取 L1 缓存中的数据，则需要将缓存行锁住，读取 L1 缓存中的数据，然后进行解锁操作，从 L1 缓存读取数据的过程结束。如果 CPU 在读取 L1 缓存中的数据时，没锁住缓存行，执行速度就会很慢。

（3）如果 CPU 需要读取 L2 缓存中的数据，则需要先到 L1 缓存中读取。如果 L1 缓存中不存在，则在 L2 缓存中读取。此时先为 L2 缓存加锁，在加锁成功后，将 L2 缓存中的数据复制到 L1 缓存中，再从 L1 缓存读取数据，在从 L1 缓存读取完数据后，对 L2 缓存进行解锁操作。从 L2 缓存读取数据的过程结束。

（4）如果 CPU 需要读取 L3 缓存中的数据，则需要先到 L1 缓存中读取。如果 L1 缓存中不存在，则再到 L2 缓存中读取。如果 L2 缓存中不存在，则再到 L3 缓存中读取，此时先为 L3 缓存加锁，在加锁成功后，数据会先从 L3 缓存复制到 L2 缓存，再从 L2 缓存复制到 L1 缓存，CPU 从 L1 缓存中读取出数据，然后对 L3 缓存进行解锁操作。从 L3 缓存读取数据的过程结束。

（5）CPU 从内存中读取数据的过程最为复杂。当 CPU 从内存中读取数据时，需要先通知内存控制器占用计算机的总线带宽，然后通知内存加锁，并发起读取内存数据的请求，等待内存回应数据。内存回应的数据首先保存到 L3 缓存，再从 L3 缓存复制到 L2 缓存，然后由 L2 缓存复制到 L1 缓存，最后由 L1 缓存到 CPU。在完成整个过程后，解除总线锁定。从主内存读取数据的过程结束。

6.2　缓存一致性

在 CPU 的多级缓存架构中，每个 CPU 的逻辑核心都有自己的 L1 缓存，共享 L2 缓存和 L3 缓存。每个 CPU 的物理核心都有自己的 L2 缓存，共享 L3 缓存。所有 CPU 核心共享 L3 缓存。所有 CPU 共享主内存。

这种高速缓存的存储方式很好地缩小了 CPU 与主内存之间的速度差距，却引入了新的问题，那就是缓存一致性的问题。本节就对缓存一致性的问题及其解决方案进行简单的介绍。

6.2.1　什么是缓存一致性

缓存一致性，顾名思义就是缓存中的数据是一致的。举个大家都比较熟悉的例子，就是数据库和缓存数据的一致性。例如，在 Web 系统中，有些场景需要数据库中的数据和缓存中的数据保持实时强一致性，在这些场景下，缓存中的数据和数据库中的数据就是实时一致的，具备缓存一致性的特征。有些场景则不需要保持实时强一致性，在这些场景下，缓存中的数据在某个时刻与数据库中的数据可能不一致，在这个时刻，就不具备缓存一致性的特征。

CPU 的缓存一致性要求 CPU 内部各级缓存之间的数据是一致的。当多个 CPU 核心涉及对同一块主内存的数据进行读写和计算操作时，可能导致各个 CPU 核心之间缓存的数据不一致，就会引发缓存一致性的问题。

6.2.2 缓存一致性协议

为了解决 CPU 在读写和计算数据时产生的缓存一致性问题，需要每个 CPU 核心在访问和读写缓存数据时，都遵循一定的协议，这个协议就是缓存一致性协议，如图 6-2 所示。

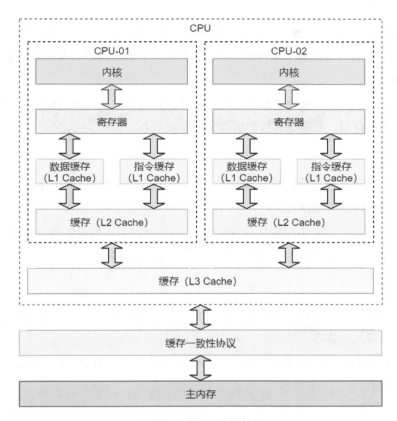

图 6-2　缓存一致性协议

由图 6-2 可以看出，CPU 与主内存之间可以通过缓存一致性协议来保证数据的一致性。缓存一致性协议包括 MSI 协议、MESI 协议、DragonProtocol 协议、MOSI 协议、Filefly 协议和 Synapse协议。

注意：在后续的章节中，会着重讨论 MESI 协议。

6.2.3　MESI 协议缓存状态

MESI 协议的每个字母都是一种状态的简称，M 的全称是 Modified，表示修改；E 的全称是 Exclusive，表示独享与互斥；S 的全称是 Shared，表示共享；I 的全称是 Invalid，表示失效或无效。

1. M：Modified

处于 M 状态的缓存行有效，数据已经被修改，并且修改后的数据只在当前 CPU 缓存中存在，在其他 CPU 缓存中不存在。当前缓存中的数据未更新到主内存，当前缓存中的数据与主内存中的数据不一致。

处于 M 状态的缓存行中的数据必须在其他 CPU 核心读取主内存的数据之前写回主内存，当数据被回写主内存后，当前缓存行的状态会被标记为 E。

2. E：Exclusive

处于 E 状态的缓存行有效，数据未被修改过，只在当前 CPU 缓存中存在，在其他 CPU 缓存中不存在，并且缓存的数据与主内存中的数据是一致的。

当处于 E 状态的缓存行中的数据被其他 CPU 核心读取后，就会变成 S 状态。在当前 CPU 核心修改了缓存行中的数据后，当前缓存行的状态就会变成 M。

3. S：Shared

处于 S 状态的缓存行有效，数据存在于 CPU 的多个高速缓存中，并且每个缓存中的数据与主内存中的数据都是一致的。

当处于 S 状态的缓存行中的数据被一个 CPU 核心修改时，其他 CPU 中对应的该缓存行的状态将被标记为 I。

4. I：Invalid

处于 I 状态的缓存行无效，如果缓存行处于 S 状态，有 CPU 修改了缓存行的数据，那么缓存行的状态就会被标记为 I。

6.2.4　MESI 协议的状态转换

MESI 协议每种状态之间的转换关系如图 6-3 所示。

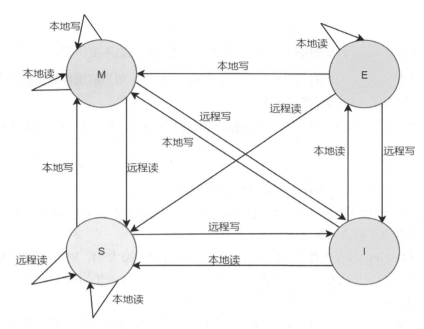

图 6-3　MESI 协议每种状态之间的转换关系

由图 6-3 可以看出，MESI 之间的转换关系如下。

1. 当前缓存行状态为 M

（1）如果发生了本地读和本地写事件，则当前缓存行的状态不变，仍为 M。

（2）如果发生了远程读事件，那么当前缓存行的数据会被写到内存中，CPU 其他核心能够使用最新的数据，此时，缓存行的状态变为 S。

（3）如果发生了远程写事件，那么当前缓存行的数据会被写到内存中，CPU 其他核心能够使用最新的数据，并且其他 CPU 核心能够修改这行数据。此时，缓存行的状态变为 I。

2. 当前缓存行状态为 E

（1）如果发生了本地读事件，则当前缓存行的状态不变，仍为 E。

（2）如果发生了本地写事件，修改了缓存行中的数据，则当前缓存行的状态被修改为 M。

（3）如果发生了远程读事件，则当前缓存行的数据与其他 CPU 核心共享，缓存行的状态被修改为 S。

（4）如果发生了远程写事件，则当前缓存行中的数据不能再被使用，当前缓存行被标记为 I。

3. 当前缓存行状态为 S

（1）如果发生了本地读和远程读事件，则当前缓存行的状态不变，仍为 S。

（2）如果发生了本地写事件，修改了当前缓存行的数据，则当前缓存行被修改为 M，其他 CPU 核心共享的缓存行状态被修改为 I。

（3）如果发生了远程写事件，数据被修改，则当前缓存行不能再使用，状态被修改为 I。

4. 当前缓存行状态为 I

（1）如果发生了本地读事件，则会有以下几种情况。

- 如果其他 CPU 缓存中没有当前缓存行的数据，则 CPU 缓存会从主内存读取数据，此时缓存行状态会被修改为 E。
- 如果其他 CPU 缓存中存在当前缓存行的数据，并且状态为 M，则将数据更新到主内存，CPU 缓存再从主内存中读取数据，最终两个 CPU 缓存（一个当前 CPU 缓存，一个状态为 M 的其他 CPU 缓存）的缓存行状态被修改为 S。
- 如果其他 CPU 缓存中存在当前缓存行的数据，并且状态为 S 或者 E，则当前 CPU 缓存从其他 CPU 缓存中读取数据，这些 CPU 缓存的状态被修改为 S。

（2）如果发生了本地写事件，则会有以下几种情况。

- 如果从主内存中读取数据，在 CPU 缓存中修改，则当前缓存行的状态被修改为 M。如果其他 CPU 缓存中存在当前缓存行的数据，并且状态为 M，则需要先将数据更新到主内存。
- 如果其他 CPU 缓存中存在当前缓存行的数据，则其他 CPU 的缓存行状态被修改为 I。

注意：本地读、本地写、远程读和远程写的含义如下。

- 本地读：当前 CPU 缓存读取当前 CPU 缓存的数据。
- 本地写：当前 CPU 缓存中的数据写入当前 CPU 缓存。
- 远程读：其他 CPU 缓存读取当前 CPU 缓存中的数据。
- 远程写：将其他 CPU 缓存中的数据写入当前 CPU 的缓存。

为了更好地理解 MESI 状态之间的转换关系，下面以双核 CPU 为例简单描述 MESI 的状态是如何在 CPU 中转换的。

例如，现在有 CPU-01 和 CPU-02 两个 CPU 核心，并且对应的缓存为 cache-01 和 cache-02，支持缓存一致性协议。在初始状态下，主内存中的数据 v 的值为 1，如图 6-4 所示。

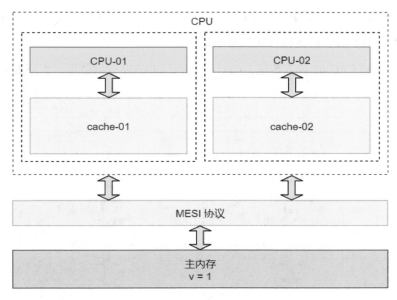

图 6-4　初始状态

接下来，列举几个 MESI 状态转换的典型案例。

（1）CPU-01 读取主内存中的数据，如图 6-5 所示。

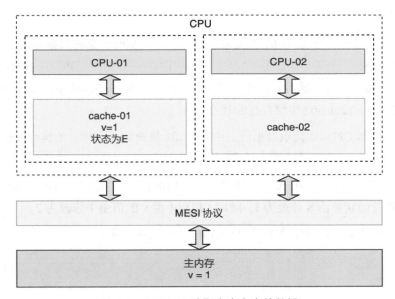

图 6-5　CPU-01 读取主内存中的数据

由图 6-5 可以看出，当只有一个 CPU 核心读取主内存的数据时，数据会被存储在 CPU 的缓存中，同时，当前 CPU 的缓存行状态被标记为 E。

（2）CPU-01 和 CPU-02 读取数据，CPU-01 先于 CPU-02 读取数据，如图 6-6 所示。

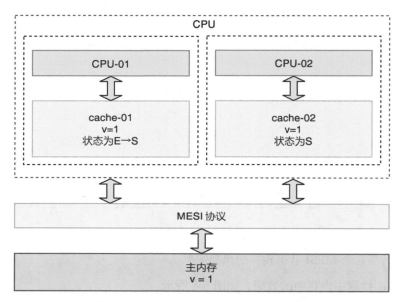

图 6-6　CPU-01 先于 CPU-02 读取数据

由图 6-6 可以看出，当 CPU-01 先读取主内存中 v 的值时，会将数据存入 cache-01 缓存，并将缓存行的状态标记为 E。当 CPU-02 从主内存中读取 v 的值时，CPU-01 会检测到地址冲突，并对相关的数据做出响应。随后 v 的值会存储于 cache-01 和 cache-02 中，cache-01 中缓存行的状态会由 E 变为 S，cache-02 中缓存行的状态为 S。

（3）CPU-01 和 CPU-02 读取数据后，由 CPU-01 修改数据，将 v 的值由 1 修改为 2，如图 6-7 所示。

由图 6-7 可以看出，CPU-01 发出需要修改 v 的值的指令，并将缓存行的状态由 S 修改为 M，CPU-02 将缓存行的状态由 S 修改为 I，随后 CPU-01 将 v 的值由 1 修改为 2。

（4）CPU-02 读取主内存中修改后的 v 的值，如图 6-8 所示。

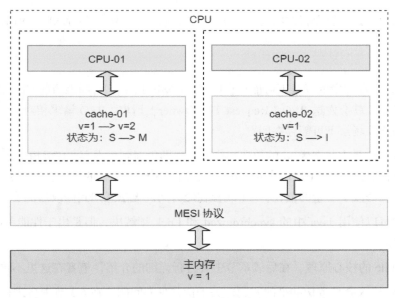

图 6-7　CPU-01 修改数据

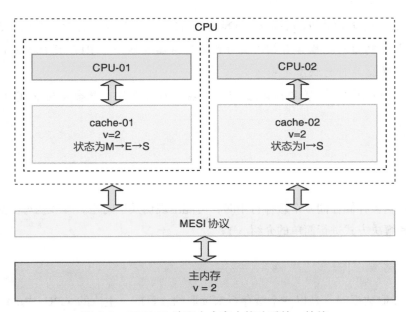

图 6-8　CPU-02 读取主内存中修改后的 v 的值

由图 6-8 可以看出，当 CPU-02 读取主内存的数据时，发出读取数据的指令。CPU-01 感知到 CPU-02 读取数据会将修改后的 v 的值同步到主内存中，并将缓存行的状态修改为 E。CPU-02

远程读取 v 的值，并将缓存行的状态由 I 修改为 S，将 CPU-01 缓存行的状态由 E 修改为 S。

6.2.5 MESI 协议带来的问题

MESI 协议在高并发的场景下可能存在问题。在 MESI 协议下，如果当前 CPU 需要其他 CPU 缓存行变更状态，就会发送 RFO（Request For Owner）请求。RFO 请求相对于 CPU 的计算耗时较长，在高并发场景下可能存在问题。

（1）CPU 缓存行中状态为 M 的数据往往不会立即更新到主内存，在极短的时间内（一般是纳秒级别），可能导致其他 CPU 缓存行中的数据出现短暂不一致的情况。这在超高并发下偶尔会导致某个线程修改了变量的值，另一个线程在短时间内无法感知到修改后的变量的值的情况。

这种问题可以使用 Java 中的 synchronized 和 Lock 锁解决，但是出于性能考虑，笔者更推荐使用 volatile。

关于 volatile 的核心原理，在后续章节中会进行详细的介绍，笔者在这里不再赘述。

（2）MESI 协议会导致伪共享的问题，关于伪共享的问题，在 6.3 节中会进行详细的介绍，笔者在这里不再赘述。

注意：RFO 的全称为 Request For Owner，当发生远程写事件时，当前 CPU 的缓存行会通过寄存器控制器向远程具有相同缓存行的寄存器发送一个 RFO 请求，要求其他所有的寄存器将指定的缓存行的状态更新为 I。

实际上，当前 CPU 如果需要其他 CPU 缓存行变更状态，就会发送 RFO（Request For Owner）请求。

6.3 伪共享

当多个变量被存储在同一个缓存行中时，可能出现伪共享问题。本节就对伪共享的概念、产生的场景和解决方式进行简单的介绍。

6.3.1 伪共享的概念

CPU 在读取数据时，是以一个缓存行来读取的。目前，主流的 CPU 中的缓存行大小为 64Bytes，所以，一个缓存行中可能存储多个数据（实际存储的是数据的内存块），当多个线程同时修改一个缓存行里的多个变量时，由于 MESI 协议是针对缓存行修改状态的，就会导致多个线程的性能相互影响，这就是伪共享。

6.3.2 伪共享产生的场景

缓存与主内存交换数据的单位是缓存行，MESI 协议针对缓存行变更状态。例如，以 CPU 一级缓存的总容量为 320Kb，每个缓存行的大小为 64byte 计算，整个 CPU 一级缓存共有 5120 个缓存行。假设缓存行中存储的都是 64 位，也就是 8byte 的 double 类型的数据，则一个缓存行可以存储 8 个 double 类型的数据。

如果多个线程共享存储在同一个缓存行上的不同 double 数据，且线程 1 对变量 X 的值进行了修改，那么此时，即使在 CPU 另一个核心工作的线程 2 并没有修改变量 Y 的值，线程 2 所在 CPU 的缓存行也会被标记为 I。

如果线程 2 需要修改变量 Y 的值，就需要发送 RFO 请求，将线程 1 所在的 CPU 的缓存行的状态更新为 I。

这就会造成线程 1 和线程 2 即使不共享同一个变量，也会相互变更为 I 的情况。线程 1 和线程 2 会影响彼此的性能，导致伪共享的问题。

6.3.3 如何解决伪共享问题

在 JDK 8 之前可以通过字节填充的方式解决伪共享的问题，大致的思路是：在创建变量时，用其他字段来填充当前变量所在的缓存行，避免同一个缓存行存放多个变量，如下所示。

```
public class FullCacheLineDouble {
    public volatile double value = 0;
    public double d1, d2, d3, d4, d5, d6;
}
```

假设缓存行的大小为 64 字节，上述 FullCacheLineDouble 类中除了定义了一个 double 类型的变量 value，还填充了 6 个 double 类型的变量——d1 到 d6。在 Java 中，double 类型的数据占 8 字节，一共是 56 字节。而 FullCacheLineDouble 类对象的对象头占 8 字节，一共是 64 字节，正好占满一个缓存行。在同一个缓存行中就不会存入其他变量了。

在 JDK 8 版本中引入了@Contended 注解来自动填充缓存行，代码如下。

```
@Retention(RetentionPolicy.RUNTIME)
@Target({ElementType.FIELD, ElementType.TYPE})
public @interface Contended {
    String value() default "";
}
```

@Contended 注解可以用在类和成员变量上，加上@Contended 注解后 JVM 会自动填充，避免缓存行的伪共享问题。

注意：在默认情况下，@Contended 注解只能用在 Java 自身的核心类中，如果需要用在自己写的类中，则需要添加 JVM 参数"-XX:-RestrictContended"。另外，在使用@Contended 注解时，默认填充的宽度是 128，如果需要自定义宽度则需要配置 JVM 的"-XX:ContendedPaddingWidth" 参数。

6.4 volatile 核心原理

volatile 在内存语义上有两个作用，一个作用是保证被 volatile 修饰的共享变量对每个线程都是可见的，当一个线程修改了被 volatile 修饰的共享变量后，另一个线程能够立刻看到修改后的数据。另一个作用是禁止指令重排。

6.4.1 保证可见性核心原理

volatile 能够保证共享变量的可见性。如果一个共享变量使用 volatile 修饰，则该共享变量所在的缓存行会被要求进行缓存一致性校验。当一个线程修改了 volatile 修饰的共享变量后，修改后的共享变量的值会立刻刷新到主内存，其他线程每次都从主内存中读取 volatile 修饰的共享变量，这就保证了使用 volatile 修饰的共享变量对线程的可见性。

例如，在程序中使用 volatile 修饰了一个共享变量 count，如下所示。

```
volatile long count = 0;
```

此时，线程对这个变量的读写都必须经过主内存。volatile 保证可见性的原理如图 6-9 所示。

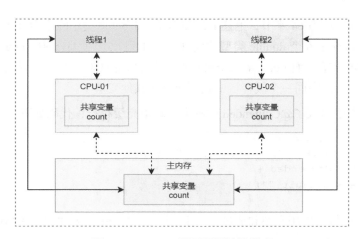

图 6-9 volatile 保证可见性的原理

6.4.2　保证有序性核心原理

volatile 能够禁止指令重排，从而能够避免在高并发环境下多个线程之间出现乱序执行的情况。volatile 禁止指令重排是通过内存屏障实现的，内存屏障本质上就是一条 CPU 指令，这个 CPU 指令有两个作用，一个是保证共享变量的可见性，另一个是保证指令的执行顺序。volatile 禁止指令重排的规则如表 6-1 所示。

表 6-1　volatile 禁止指令重排的规则

是否可以重排序	第二个操作		
第一个操作	普通读或写	volatile 读	volatile 写
普通读或写	可以重排序	可以重排序	不能重排序
volatile 读	不能重排序	不能重排序	不能重排序
volatile 写	可以重排序	不能重排序	不能重排序

由表 6-1 可以看出 volatile 禁止指令重排的规则如下。

（1）当第一个操作是普通的读或者写时，如果第二个操作是 volatile 写，则编译器不能对 volatile 前后的指令重排。

（2）当第二个操作是 volatile 写时，无论第一个操作是什么，都不能重排序。

（3）当第一个操作是 volatile 读时，无论第二个操作是什么，都不能重排序。

（4）当第一个操作是 volatile 写，第二个操作是 volatile 读时，不能重排序。

为了实现上述禁止指令重排的规则，JVM 编译器可以通过在程序编译生成的指令序列中插入内存屏障来禁止在内存屏障前后的指令发生重排。Java 内存模型建议 JVM 采用保守的策略严格禁止指令重排，volatile 读策略如图 6-10 所示。

由图 6-10 可以看出 volatile 读策略如下。

（1）在每个 volatile 读操作的后面都插入一个 LoadLoad 屏障，禁止后面的普通读与前面的 volatile 读发生重排序。

（2）在每个 volatile 读操作的后面都插入一个 LoadStore 屏障，禁止后面的普通写与前面的 volatile 读发生重排序。

volatile 写策略如图 6-11 所示。

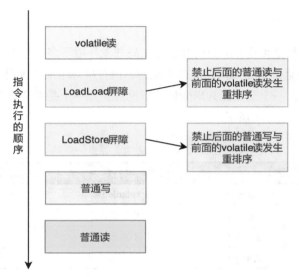

图 6-10   volatile 读策略

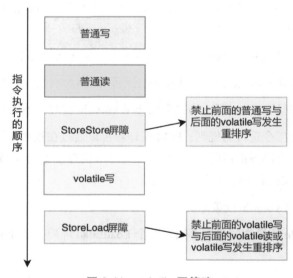

图 6-11   volatile 写策略

由图 6-11 可以看出 volatile 写策略如下。

（1）在每个 volatile 写操作的前面都插入一个 StoreStore 屏障，禁止前面的普通写与后面的 volatile 写发生重排序。

（2）在每个 volatile 写操作的后面都插入一个 StoreLoad 屏障，禁止前面的 volatile 写与后面的 volatile 读或 volatile 写发生重排序。

这种保守的内存屏障可以保证在任意 CPU 中都能够得到正确的执行结果。

注意：上述 volatile 读写策略非常保守，在实际执行过程中，只要不改变 volatile 读和 volatile 写的内存语义，编译器就可以根据实际情况进行优化，省略不必要的屏障。

另外，在 4.4.3 节中，列举了一个线程不安全的单例的案例，在 SingleInstance 类中创建的单例对象不是线程安全的，问题就出在如下代码上。

```
private static SingleInstance instance;
//=======省略代码无数=======//
instance = new SingleInstance();
```

具体原因可参见 4.4.3 节，笔者在这里不再赘述。

只要为 instance 变量添加 volatile 修饰即可解决问题，如下所示。

```
private static volatile SingleInstance instance;
```

6.4.3 volatile 的局限性

volatile 虽然能够保证数据的可见性和有序性，但是无法保证数据的原子性。例如，在 VolatileAtomicityTest 类中同时有两个线程对 volatile 修饰的 Long 类型的 count 值进行累加操作，count 的初始值为 0，每个线程都对 count 的值累加 1000 次，代码如下。

```
/**
 * @author binghe
 * @version 1.0.0
 * @description 测试 volatile 不能保证原子性
 */
public class VolatileAtomicityTest {

    private volatile Long count = 0L;

    public void incrementCount(){
        count++;
    }

    public Long execute() throws InterruptedException {
        Thread thread1 = new Thread(()->{
            IntStream.range(0, 1000).forEach((i) -> incrementCount());
        });
```

```
    Thread thread2 = new Thread(()->{
        IntStream.range(0, 1000).forEach((i) -> incrementCount());
    });

    //启动线程 1 和线程 2
    thread1.start();
    thread2.start();

    //等待线程 1 和线程 2 执行完毕
    thread1.join();
    thread2.join();

    //返回 count 的值
    return count;
}

public static void main(String[] args) throws InterruptedException {
    VolatileAtomicityTest multiThreadAtomicity = new VolatileAtomicityTest();
    Long count = multiThreadAtomicity.execute();
    System.out.println(count);
}
}
```

在运行上述代码时，在绝大部分情况下输出的 count 结果小于 2000，说明 volatile 不能保证数据的原子性。

6.5　内存屏障

为了提高程序的执行性能，编译器和 CPU 会对程序的指令进行重排序。重排序可以分为编译器重排序和 CPU 重排序两大类，CPU 重排序又可以分为指令级重排序和内存系统重排序。

程序源码需要经过编译器的重排序、CPU 重排序中的指令级重排序和内存系统重排序之后才能生成最终的指令执行序列。可以在这个过程中插入内存屏障来禁止指令重排。

6.5.1　编译器重排序

编译器重排序是在代码编译阶段为了提高程序的执行效率，但不改变程序的执行结果而进行的重排序。

例如，在编译过程中，如果编译器需要长时间等待某个操作，而这个操作和它后面的代码没有任何数据上的依赖关系，则编译器可以选择先编译这个操作后面的代码，再回来处理这个操作，这样可以提升编译的速度。

6.5.2　CPU 重排序

现代 CPU 基本上都支持流水线操作，在多核 CPU 中，为了提高 CPU 的执行效率，流水线都是并行的。同时，在不影响程序语义的前提下，CPU 中的处理顺序可以和代码的顺序不一致，只要满足 as-if-serial 原则即可。

注意：这里的不影响程序语义只能保证在程序存在显式数据依赖关系的情况下，CPU 的处理顺序和代码顺序一致，不能保证与处理逻辑相关的程序的处理顺序和代码顺序一致。

CPU 重排序包括指令级重排序和内存系统重排序两部分，如下所示。

（1）指令级重排序指在不影响程序执行的最终结果的前提下，CPU 核心对不存在数据依赖性的指令进行的重排序操作。

（2）内存系统重排序指在不影响程序执行的最终结果的前提下，CPU 对存放在高速缓存中的数据进行的重排序，内存系统重排序虽然可能提升程序的执行效率，但是可能导致数据不一致。

6.5.3　as-if-serial 原则

编译器和 CPU 对程序代码的重排序必须遵循 as-if-serial 原则。as-if-serial 原则规定编译器和 CPU 无论对程序代码如何重排序，都必须保证程序在单线程环境下运行的正确性。

在符合 as-if-serial 原则的基础上，编译器和 CPU 只可能对不存在数据依赖关系的操作进行重排序。如果指令之间存在数据依赖关系，则编译器和 CPU 不会对这些指令进行重排序。

注意：as-if-serial 原则能够保证在单线程环境下程序执行结果的正确性，不能保证在多线程环境下程序执行结果的正确性。

例如对于如下代码。

```
/**
 * @author binghe
 * @version 1.0.0
 * @description 测试 as-if-serial 原则
 */
public class AsIfSerialTest {

    public void getSumData(){
```

```
    int x = 20;      ①
    int y = 10;      ②
    int z = x / y;   ③
  }
}
```

由于第①行代码和第②行代码不存在数据依赖关系，重排序后不影响程序的执行结果，所以，第①行代码和第②行代码可以重排序。第③行代码依赖第①行代码和第②行代码的执行结果，所以，第③行代码不能和第①行代码重排序，也不能和第②行代码重排序。

6.5.4　计算机硬件实现的内存屏障

现代多核 CPU 一般都支持缓存一致性协议（MESI 协议），缓存一致性协议能够保证共享变量的可见性，但是不能禁止编译程序和 CPU 的重排序，也就是不能保证多个 CPU 核心执行指令的顺序性。

如果要保证多个 CPU 核心执行指令的顺序，需要用到内存屏障，一个是计算机硬件实现的内存屏障，一个是 volatile 实现的内存屏障。

注意：volatile 实现的内存屏障可以参见 6.4.2 节，笔者在这里重点讨论计算机硬件实现的内存屏障。

计算机硬件实现的内存屏障包括读屏障（Load Barrier）、写屏障（Store Barrier）和全屏障（Full Barrier）。每种屏障的作用如表 6-2 所示。

表 6-2　硬件内存屏障及其作用

内存屏障	作　　用
读屏障	在指令前面插入读屏障，能够强制从主内存加载数据，也能够保证在读屏障前面的指令先执行，也就是能够禁止读屏障前后的指令重排序
写屏障	在指令后面插入写屏障，能够强制将 CPU 缓存中的数据写入主内存，让其他线程可见，也能够保证在写屏障后面的指令后执行，也就是能够禁止写屏障前后的指令重排序
全屏障	全屏障具有读屏障和写屏障的作用

6.6　Java 内存模型

Java 内存模型简称 JMM，是 Java 中为了解决可见性和有序性问题而制定的一种编程规范和规则，与 JVM 实实在在的内存结构不同，JMM 只是一种编程规范和规则。

6.6.1 Java 内存模型的概念

Java 内存模型规定了所有的变量都存储在主内存中，也就是存储在计算机的物理内存中，每个线程都有自己的工作内存，用于存储线程私有的数据，线程对变量的所有操作都需要在工作内存中完成。一个线程不能直接访问其他线程工作内存中的数据，只能通过主内存进行数据交互。可以使用图 6-12 来表示线程、主内存、工作内存的关系。

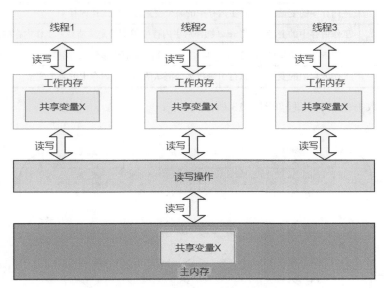

图 6-12 线程、主内存、工作内存的关系

由图 6-12 可以看出如下信息。

（1）变量都存储在主内存中。

（2）当线程需要操作变量时，需要先将主内存中的变量复制到对应的工作内存中。

（3）线程直接读写对应的工作内存中的变量。

（4）一个线程不能直接访问其他线程工作内存中的数据，只能通过主内存间接访问。

6.6.2 Java 内存模型的八大操作

对于线程工作内存与主内存之间的数据交互，JMM 定义了一套交互协议，规定了一个变量从主内存中复制到工作内存中，以及从工作内存中同步到主内存中的实现细节。JMM 同步数据的 8 种操作如表 6-3 所示。

表 6-3　JMM 同步数据的 8 种操作

指　令	名　称	目　标	作　用
lock	锁定	主内存中的变量	把主内存中的某个变量标记为线程独占
unlock	解锁	主内存中的变量	释放主内存中锁定状态的某个变量，释放后可以被其他线程再次锁定
store	存储	工作内存中的变量	将工作内存中的某个变量传送到主内存中
write	写入	主内存中的变量	将 Store 操作从工作内存中得到的变量值写入主内存的变量中
read	读取	主内存中的变量	将主内存中的某个变量传送到工作内存中
load	载入	工作内存中的变量	将 read 操作从主内存中得到的变量值载入工作内存的变量中
use	使用	工作内存中的变量	将工作内存中的某个变量值传递到执行引擎
assign	赋值	工作内存中的变量	执行引擎将某个值赋值给工作内存中的某个变量

JMM 同步数据的具体流程如图 6-13 所示。

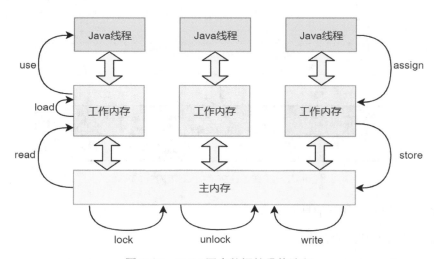

图 6-13　JMM 同步数据的具体流程

JMM 还规定了这 8 种操作必须满足如下规则。

（1）没有进行 assign 操作的线程允许将数据从工作内存中同步到主内存中。

（2）store 和 write 操作必须按顺序成对出现，但是可以不连续执行，它们之间可以插入其他指令。

（3）read 和 load 操作必须按顺序成对出现，但是可以不连续执行，它们之间可以插入其他指令。

（4）如果一个线程进行了 assign 操作，则它必须使用 write 操作将数据写回主内存。

（5）变量只能在主内存中生成，对变量执行 use 和 store 操作之前，必须先执行 assign 和 load 操作。

（6）一个变量只允许同时被一个线程执行 lock 操作，可以被这个线程执行多次 lock 操作，但是后续需要执行相同次数的 unlock 操作才能解锁。

（7）针对同一个变量的 lock 与 unlock 操作必须成对出现。

（8）对一个变量执行 lock 操作时，会清空工作内存中当前变量的值，当使用这个变量时，需要重新执行 load 或者 assign 操作加载并初始化变量的值。

（9）不允许对一个没有执行 lock 操作的变量执行 unlock 操作，也不允许对其他线程执行了 lock 操作的变量执行 unlock 操作。

（10）必须先对变量执行 store 和 write 操作将其同步到主内存中，才能对该变量执行 unlock 操作。

6.6.3　Java 内存模型解决可见性与有序性问题

在前面的章节中，阐述了 CPU 缓存导致的可见性问题，编译优化导致了有序性问题。如果禁用 CPU 缓存和编译优化是不是就能解决问题了呢？答案是否定的，因为这样做会极大地降低程序的执行效率。

为了解决可见性和有序性问题，Java 提供了按需禁用缓存和编译优化的方法，开发人员可以根据需要使用这些方法，如图 6-14 所示。

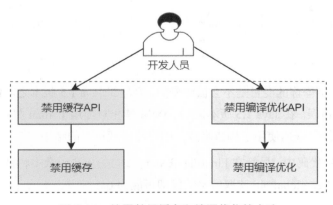

图 6-14　按需禁用缓存和编译优化的方法

JMM 规范了 JVM 提供按需禁用缓存和编译优化的方法，如图 6-15 所示。

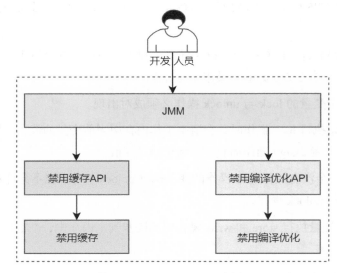

图 6-15　JMM 规范了 JVM 提供按需禁用缓存和编译优化的方法

JMM 规划 JVM 禁用缓存和编译优化的方法包括 volatile、synchronized 锁和 final 关键字，以及 JMM 模型中的 Happens-Before 原则，如图 6-16 所示。

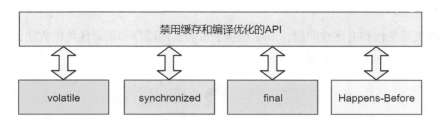

图 6-16　JMM 规划 JVM 禁用缓存和编译优化的方法

使用 final 关键字修饰的变量是不会被改变的。但是在 Java 1.5 版本之前使用 final 关键字修饰的变量也会出现错误。在 Java 1.5 版本之后，JMM 禁止对使用了 final 关键字修饰的变量进行重排序。但是，如果错误的使用了构造函数，则可能出现错误的结果。

例如，在下面的代码中，尽管在 FinalFieldExample 类的构造函数中将被 final 修饰的变量复制为 3，但是线程通过 global.obj 读取的 x 的值却可能为 0。

```
final int x;
public FinalFieldExample() { // bad!
```

```
x = 3;
y = 4;
// bad construction - allowing this to escape
global.obj = this;
}
```

注意：上述代码片段来自马里兰大学帕克分校官网。

关于 volatile 的核心原理和 Happens-Before 原则，在本章的其他章节有详细的介绍；synchronized 核心原理在第 7 章中会进行详细的介绍，笔者在这里不再赘述。

JMM 中同样提供了内存屏障来解决多线程之间的有序性问题，主要包括读屏障（Load Barrier）和写屏障（Store Barrier）两大类。

（1）读屏障插入在读指令的前面，能够让 CPU 缓存中的数据失效，重新从主内存读取数据。

（2）写屏障插入在写指令的后面，能够让写入 CPU 缓存的最新数据立刻刷新到主内存。

在 JMM 中，由读写屏障可以组合成读读屏障（LoadLoad Barrier）、写写屏障（StoreStore Barrier）、读写屏障（LoadStore Barrier）和写读屏障（StoreLoad Barrier）。

（1）读读屏障

伪代码如下。

```
LoadData1 LoadLoad LoadData2
```

在上述伪代码中，LoadLoad 内存屏障能够保证在执行 LoadData2 读取数据之前，LoadData1 已经读取数据完毕。

（2）写写屏障

伪代码如下。

```
StoreData1 StoreStore StoreData2
```

在上述伪代码中，StoreStore 内存屏障能够保证在执行 StoreData2 写数据之前，StoreData1 已经将数据写入完毕，并且 StoreData1 写入的数据对其他 CPU 可见。

（3）读写屏障

伪代码如下。

```
LoadData1 LoadStore StoreData2
```

在上述伪代码中，LoadStore 内存屏障能够保证在执行 StoreData2 写数据之前，LoadData1 已经将数据读取完毕。

（4）写读屏障

伪代码如下。

```
StoreData1 StoreLoad LoadData2
```

在上述伪代码中，StoreLoad 内存屏障能够保证在执行 LoadData2 读数据之前，StoreData1 已经将数据写入，并且 StoreData1 写入的数据对其他 CPU 可见。

6.7 Happens-Before 原则

开发人员无须关心 JMM 提供的内存屏障的底层实现细节，只要确保编写的程序符合 JMM 定义的 Happens-Before 原则，就能保证程序语句之间的可见性和有序性。

6.7.1 Happens-Before 原则概述

在 JMM 中，定义了一套 Happens-Before 原则，用于保证程序在执行过程中的可见性和有序性。Happens-Before 原则主要包括程序次序原则、volatile 变量原则、传递原则、锁定原则、线程启动原则、线程总结原则、线程中断原则和对象终结原则。

6.7.2 程序次序原则

程序次序原则表示在单个线程中，程序按照代码的顺序执行，前面的代码操作必然发生于后面的代码操作之前。

例如如下代码。

```
/**
 * 程序次序原则
 */
public void programOrder(){
    int a = 1;          ①
    int b = 2;          ②
    int sum = a + b;    ③
}
```

在单个线程中，会按照代码的书写顺序依次执行①、②、③三行代码。

6.7.3　volatile 变量原则

volatile 变量原则表示对一个 volatile 变量的写操作，必然发生于后续对这个变量的读操作之前。

例如如下代码。

```
private volatile int count = 0;
private double amount = 0;

/**
 * volatile 变量写规则
 */
public void writeAmountAndCount(){
    amount = 1;
    count = 1;
}

/**
 * volatile 变量读规则
 */
public void readAmountAndCount(){
    if (count == 1){
        System.out.println(amount);
    }
}
```

在上述代码中，先将 volatile 变量 count 和普通变量 amount 都赋值为 0，然后在 writeAmountAndCount()方法中将 amount 赋值为 1，将 count 赋值为 1。则在 readAmountAndCount() 方法中 count 的值等于 1 的前提下，amount 的值一定为 1。

6.7.4　传递原则

传递原则表示如果操作 A 先于操作 B 发生，操作 B 又先于操作 C 发生，则操作 A 一定先于操作 C 发生。

注意：传递原则比较好理解，笔者不再举例。

6.7.5　锁定原则

锁定原则表示对一个锁的解锁操作必然发生于后续对这个锁的加锁操作之前。

例如如下代码。

```
private int value = 0;
/**
 * 锁定原则
 */
public synchronized void synchrionizedUpdatevalue(){
    if (value < 1){
        value = 1;
    }
}
```

在上述代码中，初始 value 为 0，当线程 1 执行 synchrionizedUpdatevalue()方法时，对方法进行加锁，判断 value 小于 1 成立，则将 value 修改为 1，随后线程 1 释放锁。当线程 2 执行 synchrionizedUpdatevalue()方法时，读取到的 value 为 1，判断 value 小于 1 不成立，则释放锁。也就是说，线程 1 释放锁的操作先于线程 2 的加锁操作。

> 注意：上述代码等同于如下代码。
>
> ```
> private int value = 0;
> /**
>  * 锁定原则
>  */
> public void synchrionizedUpdatevalue(){
>  synchronized (this){
>     if (value < 1){
>         value = 1;
>     }
>  }
> }
> ```

6.7.6 线程启动原则

线程启动原则表示如果线程 1 调用线程 2 的 start()方法启动线程 2，则 start()操作必然发生于线程 2 中的任意操作之前。

例如如下代码。

```
private int value = 0;
/**
 * 线程启动原则
 */
public void threadStart(){
    Thread thread2 = new Thread(()-> {
```

```
        System.out.println(value);
    });
    value = 10;
    thread2.start();
}
```

在上述代码中，初始 value 为 0，虽然在 threadStart()方法中先创建了 thread2 对象实例，但是由于在调用 thread2 的 start()方法之前，将 value 赋为 10，所以在 thread2 线程中打印的 value 为 10。

6.7.7　线程终结原则

线程终结原则表示如果线程 1 等待线程 2 完成操作，那么当线程 2 完成后，线程 1 能够访问到线程 2 修改后的共享变量的值。

例如如下代码。

```
private int value = 0;
/**
 * 线程终结原则
 */
public void threadEnd() throws InterruptedException {
    Thread thread2 = new Thread(()-> {
        value = 10;
    });
    thread2.start();
    thread2.join();
    System.out.println(value);
}
```

在上述代码中，初始 value 为 0，在 threadEnd()方法中，先创建 thread2 对象，并在 thread2 线程中将 value 赋为 10，随后调用 thread2 的 start()方法启动 thread2 线程，再调用 thread2 的 join() 方法等待 thread2 线程执行完毕。随后打印的 value 为 10。

6.7.8　线程中断原则

线程中断原则表示对线程 interrupt()方法的调用必然发生于被中断线程的代码检测到中断事件发生前。

例如如下的代码片段。

```
private int value = 0;
/**
```

```
 * 线程中断原则
 */
public void threadInterrupt() throws Exception{
    Thread thread2 = new Thread(()->{
        if(Thread.currentThread().isInterrupted()){
            System.out.println(value);
        }
    });
    thread2.start();
    value = 10;
    thread2.interrupt();
}
```

在上述代码中，初始 value 为 0，在 threadInterrupt()方法中，先创建 thread2 对象，在 thread 线程中判断当前线程是否被中断，如果已经被中断，则打印 value。随后启动 thread2 线程，将 value 修改为 10，再中断 thread2 线程。则在 thread2 中，检测到当前线程被中断时，打印的 value 为 10。

6.7.9 对象终结原则

对象终结原则表示一个对象的初始化必然发生于它的 finalize()方法开始前。

例如如下代码。

```
/**
 * @author binghe
 * @version 1.0.0
 * @description Happens-Before 原则
 */
public class HappensBeforeTest {
    /**
     * 对象的终结原则
     */
    public HappensBeforeTest(){
        System.out.println("执行构造方法");
    }
    @Override
    protected void finalize() throws Throwable {
        System.out.println("执行 finalize()方法");
    }
    public static void main(String[] args){
        new HappensBeforeTest();
        //通知 JVM 执行 GC，不一定立刻执行
```

```
        System.gc();
    }
}
```

在上述代码中，在 HappensBeforeTest 类的构造方法中打印了"执行构造方法"，在 finalize() 方法中打印了"执行 finalize()方法"。在 main()方法中首先调用 HappensBeforeTest 类的构造方法创建对象实例，随后调用"System.gc();"通知 JVM 执行 GC 操作，但 JVM 不一定立刻执行。运行上述代码后打印的结果如下。

执行构造方法
执行 `finalize()`方法

说明一个对象的初始化发生于它的 finalize()方法开始前。

6.8　本章总结

本章主要对可见性与有序性的核心原理进行了简单的介绍。首先介绍了 CPU 的多级缓存架构和缓存一致性协议。对当多个变量被存储在同一个缓存行中时，可能出现的伪共享问题进行了简单的介绍。然后介绍了 volatile 的核心原理和内存屏障的相关知识。接下来，介绍了 Java 中的内存模型，内存模型中的 8 大操作以及 Java 内存模型是解决可见性与有序性问题的方式。最后，介绍了 Java 中的 Happens-Before 原则。

下一章将会对 synchronized 核心原理进行简单的介绍。

注意：本章涉及的源代码已经提交到 GitHub 和 Gitee，GitHub 和 Gitee 链接地址见 2.4 节结尾。

第 **7** 章

synchronized 核心原理

synchronized 是 Java 提供的一个内置锁，尽管在 JDK 1.5 及之前的版本中，synchronized 的性能被大部分开发者所诟病，但是从 JDK 1.6 开始，synchronized 进行了大量的优化。可以这么说，在大部分的 Java 单机程序中，当涉及多线程并发问题时，几乎都可以使用 synchronized 解决。本章对 synchronized 的核心原理进行简单的介绍。

本章涉及的知识点如下。

- synchronized 用法。
- Java 对象结构。
- Java 对象头。
- 使用 JOL 查看对象信息。
- synchronized 核心原理。
- 偏向锁。
- 轻量级锁。
- 重量级锁。
- 锁升级的过程。
- 锁消除。

7.1 synchronized 用法

synchronized 是 Java 提供的一种解决多线程并发问题的内置锁，是目前 Java 中解决并发问题最常用的方法，也是最简单的方法。从语法上讲，synchronized 的用法可以分为三种，分别为同步实例方法、同步静态方法和同步代码块。

7.1.1　同步实例方法

当一个类中的普通方法被 synchronized 修饰时，相当于对 this 对象加锁，这个方法被声明为同步方法。此时，多个线程并发调用同一个对象实例中被 synchronized 修饰的方法是线程安全的。

一个类中被 synchronized 修饰的普通方法的代码如下。

```
public synchronized void methodHandler(){
    //方法逻辑
}
```

在下面的代码中，count 被定义为成员变量，初始值为 0，并在 incrementCount()方法中对 count 的值进行自增处理。incrementCount()方法没有被 synchronized 修饰，当多个线程同时调用 incrementCount()方法时，可能产生线程安全问题。

```
private Long count = 0L;

public void incrementCount(){
    count++;
}
```

例如，在 execute()方法中调用 incrementCount()方法就会产生线程安全问题，如下所示。

```
public Long execute() throws InterruptedException {
    Thread thread1 = new Thread(()->{
        IntStream.range(0, 1000).forEach((i) -> incrementCount());
    });

    Thread thread2 = new Thread(()->{
        IntStream.range(0, 1000).forEach((i) -> incrementCount());
    });

    //启动线程 1 和线程 2
    thread1.start();
    thread2.start();

    //等待线程 1 和线程 2 执行完毕
    thread1.join();
    thread2.join();

    //返回 count 的值
```

```
    return count;
}
```

在 execute()方法中创建了两个线程，分别为 thread1 和 thread2，线程 thread1 和 thread2 分别循环 1000 次，再调用 incrementCount()方法对 count 的值进行累加操作。上述代码预期的结果是 count 的返回值是 2000，而实际的结果却是在大部分情况下 count 的返回值小于 2000，产生了线程安全问题。

如果想解决上述线程安全问题，也就是让 count 的返回值是 2000，则可以在 incrementCount()方法上添加 synchronized 关键字，代码如下。

```
private Long count = 0L;

public synchronized void incrementCount(){
    count++;
}
```

在 incrementCount()方法上添加 synchronized 关键字后，再次调用 execute()方法 count 的返回值为 2000，解决了线程安全问题。

7.1.2　同步静态方法

可以在 Java 的静态方法上添加 synchronized 关键字来对其进行修饰，当一个类的某个静态方法被 synchronized 修饰时，相当于对这个类的 Class 对象加锁，而一个类只对应一个 Class 对象。此时，无论创建多少个当前类的对象调用被 synchronized 修饰的静态方法，这个方法都是线程安全的。

一个类中被 synchronized 修饰的静态方法代码如下。

```
public static synchronized void methodHandler(){
    //方法逻辑
}
```

当多个线程并发执行被 synchronized 修饰的静态方法时，这个方法是线程安全的。

例如，在下面的代码片段中，count 被定义成静态变量，初始值为 2000，并在静态方法 decrementCount()中对 count 的值进行自减处理。decrementCount ()方法没有被 synchronized 修饰，当多个线程同时调用 decrementCount ()方法时，可能产生线程安全问题。

```
private static Long count = 2000L;

public static void decrementCount(){
    count--;
}
```

例如，在 execute() 方法中使用多线程并发方式调用 decrementCount() 方法时，会产生多线程安全问题，如下所示。

```
public static Long execute() throws InterruptedException {
    Thread thread1 = new Thread(()->{
        IntStream.range(0, 1000).forEach((i) -> decrementCount());
    });

    Thread thread2 = new Thread(()->{
        IntStream.range(0, 1000).forEach((i) -> decrementCount());
    });

    //启动线程 1 和线程 2
    thread1.start();
    thread2.start();

    //等待线程 1 和线程 2 执行完毕
    thread1.join();
    thread2.join();

    //返回 count 的值
    return count;
}
```

在 execute() 方法中，分别创建了 thread1 和 thread2 两个线程，在两个线程中分别循环 1000 次调用 decrementCount() 方法，对静态变量 count 的值进行自减操作。execute() 方法中预期返回的 count 值为 0，但是在大部分情况下返回的 count 值大于 0，说明存在线程安全问题。

如果希望 execute() 方法的返回值为 0，则可以在 decrementCount() 方法上添加 synchronized 关键字，如下所示。

```
private static Long count = 2000L;

public static synchronized void decrementCount(){
    count--;
}
```

这样，在调用 execute() 方法时，返回的 count 值为 0，与预期的结果一致，decrementCount() 方法是线程安全的。

7.1.3　同步代码块

synchronized 关键字修饰方法可以保证当前方法是线程安全的，但如果修饰的方法临界区较大，或者方法的业务逻辑过多，则可能影响程序的执行效率。此时最好的方式是将一个大的方法分成小的临界区代码。

例如，下面的代码定义了两个成员变量，分别为 countA 和 countB，初始值都为 0，在 incrementCount()方法中分别对 countA 和 countB 进行自增处理，同时，在 incrementCount()方法上添加 synchronized 关键字，如下所示。

```
private Long countA = 0L;
private Long countB = 0L;

public synchronized void incrementCount(){
    countA ++;
    countB ++;
}
```

在上述代码中，在 incrementCount()方法中分别对 countA 和 countB 进行自增操作，对于 countA 和 countB 来说，面对的是两个不同的临界区资源。当某个线程进入 incrementCount()时，会对整个方法加锁，占用全部资源。即使在线程对 countA 进行自增操作而没有对 countB 进行自增操作时，也会占用 countB 的资源，其他线程只有等到当前线程执行完 countA 和 countB 的自增操作并释放 synchronized 锁后才能进入 incrementCount()方法。

所以，如果只将 synchronized 添加到方法上，且方法中包含互不影响的多个临界区资源，就会造成临界区资源的闲置等待，影响程序的执行性能。为了进一步提高性能，可以将 synchronized 关键字添加到方法体内，也就是让 synchronized 修饰代码块。

synchronized 修饰代码块可以分为两种情况，一种情况是对某个对象加锁，另一种情况是对类的 Class 对象加锁，如下所示。

- 对某个对象加锁

```
public void methodHandler(){
    synchronized(obj){
        //省略业务逻辑
    }
}
```

当上述代码片段中的 obj 为 this 时，相当于在普通方法上添加 synchronized 关键字，见 7.1.1 节。

- 对类的 Class 对象加锁

```
public static void methodHandler(){
    synchronized(ClassHandler.class){
        //省略业务逻辑
```

```
    }
}
```

上述代码片段相当于在类的静态方法上添加 synchronized 关键字，见 7.1.2 节。

如果将前面示例中的 countA 和 countB 当作两个互不影响的临界区资源，则前面的示例可以修改成如下所示。

```
private Long countA = 0L;
private Long countB = 0L;

private Object countALock = new Object();
private Object countBLock = new Object();

public void incrementCount(){
    synchronized (countALock){
        countA ++;
    }
    synchronized (countBLock){
        countB ++;
    }
}
```

修改后的代码除了定义了两个成员变量 countA 和 countB，还针对 countA 和 countB 分别定义了两个对象锁 countALock 和 countBLock，在 incrementCount()方法中，针对 countA 和 countB 的自增操作，分别添加了不同的 synchronized 对象锁。

当一个线程进入 incrementCount()方法后，正在执行 countB 的自增操作时，其他线程可以进入 incrementCount()方法执行 countA 的自增操作，提高了程序的执行效率。同时，incrementCount()方法是线程安全的。

注意：7.1.1 节中添加 synchronized 关键字之后的 incrementCount()方法可以修改成如下代码。

```
private Long count = 0L;

public void incrementCount(){
 synchronized(this){
    count++;
 }
}
```

7.1.2 节中添加 synchronized 关键字之后的静态方法 decrementCount()可以修改成如下代码。

```
private static Long count = 2000L;
```

```
public static void decrementCount(){
    synchronized(SynchronizedStaticTest.class){
        count--;
    }
}
```

读者可自行验证代码的具体执行结果，笔者在这里不再赘述。

7.2　Java 对象结构

Java 中 synchronized 锁的很多重要信息都是存储在对象结构中的，Java 中的对象结构主要包括对象头、实例数据和对齐填充三部分。本节简单介绍 Java 中的对象结构。

7.2.1　对象结构总览

Java 对象实例在 JVM 中的结构不仅包含在类中定义的成员变量和方法等信息，其在堆区会存储对象的实例信息，包括对象头、实例数据和对齐填充。在方法区会存储当前类的类元信息，如图 7-1 所示。

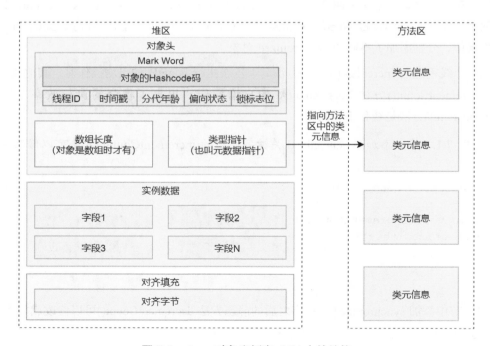

图 7-1　Java 对象实例在 JVM 中的结构

由图 7-1 可以看出，一个类生成的对象实例信息会存储在 JVM 的堆区。一个完整的 Java 对象除了包括在类中定义的成员变量和方法等信息，还会包括对象头，对象头中又包括 Mark Word、类型指针和数组长度，而数组长度只在当前对象是数组时才会存在。同时，为了满足 JVM 中对象的起始地址必须是 8 的整数倍的要求，对象在 JVM 堆区中的存储结构还会有一部分对齐填充位。

一个类的类元信息会存储在 JVM 的方法区中，对象头中的类型指针会指向存储在方法区中的类元信息。

7.2.2　对象头

Java 中的对象头一般占用 2 个机器码的存储空间。在 32 位 JVM 中，1 个机器码占用 4 字节的存储空间，也就是 32 位；而在 64 位 JVM 中，1 个机器码占用 8 字节的存储空间，也就是 64 位。

对象头中存储了对象的 Hash 码、对象所属的分代年龄、对象锁、锁状态、偏向锁的 ID（获得锁的线程 ID）、获得偏向锁的时间戳等，如果当前对象是数组对象，则对象头中还会存储数组的长度信息。

所以，如果当前对象是数组对象，则对象头会占用 3 个机器码空间，多出来的一个机器码空间用于存储数组的长度。

注意：有关对象头的其他信息会在后续章节进行详细介绍，笔者在这里不再赘述。

7.2.3　实例数据

实例数据部分主要存储的是对象的成员变量信息，例如，存储了类的成员变量的具体值，也包括父类的成员变量值，在 JVM 中，这部分的内存会按照 4 字节进行对齐。

7.2.4　对齐填充

在 HotSpot JVM 中，对象的起始地址必须是 8 的整数倍。由于对象头占用的存储空间已经是 8 的整数倍，所以如果当前对象的实例变量占用的存储空间不是 8 的整数倍，则需要使用填充数据来保证 8 字节的对齐。

注意：如果当前对象的实例变量占用的存储空间是 8 的整数倍，则不需要使用填充数据来保证字节对齐，也就是说，填充数据不是必须存在的，它的存在仅仅是为了进行 8 字节的对齐。

7.3 Java 对象头

Java 中的对象头可以进一步分为 Mark Word、类型指针和数组长度三部分，本节简单介绍一下 Java 对象头相关的知识。

7.3.1 Mark Word

Mark Word 主要用来存储对象自身的运行时数据，例如，对象的 Hash 码、GC（垃圾回收）的分代年龄、锁的状态标志、对象的线程锁状态信息、偏向线程 ID、获得偏向锁的时间戳等。可以这么说，在 Java 中，Mark Word 是实现偏向锁和轻量级锁的关键。

Mark Word 字段的长度与 JVM 的位数相关，在 32 位 JVM 中，Mark Word 占用 32 位存储空间；在 64 位 JVM 中，Mark Word 占用 64 位存储空间。

由于对象头所占用的存储空间与对象自身存储的数据无关，所以对象头占用的是额外的空间，JVM 为了提高存储效率，将 Mark Word 设计成一个非固定的数据结构，以便能够在 Mark Word 中存储更多信息。同时，Mark Word 会随着程序的运行发生一定的变化。

32 位 JVM 中 Mark Word 的结构如图 7-2 所示。

锁状态	25bit		4bit	1bit	2bit
	23bit	2bit		偏向锁标记	锁标志位
无锁	对象HashCode（占25bit）		分代年龄（占4bit）	0	01
偏向锁	线程ID（占23bit）	时间戳（占2bit）	分代年龄（占4bit）	1	01
轻量级锁	指向栈中锁记录的指针（占30bit）				00
重量级锁	指向重量级锁的指针（占30bit）				10
GC标记	空位（占30bit）				11

图 7-2　32 位 JVM 中 Mark Word 的结构

64 位 JVM 中 Mark Word 的结构如图 7-3 所示。

锁状态	57bit			4bit	1bit	2bit
	25bit	31bit	1bit		偏向锁标记	锁标志位
无锁	空位（占25bit）	对象HashCode（占31bit）	空位（占1bit）	分代年龄（占4bit）	0	01
偏向锁	线程ID（占54bit）	时间戳（占2bit）	空位（占1bit）	分代年龄（占4bit）	1	01
轻量级锁	指向栈中锁记录的指针（占62bit）					00
重量级锁	指向重量级锁的指针（占62bit）					10
GC标记	空位（占62bit）					11

图 7-3　64 位 JVM 中 Mark Word 的结构

这里，重点介绍一下 64 位 JVM 中 Mark Word 的结构，如下所示。

（1）锁标志位：占用 2 位存储空间，锁标志位的值不同，所代表的整个 Mark Word 的含义不同。

（2）是否偏向锁标记：占用 1 位存储空间，标记对象是否开启了偏向锁。当值为 0 时，表示没有开启偏向锁；当值为 1 时，表示开启了偏向锁。

（3）分代年龄：占用 4 位存储空间，表示 Java 对象的分代年龄。在 JVM 中，当发生 GC 垃圾回收时，年轻代未被回收的对象会在 Survivor 区被复制一次，对象的分代年龄加 1。如果被复制的次数超过了一定的值，那么当前对象会被移动到老年代。在默认情况下，当分代年龄达到 15 时，对象会被移动到老年代，这个值可以通过 JVM 参数 "--XX:MaxTenuringThreshold" 进行设置。

（4）对象 HashCode：占用 31 位存储空间，主要存储对象的 HashCode 值。

（5）线程 ID：占用 54 位存储空间，表示持有偏向锁的线程 ID。

（6）时间戳：占用 2 位存储空间，表示偏向时间戳。

（7）指向栈中锁记录的指针：占用 62 位存储空间，表示在轻量级锁的状态下，指向栈中锁记录的指针。

（8）指向重量级锁的指针：占用 62 位存储空间，表示在重量级锁的状态下，指向对象监视器的指针。

注意：32 位 JVM 的 Mark Word 结构与 64 位 JVM 的 Mark Word 结构类似，读者可自行分析，笔者在这里不再赘述。

7.3.2 类型指针

不同位数的 JVM 的类型指针所占用的位数也不同。在 32 位 JVM 中，类型指针占用 32 位存储空间；而在 64 位 JVM 中，类型指针占用 64 位存储空间。

目前，在大部分场景下使用的都是 64 位的 JVM。如果在 JVM 中生成的对象实例较多，那么使用 64 位的类型指针会浪费很多存储空间。所以，在 64 位 JVM 中，当堆内存小于 32GB 时，默认会开启指针压缩，也可以通过 JVM 参数 "-XX:+UseCompressedOops" 手动显式开启指针压缩，通过 JVM 参数 "-XX:-UseCompressedOops" 手动关闭指针压缩。

在开启指针压缩后，原来 64 位的对象指针会被压缩为 32 位。其中，以下信息会被压缩。

（1）对象的全局静态变量和成员变量。

（2）对象头信息在 64 位 JVM 下由 16 字节被压缩为 12 字节。

（3）对象的引用类型在 64 位 JVM 下由 8 字节被压缩为 4 字节。

（4）对象的数组类型在 64 位 JVM 下由 24 字节被压缩为 16 字节。

注意：虽然开启了指针压缩，但是如下信息不会被压缩。

（1）JDK 1.8 之前指向永久代的 Class 对象指针不会被压缩。

（2）JDK 1.8 中指向方法区（元空间）的 Class 对象指针不会被压缩。

（3）本地变量不会被压缩。

（4）方法的入参、返回值不会被压缩。

（5）NULL 指针不会被压缩。

（6）存放在堆栈中的元素不会被压缩。

7.3.3 数组长度

如果当前对象是数组类型的，则在对象头中还需要额外的空间存储数组的长度信息。数组的长度信息在不同位数的 JVM 中所占用的存储空间是不同的。在 32 位 JVM 中，数组长度占用 32 位存储空间；在 64 位 JVM 中，数组长度占用 64 位存储空间。

如果开启了指针压缩，则数组长度占用的存储空间会被从 64 位压缩为 32 位。

7.4　使用 JOL 查看对象信息

为了方便查看 JVM 中对象的结构布局并计算某个对象的大小，OpenJDK 提供了一个 JOL 工具包。JOL 工具包能够比较精确地分析对象在 JVM 中的结构，也能够计算某个对象的大小。本节简单介绍如何使用 JOL 工具包查看对象在 JVM 中的信息。

7.4.1　引入 JOL 环境依赖

可以通过 Maven 项目引入 JOL 工具包的环境依赖，在项目的 pom.xml 文件中添加如下配置即可。

```
<dependency>
    <groupId>org.openjdk.jol</groupId>
    <artifactId>jol-core</artifactId>
    <version>0.11</version>
</dependency>
```

7.4.2　打印对象信息

在 Maven 项目中新建 MyObject 类作为测试的对象类，如下所示。

```
/**
 * @author binghe
 * @version 1.0.0
 * @description 对象测试类
 */
public class MyObject {

    private int count = 0;

    public int getCount() {
        return count;
    }

    public void setCount(int count) {
        this.count = count;
    }
}
```

可以看到，在 MyObject 中，只定义了一个 int 类型的成员变量 count。

接下来，创建 ObjectSizeAnalysis 类，ObjectSizeAnalysis 类中的代码如下。

```
/**
 * @author binghe
 * @version 1.0.0
 * @description 分析对象的大小
 */
public class ObjectSizeAnalysis {

    public static void main(String[] args){
        MyObject obj = new MyObject();
        System.out.println(ClassLayout.parseInstance(obj).toPrintable());
    }
}
```

在 ObjectSizeAnalysis 类中，定义了一个 main()方法，在 main()方法中，创建了一个 MyObject 类的对象，并使用 JOL 工具打印 MyObject 类的对象信息。

直接运行 ObjectSizeAnalysis 类的 main()方法，输出结果如下。

```
io.binghe.concurrent.chapter07.jol.MyObject object internals:
OFFSET  SIZE    TYPE DESCRIPTION                               VALUE
    0    4      (object header)                                01 00 00 00 (00000001
00000000 00000000 00000000) (1)
    4    4      (object header)                                00 00 00 00 (00000000
00000000 00000000 00000000) (0)
    8    4      (object header)                                43 c1 00 f8 (01000011
11000001 00000000 11111000) (-134168253)
   12    4      int MyObject.count                             0
Instance size: 16 bytes
Space losses: 0 bytes internal + 0 bytes external = 0 bytes total
```

从输出结果可以看出，MyObject 对象在 64 位 JVM 中占用 16 字节的存储空间。由于 64 位 JVM 默认会开启指针压缩，所以对象头（输出的结果信息中标记有 object header 的部分）占用 12 字节的存储空间，在 MyObject 类中定义的 int 类型的成员变量 count 占用 4 字节的存储空间。

所以，当开启指针压缩时，整个 MyObject 对象在 64 位 JVM 中占用 16 字节的存储空间。

为了验证 64 位 JVM 是否会默认开启指针压缩，在手动添加 JVM 参数 "-XX:-UseCompressedOops" 关闭 JVM 的指针压缩后，再次运行 ObjectSizeAnalysis 类的 main() 方法，输出结果如下。

```
io.binghe.concurrent.chapter07.jol.MyObject object internals:
OFFSET  SIZE    TYPE DESCRIPTION                               VALUE
    0    4      (object header)                                01 00 00 00 (00000001
00000000 00000000 00000000) (1)
```

```
     4     4         (object header)                          00 00 00 00 (00000000
00000000 00000000 00000000) (0)
     8     4         (object header)                          68 36 87 1c (01101000
00110110 10000111 00011100) (478623336)
    12     4         (object header)                          00 00 00 00 (00000000
00000000 00000000 00000000) (0)
    16     4   int MyObject.count                             0
    20     4         (loss due to the next object alignment)
Instance size: 24 bytes
Space losses: 0 bytes internal + 4 bytes external = 4 bytes total
```

从输出结果中可以看出，当关闭了 JVM 的指针压缩后，对象头部分占用的存储空间由 12 字节变成了 16 字节，而 MyObject 对象中 int 类型的成员变量 count 占用 4 字节的存储空间，此时 MyObject 的类对象占用 20 字节的存储空间。

由于 JVM 要求对象的起始地址必须为 8 的整数倍，20 不是 8 的整数倍，此时会有 4 字节的对齐填充。所以，在 64 位 JVM 中，当不开启指针压缩时，MyObject 类对象会占用 24 字节的存储空间。

注意：这也验证了在 64 位 JVM 中，如果开启了指针压缩，则对象头占用的存储空间会被由 16 字节压缩为 12 字节。

7.4.3　打印对象锁状态

本节仍然使用 MyObject 类作为测试的类，创建 ObjectLockAnalysis 类用于测试打印对象的锁状态。

首先在 ObjectLockAnalysis 类中创建 printNormalLock()方法，用于正常打印 MyObject 对象的锁状态，printNormalLock()方法的代码如下。

```java
/**
 * 打印锁信息
 */
private static void printNormalLock() throws InterruptedException {
    //创建测试类对象
    MyObject obj = new MyObject();
    //打印对象信息，此时对象处于无锁状态
    System.out.println(ClassLayout.parseInstance(obj).toPrintable());
    synchronized (obj){
        //打印对象信息，此时对象处于轻量级锁状态
        System.out.println(ClassLayout.parseInstance(obj).toPrintable());
        //计算对象的 HashCode 值
```

```
        System.out.println(obj.hashCode());
        //计算处于轻量级状态的对象的 HashCode 值，轻量级锁会膨胀为重量级锁
        System.out.println(ClassLayout.parseInstance(obj).toPrintable());
    }
    synchronized (obj){
        //打印对象信息，此时对象处于重量级锁状态
        System.out.println(ClassLayout.parseInstance(obj).toPrintable());
    }
    //打印对象信息，此时对象处于重量级锁状态
    System.out.println(ClassLayout.parseInstance(obj).toPrintable());
}
```

关于 printNormalLock()方法中每行代码的含义，读者可以参见上述代码的注释，笔者不再赘述。当调用 printNormalLock()方法时，会输出如下结果。

```
io.binghe.concurrent.chapter07.jol.MyObject object internals:
 OFFSET  SIZE    TYPE DESCRIPTION                              VALUE
    0     4      (object header)                               01 00 00 00 (00000001
00000000 00000000 00000000) (1)
    4     4      (object header)                               00 00 00 00 (00000000
00000000 00000000 00000000) (0)
    8     4      (object header)                               43 c1 00 f8 (01000011
11000001 00000000 11111000) (-134168253)
   12     4      int MyObject.count                            0
Instance size: 16 bytes
Space losses: 0 bytes internal + 0 bytes external = 0 bytes total


io.binghe.concurrent.chapter07.jol.MyObject object internals:
 OFFSET  SIZE    TYPE DESCRIPTION                              VALUE
    0     4      (object header)                               70 f1 67 02 (01110000
11110001 01100111 00000010) (40366448)
    4     4      (object header)                               00 00 00 00 (00000000
00000000 00000000 00000000) (0)
    8     4      (object header)                               43 c1 00 f8 (01000011
11000001 00000000 11111000) (-134168253)
   12     4      int MyObject.count                            0
Instance size: 16 bytes
Space losses: 0 bytes internal + 0 bytes external = 0 bytes total


897697267
io.binghe.concurrent.chapter07.jol.MyObject object internals:
 OFFSET  SIZE    TYPE DESCRIPTION                              VALUE
    0     4      (object header)                               1a 1d 0d 1c (00011010
00011101 00001101 00011100) (470621466)
```

```
       4    4        (object header)                       00 00 00 00 (00000000
00000000 00000000 00000000) (0)
       8    4        (object header)                       43 c1 00 f8 (01000011
11000001 00000000 11111000) (-134168253)
      12    4    int MyObject.count                        0
Instance size: 16 bytes
Space losses: 0 bytes internal + 0 bytes external = 0 bytes total

io.binghe.concurrent.chapter07.jol.MyObject object internals:
 OFFSET  SIZE    TYPE DESCRIPTION                          VALUE
       0    4        (object header)                       1a 1d 0d 1c (00011010
00011101 00001101 00011100) (470621466)
       4    4        (object header)                       00 00 00 00 (00000000
00000000 00000000 00000000) (0)
       8    4        (object header)                       43 c1 00 f8 (01000011
11000001 00000000 11111000) (-134168253)
      12    4    int MyObject.count                        0
Instance size: 16 bytes
Space losses: 0 bytes internal + 0 bytes external = 0 bytes total

io.binghe.concurrent.chapter07.jol.MyObject object internals:
 OFFSET  SIZE    TYPE DESCRIPTION                          VALUE
       0    4        (object header)                       1a 1d 0d 1c (00011010
00011101 00001101 00011100) (470621466)
       4    4        (object header)                       00 00 00 00 (00000000
00000000 00000000 00000000) (0)
       8    4        (object header)                       43 c1 00 f8 (01000011
11000001 00000000 11111000) (-134168253)
      12    4    int MyObject.count                        0
Instance size: 16 bytes
Space losses: 0 bytes internal + 0 bytes external = 0 bytes total
```

通过 printNormalLock()方法输出的结果，可以看出如下信息。

（1）创建对象后输出的偏向锁标志位为 0，锁标志位为 01，此时处于无锁状态。

（2）第一次使用 synchronized 关键字对创建的 MyObject 对象加锁后，再次打印的结果信息中锁标志位为 00，此时处于轻量级锁状态。

（3）对处于轻量级锁状态的对象计算其 HashCode 值，再次打印对象信息，输出的结果信息中锁标志位为 10，此时处于重量级锁状态。说明计算处于轻量级锁状态的对象的 HashCode 值，轻量级锁会膨胀为重量级锁。

（4）释放 MyObject 对象的 synchronized 锁后，再次对其添加 synchronized 锁，并打印

MyObject 对象的信息，输出的结果信息中锁标志位为 10，此时处于重量级锁状态。

（5）释放第二次添加的 synchronized 锁，再次打印 MyObject 对象的信息，输出的结果信息中锁标志位为 10，此时处于重量级锁状态。

上述打印对象锁状态的方法中输出的结果没有偏向锁状态，这是由于 Java 中的偏向锁默认在 JVM 启动几秒之后才会被激活。在 ObjectLockAnalysis 类中新增 printBiasLock()方法来打印偏向锁信息，printBiasLock()方法的代码如下。

```
/**
 * 打印偏向锁信息
 */
private static void printBiasLock() throws InterruptedException {
    //Java 中的偏向锁在 JVM 启动几秒之后才会被激活
    //所以程序启动时先休眠 5s，等待激活偏向锁
    //否则会出现一些没必要的锁撤销
    Thread.sleep(5000);
    //创建测试类对象
    MyObject obj = new MyObject();
    //打印对象信息，此时对象处于偏向锁状态
    System.out.println(ClassLayout.parseInstance(obj).toPrintable());
    synchronized (obj){
        //打印对象信息，此时对象处于偏向锁状态
        System.out.println(ClassLayout.parseInstance(obj).toPrintable());
        //计算对象的 HashCode 值
        System.out.println(obj.hashCode());
        //计算处于偏向锁状态的对象的 HashCode 值，偏向锁会膨胀为重量级锁
        System.out.println(ClassLayout.parseInstance(obj).toPrintable());
    }
    synchronized (obj){
        //打印对象信息，此时对象处于重量级锁状态
        System.out.println(ClassLayout.parseInstance(obj).toPrintable());
    }
    //打印对象信息，此时对象处于重量级锁状态
    System.out.println(ClassLayout.parseInstance(obj).toPrintable());
}
```

关于 printBiasLock()方法中每行代码的含义，读者可参见 printBiasLock()方法的注释，笔者不再赘述。需要注意的是，在 printBiasLock()方法的开始部分调用了 Thread 类的 sleep()方法，使程序休眠了 5s。

调用 printBiasLock()方法，会输出如下结果。

```
io.binghe.concurrent.chapter07.jol.MyObject object internals:
 OFFSET  SIZE    TYPE DESCRIPTION                        VALUE
      0     4         (object header)                    05 00 00 00 (00000101
00000000 00000000 00000000) (5)
      4     4         (object header)                    00 00 00 00 (00000000
00000000 00000000 00000000) (0)
      8     4         (object header)                    43 c1 00 f8 (01000011
11000001 00000000 11111000) (-134168253)
     12     4     int MyObject.count                     0
Instance size: 16 bytes
Space losses: 0 bytes internal + 0 bytes external = 0 bytes total

io.binghe.concurrent.chapter07.jol.MyObject object internals:
 OFFSET  SIZE    TYPE DESCRIPTION                        VALUE
      0     4         (object header)                    05 e8 c4 02 (00000101
11101000 11000100 00000010) (46458885)
      4     4         (object header)                    00 00 00 00 (00000000
00000000 00000000 00000000) (0)
      8     4         (object header)                    43 c1 00 f8 (01000011
11000001 00000000 11111000) (-134168253)
     12     4     int MyObject.count                     0
Instance size: 16 bytes
Space losses: 0 bytes internal + 0 bytes external = 0 bytes total

897697267
io.binghe.concurrent.chapter07.jol.MyObject object internals:
 OFFSET  SIZE    TYPE DESCRIPTION                        VALUE
      0     4         (object header)                    ba 1d d3 1c (10111010
00011101 11010011 00011100) (483597754)
      4     4         (object header)                    00 00 00 00 (00000000
00000000 00000000 00000000) (0)
      8     4         (object header)                    43 c1 00 f8 (01000011
11000001 00000000 11111000) (-134168253)
     12     4     int MyObject.count                     0
Instance size: 16 bytes
Space losses: 0 bytes internal + 0 bytes external = 0 bytes total

io.binghe.concurrent.chapter07.jol.MyObject object internals:
 OFFSET  SIZE    TYPE DESCRIPTION                        VALUE
      0     4         (object header)                    ba 1d d3 1c (10111010
00011101 11010011 00011100) (483597754)
      4     4         (object header)                    00 00 00 00 (00000000
00000000 00000000 00000000) (0)
      8     4         (object header)                    43 c1 00 f8 (01000011
```

```
11000001 00000000 11111000) (-134168253)
   12    4    int MyObject.count                 0
Instance size: 16 bytes
Space losses: 0 bytes internal + 0 bytes external = 0 bytes total

io.binghe.concurrent.chapter07.jol.MyObject object internals:
 OFFSET  SIZE   TYPE DESCRIPTION                        VALUE
   0     4      (object header)                    ba 1d d3 1c (10111010
00011101 11010011 00011100) (483597754)
   4     4      (object header)                    00 00 00 00 (00000000
00000000 00000000 00000000) (0)
   8     4      (object header)                    43 c1 00 f8 (01000011
11000001 00000000 11111000) (-134168253)
   12    4    int MyObject.count                 0
Instance size: 16 bytes
Space losses: 0 bytes internal + 0 bytes external = 0 bytes total
```

通过输出 printBiasLock() 方法的输出结果，可以看出如下信息。

（1）程序休眠 5s 后创建 MyObject 类的对象，打印对象信息，在输出的结果信息中，偏向锁标记为 1，锁标志位为 01，此时处于偏向锁状态，说明程序已经激活偏向锁。

（2）对 MyObject 对象第一次添加 synchronized 锁后打印 MyObject 对象信息，在输出的结果信息中，偏向锁标记为 1，锁标志位为 01，此时处于偏向锁状态。

（3）计算处于偏向锁状态的 MyObject 对象的 HashCode 值，然后再次打印 MyObject 对象的信息，在输出的结果信息中，锁标志位为 10，此时处于重量级锁状态。

（4）在释放第一次对 MyObject 对象添加的 synchronized 锁后，再次对其添加 synchronized 锁，并打印 MyObject 对象的信息。在输出的结果信息中，锁标志位为 10，此时处于重量级锁状态。

（5）释放第二次添加的 synchronized 锁，再次打印 MyObject 对象的信息，在输出的结果信息中，锁标志位为 10，此时处于重量级锁状态。

对比上面两个打印 MyObject 对象信息的方法——printNormalLock() 和 printBiasLock()——输出的结果信息，可以发现如下特点。

（1）Java 中的偏向锁默认需要在 JVM 启动几秒之后才会被激活，如果想打印对象的偏向锁状态，那么需要在 JVM 启动后，让方法休眠几秒再执行。

（2）无论当前对象的对象头中的锁标志位（含偏向锁标记和锁标志位）是处于偏向锁状态还是处于轻量级锁状态，只要计算了当前对象的 HashCode 值，当前对象所处的锁状态就都会膨胀为重量级锁状态。也就是说，偏向锁和轻量级锁会膨胀为重量级锁。

7.5　synchronized 核心原理

synchronized 是 Java 提供的一种内置锁，使用方便，作用在对象上，可以实现对共享资源的互斥访问。在单机程序中，能够保证多线程并发访问的线程安全性。同时，synchronized 锁是一种可重入锁。本节简单介绍 synchronized 的核心原理。

7.5.1　synchronized 底层原理

synchronized 是基于 JVM 中的 Monitor 锁实现的，Java 1.5 版本之前的 synchronized 锁性能较低，但是从 Java 1.6 版本开始，对 synchronized 锁进行了大量的优化，引入了锁粗化、锁消除、偏向锁、轻量级锁、适应性自旋等技术来提升 synchronized 锁的性能。

当 synchronized 修饰方法时，当前方法会比普通方法在常量池中多一个 ACC_SYNCHRONIZED 标识符，synchronized 修饰方法的核心原理如图 7-4 所示。

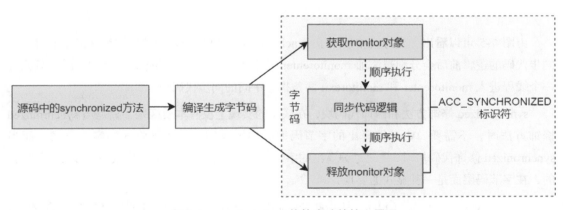

图 7-4　synchronized 修饰方法的核心原理

JVM 在执行程序时，会根据这个 ACC_SYNCHRONIZED 标识符完成方法的同步。如果调用了被 synchronized 修饰的方法，则调用的指令会检查方法是否设置了 ACC_SYNCHRONIZED 标识符。

如果方法设置了 ACC_SYNCHRONIZED 标识符，则当前线程先获取 monitor 对象，在获取成功后执行同步代码逻辑，执行完毕释放 monitor 对象。同一时刻，只会有一个线程获取 monitor 对象成功，进入方法体执行方法逻辑。在当前线程执行完方法逻辑之前，也就是在当前线程释放 monitor 对象之前，其他线程无法获取同一个 monitor 对象。从而保证了同一时刻只能有一个线程进入被 synchronized 修饰的方法中执行方法体的逻辑。

当 synchronized 修饰代码块时，synchronized 关键字会被编译成 monitorenter 和 monitorexit 两条指令。monitorenter 指令会放在同步代码的前面，monitorexit 指令会放在同步代码的后面，synchronized 修饰代码块的核心原理如图 7-5 所示。

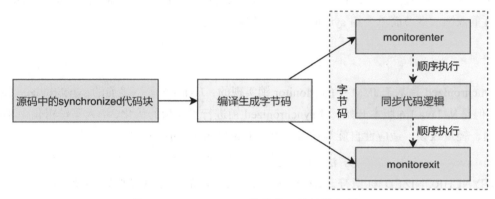

图 7-5　synchronized 修饰代码块的核心原理

由图 7-5 可以看出，当源码中使用了 synchronized 修饰代码块，源码被编译成字节码后，同步代码的逻辑前后会分别被添加 monitorenter 指令和 monitorexit 指令，使得同一时刻只能有一个线程进入 monitorenter 和 monitorexit 两条指令中间的同步代码块。

synchronized 修饰方法和修饰代码块，在底层的实现上没有本质区别，只是当 synchronized 修饰方法时，不需要 JVM 编译出的字节码完成加锁操作，是一种隐式的实现方式。而当 synchronized 修饰代码块时，是通过编译出的字节码生成的 monitorenter 和 monitorexit 指令完成的，在字节码层面是一种显式的实现方式。

无论 synchronized 是修饰方法，还是修饰代码块，底层都是通过 JVM 调用操作系统的 Mutex 锁实现的，当线程被阻塞时会被挂起，等待 CPU 重新调度，这会导致线程在操作系统的用户态和内核态之间切换，影响程序的执行性能。

7.5.2　Monitor 锁原理

synchronized 底层是基于 Monitor 锁实现的，而 Monitor 锁是基于操作系统的 Mutex 锁实现的，Mutex 锁是操作系统级别的重量级锁，其性能较低。

在 Java 中，创建出来的任何一个对象在 JVM 中都会关联一个 Monitor 对象，当 Monitor 对象被一个 Java 对象持有后，这个 Monitor 对象将处于锁定状态，synchronized 在 JVM 底层本质上都是基于进入和退出 Monitor 对象来实现同步方法和同步代码块的。

在 HotSpot JVM 中，Monitor 是由 ObjectMonitor 实现的，ObjectMonitor 中主要的数据结构如下。

```
ObjectMonitor(){
    _header=NULL;
    _count=0;
    _waiters=0,
    _recursions=0;
    _object=NULL;
    _owner=NULL;
    _WaitSet=NULL;
    _WaitSetLock=0;
    _Responsible=NULL;
    _succ=NULL;
    _cxq=NULL;
    FreeNext=NULL;
    _EntryList=NULL;
    _SpinFreq=0;
    _SpinClock=0;
    OwnerIsThread=0;
}
```

在 HotSpot JVM 中，ObjectMonitor 存在两个集合，分别为_WaitSet 和_EntryList。每个在竞争锁时未获取到锁的线程都会被封装成一个 ObjectWaiter 对象，而_WaitSet 和_EntryList 集合就用来存储这些 ObjectWaiter 对象。

另外，ObjectMonitor 中的_owner 用来指向获取到 ObjectMonitor 对象的线程。当一个线程获取到 ObjectMonitor 对象时，这个 ObjectMonitor 对象就存储在当前对象的对象头中的 Mark Word 中（实际上存储的是指向 ObjectMonitor 对象的指针）。所以，在 Java 中可以使用任意对象作为 synchronized 锁对象。

当多个线程同时访问一个被 synchronized 修饰的方法或代码块时，synchronized 加锁与解锁在 JVM 底层的实现流程大致分为如下几步。

（1）进入_EntryList 集合，当某个线程获取到 Monitor 对象后，这个线程就会进入_Owner 区域，同时，会把 Monitor 对象中的_owner 变量复制为当前线程，并把 Monitor 对象中的_count 变量值加 1。

（2）当线程调用 wait()方法时，当前线程会释放持有的 Monitor 对象，并且把 Monitor 对象中的_owner 变量设置为 null，_count 变量值减 1。同时，当前线程会进入_WaitSet 集合中等待被再次唤醒。

（3）如果获取到 Monitor 对象的线程执行完毕，则也会释放 Monitor 对象，将 Monitor 对象中的_owner 变量设置为 null，_count 变量值减 1。

注意：由于 wait()、notify()和 notifyAll()等方法在执行过程中会使用 Monitor 对象，所以，必须在同步方法或者同步代码块中调用这些方法。

7.5.3　反编译 synchronized 方法

为了更好地理解 synchronized 修饰方法时底层的实现原理，本节以一个反编译 synchronized 方法的案例来介绍 synchronized 修饰方法时底层的实现原理。

先创建一个 SynchronizedDecompileTest 类，作为反编译 synchronized 的测试类，在类中创建一个被 synchronized 修饰的方法 syncMethod()，代码如下。

```java
/**
 * @author binghe
 * @version 1.0.0
 * @description synchronized 反编译案例
 */
public class SynchronizedDecompileTest {
    public synchronized void syncMethod(){
        System.out.println("hello synchronized method");
    }
}
```

然后编译 SynchronizedDecompileTest 类的源代码生成 SynchronizedDecompileTest.class 文件，使用 javap 命令对 SynchronizedDecompileTest.class 文件进行反编译，代码如下。

```
javap -c io.binghe.concurrent.chapter07.SynchronizedDecompileTest
```

输出的结果如下。

```
public synchronized void syncMethod();
  descriptor: ()V
  flags: ACC_PUBLIC, ACC_SYNCHRONIZED
  Code:
    stack=2, locals=1, args_size=1
      0:getstatic      #2       // Field java/lang/System.out:Ljava/io/PrintStream;
      3 ldc            #3       // String hello synchronized method
```

```
   5:invokevirtual  #4        // Method
java/io/PrintStream.println:(Ljava/lang/String;)V
   8: return
 LineNumberTable:
   line 5: 0
   line 6: 8
 LocalVariableTable:
   Start  Length  Slot  Name  Signature
       0       9     0  this
Lio/binghe/concurrent/chapter07/SynchronizedDecompileTest
```

从输出结果中可以看出，syncMethod() 方法在反编译后的 flags 中会有一个 ACC_SYNCHRONIZED 标识符。当调用 syncMethod()方法时，调用方法的指令会检查方法的 ACC_SYNCHRONIZED标识符是否被设置。如果已经被设置，则执行方法的线程会先获取 Monitor 锁对象，在获取成功之后才能执行方法体的逻辑，方法执行完毕，会释放 Monitor 锁对象。

在某个线程获取到 Monitor 锁对象执行方法体期间，其他线程无法再获取同一个 Monitor 锁对象，从而无法执行方法体的逻辑，保证了被 synchronized 修饰的方法同一时刻只能被一个线程执行。

7.5.4　反编译 synchronized 代码块

在 SynchronizedDecompileTest 类中创建 synCodeBlock()方法，用于测试反编译 synchronized 修饰代码块的案例。synCodeBlock()方法的代码如下。

```java
public void synCodeBlock(){
    synchronized (this){
        System.out.println("hello synchronized code block");
    }
}
```

对 SynchronizedDecompileTest 类进行编译，使用 javap 命令反编译生成 SynchronizedDecompileTest.class 文件，输出的结果如下。

```
public class io.binghe.concurrent.chapter07.SynchronizedDecompileTest {
 public io.binghe.concurrent.chapter07.SynchronizedDecompileTest();
   Code:
     0: aload_0
     1: invokespecial #1                 // Method java/lang/Object."<init>":()V
     4: return

 public void synCodeBlock();
   Code:
```

```
      0: aload_0
      1: dup
      2: astore_1
      3: monitorenter
      4: getstatic     #2           // Field
java/lang/System.out:Ljava/io/PrintStream;
      7: ldc           #3           // String hello synchronized code block
      9: invokevirtual #4           // Method
java/io/PrintStream.println:(Ljava/lang/String;)V
     12: aload_1
     13: monitorexit
     14: goto          22
     17: astore_2
     18: aload_1
     19: monitorexit
     20: aload_2
     21: athrow
     22: return
   Exception table:
      from    to  target type
         4    14    17   any
        17    20    17   any
}
```

从输出结果可以看出，当 synchronized 修饰代码块时，会在编译出的字节码中插入 monitorenter 指令和 monitorexit 指令，如下所示。

```
3: monitorenter
13: monitorexit
19: monitorexit
```

注意：在正常情况下，会执行 monitorenter 指令和对应的标号为 13 的 monitorexit 指令，如果程序发生异常，则会执行标号为 19 的 monitorexit 指令。

在 JVM 的规范中也有针对 monitorenter 指令和 monitorexit 指令的描述，对于 monitorenter 指令的描述原文如下。

Each object is associated with a monitor. A monitor is locked if and only if it has an owner. The thread that executes monitorenter attempts to gain ownership of the monitor associated with objectref, as follows:
• If the entry count of the monitor associated with objectref is zero, the thread enters the monitor and sets its entry count to one. The thread is then the owner of the monitor.
• If the thread already owns the monitor associated with objectref, it reenters the

```
monitor, incrementing its entry count.
```
• If another thread already owns the monitor associated with objectref, the thread
blocks until the monitor's entry count is zero, then tries again to gain ownership

大意如下。

每个对象都有一个监视器锁（monitor）。当 monitor 被占用时就会处于锁定状态，线程执行 monitorenter 指令时首先会尝试获取 monitor 的所有权，整个流程如下。

- 如果 monitor 计数为零，则线程进入 monitor 并将 monitor 计数设置为 1。当前线程就是 monitor 的所有者。
- 如果线程已经获取到 monitor，此时只是重新进入 monitor，则只是将进入 monitor 的计数加 1。
- 如果另一个线程已经占用了 monitor，则当前线程将阻塞，直到 monitor 的计数为零，当前线程将再次尝试获取 monitor。

JVM 规范中对于 monitorexit 指令的描述原文如下。

```
The thread that executes monitorexit must be the owner of the monitor associated
with the instance referenced by objectref.
The thread decrements the entry count of the monitor associated with objectref.
If as a result the value of the entry count is zero, the thread exits the monitor
and is no longer its owner. Other threads that are blocking to enter the monitor are
allowed to attempt to do so.
```

大意如下。

执行 monitorexit 线程的必须是与 objectref 对应的 monitor 的所有者。

在执行 monitorexit 指令时，monitor 的计数会减 1。如果减 1 后 monitor 的计数为 0，则当前线程将退出 monitor，不再是当前 monitor 所有者。其他被阻止进入当前 monitor 的线程可以尝试再次获取当前 monitor 的所有权。

通过对 synchronized 修饰方法和修饰代码块的反编译，进一步证明了 synchronized 底层是通过 Monitor 锁实现的。

7.6　偏向锁

虽然程序中的方法或者代码块添加了 synchronized 锁，但是在大部分情况下，被添加的 synchronized 锁不会存在多线程竞争的情况，并且会出现同一个线程多次获取同一个 synchronized 锁的现象。为了提升这种情况下程序的执行性能，引入了偏向锁。

7.6.1　偏向锁核心原理

如果在同一时刻有且仅有一个线程执行了 synchronized 修饰的方法或代码块，则执行方法或代码块的线程不存在与其他线程竞争 synchronized 锁的情况。此时，锁会进入偏向状态。

当锁进入偏向状态时，对象头中的 Mark Word 的结构就会进入偏向结构。此时偏向锁标记为 1，锁标志位为 01，并将当前线程的 ID 记录在 Mark Word 中。当前线程如果再次进入方法或代码块，则先要检查对象头中的 Mark Word 中是否存储了自己的线程 ID。

如果对象头的 Mark Word 中存储了自己的线程 ID，则表示当前线程已经获取到锁，此后当前线程可直接进入和退出方法或代码块。

如果对象头中的 Mark Word 中存储的不是自己的线程 ID，则说明有其他线程参与锁竞争并且获得了偏向锁。此时当前线程会尝试使用 CAS 方式将 Mark Word 中的线程 ID 替换为自己的线程 ID，替换的结果分为两种情况，如下所示。

（1）CAS 操作执行成功，表示之前获取到偏向锁的线程已经不存在，Mark Word 中的线程 ID 被替换成当前线程的 ID，此时仍然处于偏向锁状态。

（2）CAS 操作执行失败，表示之前获取到偏向锁的线程仍然存在。此时会暂停之前获取到偏向锁的线程，将 Mark Word 中的偏向锁标记设置为 0，锁标志位设置为 00，偏向锁升级为轻量级锁。线程之间会按照轻量级锁的方式来竞争锁。

7.6.2　偏向锁的撤销

虽然偏向锁在大部分场景下会提升程序的执行性能，但是如果存在多个线程同时竞争偏向锁的情况，就会发生撤销偏向锁，进而升级为轻量级锁的现象。

撤销偏向锁的过程比较复杂，性能也比较低，大概会经历如下过程。

（1）选择某个没有执行字节码的安全时间点，暂停拥有锁的线程。

（2）遍历整个线程栈，检查是否存在对应的锁记录。如果存在锁记录，则需要清空锁记录，变成无锁状态。同时，将锁记录指向的 Mark Word 中的偏向锁标记设置为 0，锁标志位设置为 01，也就是将其设置为无锁状态，并清除 Mark Word 中的线程 ID。

（3）将当前锁升级为轻量级锁，并唤醒被暂停的线程。

所以，如果明确知道当前应用会经常存在多个线程竞争锁的情况，则可以通过 JVM 参数 "-XX:UseBiasedLocking=false" 在启动程序时关闭偏向锁功能。

7.6.3　偏向锁案例

在 7.4.3 节中，通过在方法中添加 Thread.sleep()方法，使代码休眠一段时间后再执行，可以打印出偏向锁状态。这是因为 Java 中的偏向锁默认在 JVM 启动几秒之后才会被激活。可以通过设置 JVM 参数 "-XX:+UseBiasedLocking -XX:BiasedLockingStartupDelay=0" 来禁止偏向锁延迟，此时无须让程序休眠即可打印出偏向锁信息。

例如，通过设置 JVM 参数 "-XX:+UseBiasedLocking -XX:BiasedLockingStartupDelay=0" 来运行如下代码。

```
/**
 * @author binghe
 * @version 1.0.0
 * @description 测试偏向锁,
 * 运行时添加-XX:+UseBiasedLocking -XX:BiasedLockingStartupDelay=0 参数
 */
public class ObjectBiasLockTest {
    public static void main(String[] args){
        //创建测试类对象
        MyObject obj = new MyObject();
        //打印对象信息，此时对象处于无锁状态
        System.out.println(ClassLayout.parseInstance(obj).toPrintable());
    }
}
```

输出结果如下。

```
io.binghe.concurrent.chapter07.jol.MyObject object internals:
 OFFSET  SIZE   TYPE DESCRIPTION                               VALUE
    0     4          (object header)                           05 00 00 00 (00000101
00000000 00000000 00000000) (5)
    4     4          (object header)                           00 00 00 00 (00000000
00000000 00000000 00000000) (0)
    8     4          (object header)                           43 c1 00 f8 (01000011
11000001 00000000 11111000) (-134168253)
   12     4     int MyObject.count                             0
Instance size: 16 bytes
Space losses: 0 bytes internal + 0 bytes external = 0 bytes total
```

从输出结果可以看出，偏向锁标记为 1，锁标志位为 01，此时处于偏向锁状态。

7.7 轻量级锁

当多线程竞争锁不激烈时，可以通过 CAS 机制竞争锁，这就是轻量级锁。引入轻量级锁的目的是在线程竞争锁不激烈时，避免由于使用操作系统层面的 Mutex 重量级锁导致性能低下。

7.7.1 轻量级锁核心原理

当线程被创建后，JVM 会在线程的栈帧中创建一个用于存储锁记录的空间，这个空间被称为 Displaced Mark Word。对于轻量级锁，在加锁的过程中，争抢锁的线程在进入 synchronized 修饰的方法或代码块之前，会将锁对象（加锁时同步的对象）的 Mark Word 复制到当前线程的 Displaced Mark Word 空间里面。此时线程的堆栈和锁对象示意图如图 7-6 所示。

图 7-6　线程进入方法或代码块之前的线程堆栈和锁对象示意图

接下来，线程会尝试使用 CAS 自旋操作将锁对象的 Mark Word 替换成指向锁记录的指针。如果替换成功，则表示当前线程获取到锁。随后 JVM 会将 Mark Word 中的锁标志位设置为 00，此时处于轻量级锁状态。当前线程获取到锁之后，JVM 会将锁对象的 Mark Word 中的信息保存到获取到锁的线程的 Displaced Mark Word 中，并将线程的 owner 指针指向锁对象。

线程抢占锁成功后的示意图如图 7-7 所示。

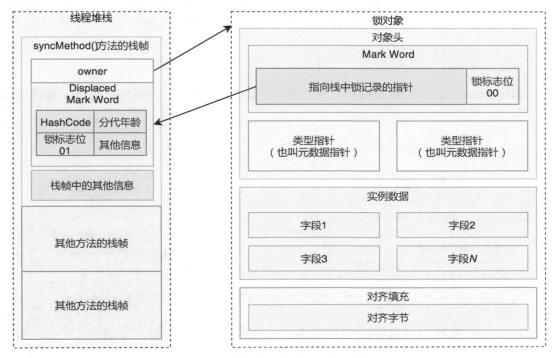

图 7-7　线程抢占锁成功后的示意图

线程在抢占锁成功后会将锁对象的 Mark Word 中的信息保存在当前线程的 Displaced Mark Word 中，锁对象的 Mark Word 中的信息会发生变化，不再存储对象的 HashCode 码等信息，由一个指针指向当前线程的 Displaced Mark Word。当线程释放锁时，会使用到当前线程的 Displaced Mark Word 中存储的信息。

注意：线程在使用 CAS 自旋操作获取锁对象时，如果不加以限制，则当一直获取锁失时，会一直重试，浪费 CPU 的资源。为了解决这个问题，可以指定 CAS 自旋操作的次数。如果线程自旋达到了指定的次数，仍未获取到锁，则阻塞当前线程。

在 JDK 中提供了一种更加智能的自旋方式，那就是自适应自旋。如果当前线程 CAS 自旋成功获取到锁，则当前线程下次自旋的次数会更多；如果当前线程 CAS 自旋获取锁失败，则当前线程自旋的次数会减少。

当线程释放锁时，会尝试使用 CAS 操作将 Displaced Mark Word 中存储的信息复制到锁对象的 Mark Word 中。此时如果没有发生锁竞争，则复制操作成功，线程释放锁。如果此时由于其他线程多次执行 CAS 操作导致轻量级锁升级为重量级锁，则当前线程的 CAS 操作会失败，此时会释放锁并唤醒其他未获取到锁而被阻塞的线程同时争抢锁。

7.7.2 轻量级锁案例

创建 ObjectLightweightLockTest 类用于测试轻量级锁，ObjectLightweightLockTest 类的代码如下。

```
/**
 * @author binghe
 * @version 1.0.0
 * @description 测试轻量级锁
 */
public class ObjectLightweightLockTest {
    public static void main(String[] args){
        //创建测试类对象
        MyObject obj = new MyObject();
        //打印对象信息，此时对象处于无锁状态
        System.out.println(ClassLayout.parseInstance(obj).toPrintable());
        synchronized (obj){
            System.out.println(ClassLayout.parseInstance(obj).toPrintable());
        }
    }
}
```

运行代码后的输出结果如下。

```
io.binghe.concurrent.chapter07.jol.MyObject object internals:
 OFFSET  SIZE   TYPE DESCRIPTION                               VALUE
     0     4        (object header)                            01 00 00 00 (00000001
00000000 00000000 00000000) (1)
     4     4        (object header)                            00 00 00 00 (00000000
00000000 00000000 00000000) (0)
     8     4        (object header)                            43 c1 00 f8 (01000011
11000001 00000000 11111000) (-134168253)
    12     4    int MyObject.count                             0
Instance size: 16 bytes
Space losses: 0 bytes internal + 0 bytes external = 0 bytes total

io.binghe.concurrent.chapter07.jol.MyObject object internals:
 OFFSET  SIZE   TYPE DESCRIPTION                               VALUE
```

```
   0     4       (object header)                       b8 f4 20 03 (10111000
11110100 00100000 00000011) (52491448)
   4     4       (object header)                       00 00 00 00 (00000000
00000000 00000000 00000000) (0)
   8     4       (object header)                       43 c1 00 f8 (01000011
11000001 00000000 11111000) (-134168253)
  12     4    int MyObject.count                       0
Instance size: 16 bytes
Space losses: 0 bytes internal + 0 bytes external = 0 bytes total
```

从输出结果可以看出，在创建 MyObject 对象后，直接打印 MyObject 对象的信息，此时对象头中的偏向锁标记为 0，锁标志位为 01，处于无锁状态。在对 MyObject 对象添加 synchronized 锁后，再次打印 MyObject 对象的信息，此时对象头中的偏向锁标记为 0，锁标志位为 00，处于轻量级锁状态。

7.8　重量级锁

重量级锁主要基于操作系统中的 Mutex 锁实现，重量级锁的执行效率比较低，处于重量级锁时被阻塞的线程不会消耗 CPU 资源。

7.8.1　重量级锁核心原理

重量级锁的底层是通过 Monitor 锁实现的，有关 Monitor 锁的原理，读者可参见 7.5.2 节，笔者不再赘述。

注意：如果当前锁的状态为偏向锁或轻量级锁，那么在调用锁对象的 wait() 或 notify() 方法，或者计算锁对象的 HashCode 值时，偏向锁或轻量级锁会膨胀为重量级锁。

7.8.2　重量级锁案例

创建 ObjectHeavyweightLockTest 类用于测试重量级锁，ObjectHeavyweightLockTest 类的代码如下。

```java
/**
 * @author binghe
 * @version 1.0.0
 * @description 测试重量级锁
 */
public class ObjectHeavyweightLockTest {
```

```java
public static void main(String[] args){
    //创建测试类对象
    MyObject obj = new MyObject();
    //打印对象信息，此时对象处于无锁状态
    System.out.println(ClassLayout.parseInstance(obj).toPrintable());
    synchronized (obj){
        //当前锁状态为轻量级锁
        System.out.println(ClassLayout.parseInstance(obj).toPrintable());
        //计算处于轻量级锁状态的对象的 HashCode 值，轻量级锁会膨胀为重量级锁
        obj.hashCode();
        System.out.println(ClassLayout.parseInstance(obj).toPrintable());
    }
}
```

运行代码的输出结果如下。

```
io.binghe.concurrent.chapter07.jol.MyObject object internals:
 OFFSET  SIZE    TYPE DESCRIPTION                        VALUE
      0    4        (object header)                      01 00 00 00 (00000001
00000000 00000000 00000000) (1)
      4    4        (object header)                      00 00 00 00 (00000000
00000000 00000000 00000000) (0)
      8    4        (object header)                      43 c1 00 f8 (01000011
11000001 00000000 11111000) (-134168253)
     12    4    int MyObject.count                       0
Instance size: 16 bytes
Space losses: 0 bytes internal + 0 bytes external = 0 bytes total

io.binghe.concurrent.chapter07.jol.MyObject object internals:
 OFFSET  SIZE    TYPE DESCRIPTION                        VALUE
      0    4        (object header)                      a8 f5 7f 02 (10101000
11110101 01111111 00000010) (41940392)
      4    4        (object header)                      00 00 00 00 (00000000
00000000 00000000 00000000) (0)
      8    4        (object header)                      43 c1 00 f8 (01000011
11000001 00000000 11111000) (-134168253)
     12    4    int MyObject.count                       0
Instance size: 16 bytes
Space losses: 0 bytes internal + 0 bytes external = 0 bytes total

io.binghe.concurrent.chapter07.jol.MyObject object internals:
 OFFSET  SIZE    TYPE DESCRIPTION                        VALUE
      0    4        (object header)                      9a 1d 32 1c (10011010
00011101 00110010 00011100) (473046426)
```

```
    4    4    (object header)                00 00 00 00 (00000000
00000000 00000000 00000000) (0)
    8    4    (object header)                43 c1 00 f8 (01000011
11000001 00000000 11111000) (-134168253)
   12    4    int MyObject.count             0
Instance size: 16 bytes
Space losses: 0 bytes internal + 0 bytes external = 0 bytes total
```

从输出结果中可以看出如下信息。

（1）在创建 MyObject 对象后，打印 MyObject 对象的信息，对象头中的偏向锁标记为 0，锁标志位为 01，此时处于无锁状态。

（2）在对 MyObject 对象添加 synchronized 锁后，打印 MyObject 对象的信息，对象头中的偏向锁标记为 0，锁标志位为 00，此时处于轻量级锁状态。

（3）计算处于轻量级锁状态的 MyObject 对象的 HashCode 值，再次打印 MyObject 对象的信息，对象头中的偏向锁标记为 0，锁标志位为 10，此时处于重量级锁状态。

7.9 锁升级的过程

多个线程在争抢 synchronized 锁时，在某些情况下，会由无锁状态一步步升级为最终的重量级锁状态。整个升级过程大致包括如下几个步骤。

（1）线程在竞争 synchronized 锁时，JVM 首先会检测锁对象的 Mark Word 中偏向锁锁标记位是否为 1，锁标记位是否为 01，如果两个条件都满足，则当前锁处于可偏向的状态。

（2）争抢 synchronized 锁的线程检查锁对象的 Mark Word 中存储的线程 ID 是否是自己的线程 ID，如果是自己的线程 ID，则表示处于偏向锁状态。当前线程可以直接进入方法或者代码块执行逻辑。

（3）如果锁对象的 Mark Word 中存储的不是当前线程的 ID，则当前线程会通过 CAS 自旋的方式竞争锁资源。如果成功抢占到锁，则将 Mark Word 中存储的线程 ID 修改为自己的线程 ID，将偏向锁标记设置为 1，锁标志位设置为 01，当前锁处于偏向锁状态。

（4）如果当前线程通过 CAS 自旋操作竞争锁失败，则说明此时有其他线程也在争抢锁资源。此时会撤销偏向锁，触发升级为轻量级锁的操作。

（5）当前线程会根据锁对象的 Mark Word 中存储的线程 ID 通知对应的线程暂停，对应的线程会将 Mark Word 的内容置空。

（6）当前线程与上次获取到锁的线程都会把锁对象的 HashCode 等信息复制到自己的 Displaced Mark Word 中，随后两个线程都会执行 CAS 自旋操作，尝试把锁对象的 Mark Word 中的内容修改为指向自己的 Displaced Mark Word 空间来竞争锁。

（7）竞争锁成功的线程获取到锁，执行方法或代码块中的逻辑。同时，竞争锁成功的线程会将锁对象的 Mark Word 中的锁标志位设置为 00，此时进入轻量级锁状态。

（8）竞争失败的线程会继续使用 CAS 自旋的方式尝试竞争锁，如果自旋成功竞争到锁，则当前锁仍然处于轻量级锁状态。

（9）如果线程的 CAS 自旋操作达到一定次数仍未获取到锁，则轻量级锁会膨胀为重量级锁，此时会将锁对象的 Mark Word 中的锁标志位设置为 10，进入重量级锁状态。

总之，偏向锁发生于同一时刻只有一个线程竞争锁的场景。如果有多个线程同时竞争锁，则偏向锁会升级为轻量级锁。如果线程的 CAS 自旋操作达到一定次数仍未竞争到锁，则轻量级锁会升级为重量级锁。

注意：在 JVM 中除了锁升级，也会存在锁降级的情况，不过重量级锁的降级只会发生于 GC 期间的 STW 阶段，只能降级为可以被 JVM 线程访问，而不被其他 Java 线程访问的对象。

7.10 锁消除

锁消除的前提是 JVM 开启了逃逸分析，如果 JVM 通过逃逸分析，发现一个对象只能从一个线程被访问到，则在访问这个对象时，可以不加同步锁。如果程序中使用了 synchronized 锁，则 JVM 会将 synchronized 锁消除。

要开启同步锁消除，需要添加 JVM 参数 "-XX:+EliminateLocks"。因为这个参数依赖逃逸分析，所以同时要添加 JVM 参数 "-XX:+DoEscapeAnalysis" 来开启 JVM 的逃逸分析。

注意：JVM 中的锁消除只针对 synchronized 锁。另外，JVM 在开启逃逸分析后，不仅支持同步锁消除，还支持对象在栈上分配、分离对象和标量替换，从而进一步提升 Java 程序的执行性能。更多有关 JVM 逃逸分析的内容，读者可以关注"冰河技术"微信公众号进行了解，限于篇幅，笔者在这里不再赘述。

7.11　本章总结

本章主要对 synchronized 锁的核心原理进行了简单的介绍。首先，介绍了 synchronized 的基本用法。然后分析了 Java 中与对象结构和对象头相关的知识，使用 JOL 工具查看并分析了 Java 中的对象信息。接下来，详细介绍了 synchronized 的底层原理和 Monitor 锁的原理，分别介绍了偏向锁、轻量级锁和重量级锁的核心原理，并分别给出了相应的实现案例。随后，介绍了锁升级的过程。最后，简单介绍了与 JVM 锁消除相关的知识。

下一章将对抽象队列同步器（AbstractQueueSynchronizer，AQS）的核心原理进行简单的介绍。

注意：本章涉及的源代码已经提交到 GitHub 和 Gitee，GitHub 和 Gitee 链接地址见 2.4 节结尾。

第 8 章

AQS 核心原理

AQS 的全称是 AbstractQueuedSynchronizer，翻译成中文就是抽象队列同步器，它其实是 Java 中提供的一个抽象类，位于 java.util.concurrent.locks 包下。Java 中 java.util.concurrent 包下大部分工具类的实现都是基于 AQS 的。本章简单介绍一下 AQS 的核心原理。

本章涉及的知识点如下。

- AQS 核心数据结构。
- AQS 底层锁的支持。

8.1 AQS 核心数据结构

AQS 内部主要维护了一个 FIFO（先进先出）的双向链表，本节简单介绍一下 AQS 内部维护的双向链表。

8.1.1 AQS 数据结构原理

AQS 内部维护的双向链表中的各个节点分别指向直接的前驱节点和直接的后继节点。所以，在 AQS 内部维护的双向链表可以从其中的任意一个节点遍历前驱节点和后继节点。

链表中的每个节点其实都是对线程的封装，在并发场景下，如果某个线程竞争锁失败，就会被封装成一个 Node 节点加入 AQS 队列的末尾。当获取到锁的线程释放锁后，会从 AQS 队列中唤醒一个被阻塞的线程。同时，在 AQS 中维护了一个使用 volatile 修饰的变量 state 来标识相应的状态。

AQS 内部的数据结构如图 8-1 所示。

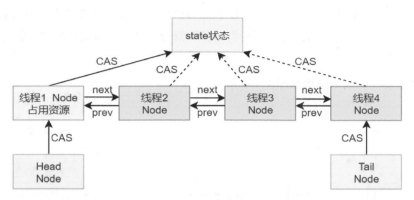

图 8-1　AQS 内部的数据结构

由图 8-1 可以看出，在 AQS 内部的双向链表中，每个节点都是对一个线程的封装。同时，存在一个头节点指针指向链表的头部，存在一个尾节点指针指向链表的尾部。头节点指针和尾节点指针会通过 CAS 操作改变链表中节点的指向。

另外，头节点指针指向的节点封装的线程会占用资源，同时会通过 CAS 的方式更新 AQS 中的 state 变量。链表中其他节点的线程未竞争到资源，不会通过 CAS 操作更新 state 资源。

8.1.2　AQS 内部队列模式

从本质上讲，AQS 内部实现了两个队列，一个是同步队列，另一个是条件队列。同步队列的结构如图 8-2 所示。

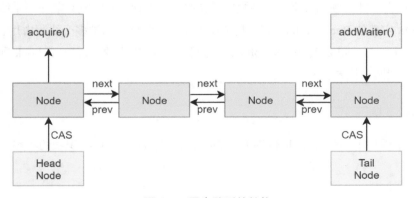

图 8-2　同步队列的结构

在同步队列中，如果当前线程获取资源失败，就会通过 addWaiter()方法将当前线程放入队列的尾部，并且保持自旋等待的状态，不断判断自己所在的节点是否是队列的头节点。如果自己所在的节点是头节点，那么此时会不断尝试获取资源，如果获取资源成功，则通过 acquire() 方法退出同步队列。

AQS 同步条件队列的结构如图 8-3 所示。

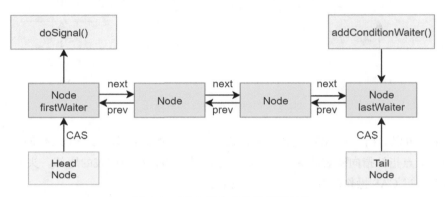

图 8-3　AQS 同步条件队列的结构

AQS 中的条件队列就是为 Lock 锁实现的一个基础同步器，只有在使用了 Condition 时才会存在条件队列，并且一个线程可能存在多个条件队列。

8.2　AQS 底层锁的支持

AQS 底层支持独占锁和共享锁两种模式。其中，独占锁同一时刻只能被一个线程占用，例如，基于 AQS 实现的 Reentrantlock 锁。共享锁则在同一时刻可以被多个线程占用，例如，基于 AQS 实现的 CountDownLatch 和 Semaphore 等。基于 AQS 实现的 ReadWriteLock 则同时实现了独占锁和共享锁两种模式。

8.2.1　核心状态位

在 AQS 中维护了一个 volatile 修饰的核心状态标识 state，用以标识锁的状态，如下所示。

```
/**
 * 同步状态
 */
private volatile int state;
```

state 标量使用 volatile 修饰，所以能够保证可见性，当任意线程修改了 state 变量的值后，其他线程能够立刻读取到 state 变量的最新值。

AQS 针对 state 变量提供了 getState()方法来读取 state 变量的值，提供了 setState()方法来设置 state 变量的值。由于 setState()方法无法保证原子性，所以，AQS 中又提供了 compareAndSetState()方法保证修改 state 变量的原子性。AQS 中提供的 getState()、setStatus()和 compareAndSetState()方法的代码如下。

```
protected final int getState() {
    return state;
}

protected final void setState(int newState) {
    state = newState;
}

protected final boolean compareAndSetState(int expect, int update) {
    return unsafe.compareAndSwapInt(this, stateOffset, expect, update);
}
```

8.2.2 核心节点类

AQS 实现的独占锁和共享锁模式都是在其静态内部类 Node 中定义的。静态内部类 Node 的源码如下。

```
static final class Node {
    static final Node SHARED = new Node();
    static final Node EXCLUSIVE = null;

    static final int CANCELLED =  1;
    static final int SIGNAL    = -1;
    static final int CONDITION = -2;
    static final int PROPAGATE = -3;

    volatile int waitStatus;
    volatile Node prev;
    volatile Node next;
    volatile Thread thread;
    Node nextWaiter;

    final boolean isShared() {
        return nextWaiter == SHARED;
    }
```

```
final Node predecessor() throws NullPointerException {
    Node p = prev;
    if (p == null)
        throw new NullPointerException();
    else
        return p;
}

Node() {
}

Node(Thread thread, Node mode) {      // Used by addWaiter
    this.nextWaiter = mode;
    this.thread = thread;
}

Node(Thread thread, int waitStatus) { // Used by Condition
    this.waitStatus = waitStatus;
    this.thread = thread;
}
}
```

通过上述代码可以看出，静态内部类 Node 是一个双向链表，链表中的每个节点都存在一个指向直接前驱节点的指针 prev 和一个指向直接后继节点的指针 next，每个节点中都保存了当前的状态 waitStatus 和当前线程 thread。并且在 Node 类中通过 SHARED 和 EXCLUSIVE 将其定义成共享和独占模式，如下所示。

```
//标识当前节点为共享模式
static final Node SHARED = new Node();
//标识当前节点为独占模式
static final Node EXCLUSIVE = null;
```

在 Node 类中定义了 4 个常量，如下所示。

```
static final int CANCELLED =  1;
static final int SIGNAL    = -1;
static final int CONDITION = -2;
static final int PROPAGATE = -3;
```

其中，每个常量的含义如下。

- CANCELLED：表示当前节点中的线程已被取消。
- SIGNAL：表示后继节点中的线程处于等待状态，需要被唤醒。

- CONDITION：表示当前节点中的线程在等待某个条件，也就是当前节点处于 condition 队列中。
- PROPAGATE：表示在当前场景下能够执行后续的 acquireShared 操作。

另外，在 Node 类中存在一个 volatile 修饰的成员变量 waitStatus，如下所示。

```
volatile int waitStatus;
```

waitStatus 的取值就是上面的 4 个常量值，在默认情况下，waitStatus 的取值为 0，表示当前节点在 sync 队列中，等待获取锁。

8.2.3　独占锁模式

在 AQS 中，独占锁模式比较常用，使用范围也比较广泛，它的一个典型实现就是 ReentrantLock 锁。独占锁的加锁和解锁都是通过互斥实现的。

1. 独占模式加锁流程

在 AQS 中，独占模式中加锁的核心入口是 acquire()方法，如下所示。

```
public final void acquire(int arg) {
    if (!tryAcquire(arg) &&
        acquireQueued(addWaiter(Node.EXCLUSIVE), arg))
        selfInterrupt();
}
```

当某个线程调用 acquire()方法获取独占锁时，在 acquire()方法中会首先调用 tryAcquire()方法尝试获取锁资源，tryAcquire()方法在 AQS 中没有具体的实现，只是简单地抛出了 UnsupportedOperationException 异常，具体的逻辑由 AQS 的子类实现，如下所示。

```
protected boolean tryAcquire(int arg) {
    throw new UnsupportedOperationException();
}
```

当 tryAcquire()方法返回 false 时，首先会调用 addWaiter()方法将当前线程封装成独占模式的节点，添加到 AQS 的队列尾部。addWaiter()方法的源码如下。

```
private Node addWaiter(Node mode) {
    Node node = new Node(Thread.currentThread(), mode);
    //将 node 放入队列尾部
    Node pred = tail;
    if (pred != null) {
        node.prev = pred;
        if (compareAndSetTail(pred, node)) {
```

```
            pred.next = node;
            return node;
        }
    }

    //尝试通过快速方式直接放到队尾失败
    //或者 CAS 操作失败
    enq(node);
    return node;
}
```

在 addWaiter()方法中，当前线程会被封装成独占模式的 Node 节点，Node 节点被尝试放入队列尾部，如果放入成功，则通过 CAS 操作修改 Node 节点与前驱节点的指向关系。如果 Node 节点放入队列尾部失败或者 CAS 操作失败，则调用 enq()方法处理 Node 节点。

enq()方法的源码如下。

```
private Node enq(final Node node) {
    for (;;) {
        Node t = tail;
        if (t == null) { // 队列为空
            //创建一个空节点作为 head 节点
            if (compareAndSetHead(new Node()))
                //将 tail 指向 head 节点
                tail = head;
        } else { 队列不为空
            node.prev = t;
            //将 node 节点放入队列尾部
            if (compareAndSetTail(t, node)) {
                t.next = node;
                return t;
            }
        }
    }
}
```

在 enq()方法中，Node 节点通过 CAS 自旋的方式被添加到队列尾部，直到添加成功为止。具体的实现方式是判断队列是否为空，如果队列为空，则创建一个空节点作为 head 节点，同时将 tail 指向 head 节点。在下次自旋时，就会满足队列不为空的条件，通过 CAS 方式将 Node 节点放入队列尾部。

此时，回到 acquire()方法，当通过调用 addWaiter()成功将当前线程封装成独占模式的 Node 节点放入队列后，会调用 acquireQueued()方法在等待队列中排队。acquireQueued()方法的源码如下。

```
final boolean acquireQueued(final Node node, int arg) {
    //标识是否成功获取到锁
    boolean failed = true;
    try {
        //是否被中断
        boolean interrupted = false;

        for (;;) {
            //获取当前节点的前驱节点
            final Node p = node.predecessor();
            //如果前驱是 head 节点，则尝试获取资源
            if (p == head && tryAcquire(arg)) {
                //若成功获取到资源，则将 head 指向当前节点
                setHead(node);
                p.next = null;
                failed = false;
                //返回是否被中断过的标识
                return interrupted;
            }

            if (shouldParkAfterFailedAcquire(p, node) &&
            parkAndCheckInterrupt())
                interrupted = true;
        }
    } finally {
        if (failed)
            cancelAcquire(node);
    }
}
```

在 acquireQueued()方法中，首先定义一个 failed 变量来标识获取资源是否失败，默认值为 true，表示获取资源失败。然后，定义一个表示当前线程是否被中断过的标识 interrupted，默认值为 false，表示没有被中断过。

最后，进入一个自旋逻辑，获取当前 Node 节点的前驱节点，如果当前 Node 节点的前驱节点是 head 节点，则表示当前 Node 节点可以尝试获取资源。如果当前节点获取资源成功，则将 head 指向当前 Node 节点。也就是说，head 节点指向的 Node 节点就是获取到资源的节点或者为 null。

在 setHead()方法中，当前节点的 prev 指针会被设置为 null，随后，当前 Node 节点的前驱节点的 next 指针被设置为 null，表示 head 节点出队列，整个操作成功后会返回等待过程是否被

中断过的标识。

如果当前节点的前驱节点不是 head，则调用 shouldParkAfterFailedAcquire()方法判断当前线程是否可以进入 waiting 状态。如果可以进入阻塞状态，则进入阻塞状态直到调用 LockSupport 的 unpark()方法唤醒当前线程。

shouldParkAfterFailedAcquire()方法的源码如下。

```
private static boolean shouldParkAfterFailedAcquire(Node pred, Node node) {
    //获取前驱节点的状态
    int ws = pred.waitStatus;
    if (ws == Node.SIGNAL)
        //如果前驱节点的状态为 SIGNAL（-1），则返回 true
        return true;
    if (ws > 0) {
        do {
            node.prev = pred = pred.prev;
        } while (pred.waitStatus > 0);
        pred.next = node;
    } else {
        //如果前驱节点正常，则把前驱的状态设置为 SIGNAL
        compareAndSetWaitStatus(pred, ws, Node.SIGNAL);
    }
    return false;
}
```

在 shouldParkAfterFailedAcquire()方法中，先获取当前节点的前驱节点的状态，如果前驱节点的状态为 SIGNAL（-1），则直接返回 true。如果前驱节点的状态大于 0，则当前节点一直向前移动，直到找到一个 waitStatus 状态小于或等于 0 的节点，排在这个节点的后面。

在 acquireQueued()方法中，如果 shouldParkAfterFailedAcquire()方法返回 true，则调用 parkAndCheckInterrupt()方法阻塞当前线程。parkAndCheckInterrupt()方法的源码如下。

```
private final boolean parkAndCheckInterrupt() {
    LockSupport.park(this);
    return Thread.interrupted();
}
```

在 parkAndCheckInterrupt()方法中，通过 LockSupport 的 park()方法阻塞线程。至此，在独占锁模式下，整个加锁流程分析完毕。

注意：在独占锁模式下，除了可以使用 acquire()方法加锁，还可以通过 acquireInterruptibly()方法加锁，acquireInterruptibly()方法添加的锁是一种可中断锁。

2. 独占模式释放锁流程

在独占锁模式中，释放锁的核心入口方法是 release()，如下所示。

```
public final boolean release(int arg) {
    if (tryRelease(arg)) {
        Node h = head;
        if (h != null && h.waitStatus != 0)
            unparkSuccessor(h);
        return true;
    }
    return false;
}
```

在 release() 方法中，会先调用 tryRelease() 方法尝试释放锁，tryRelease() 方法在 AQS 中同样没有具体的实现逻辑，只是简单地抛出了 UnsupportedOperationException 异常，具体的逻辑交由 AQS 的子类实现，如下所示。

```
protected boolean tryRelease(int arg) {
    throw new UnsupportedOperationException();
}
```

在 release() 方法中，如果 tryRelease() 方法返回 true，则会先获取 head 节点，当 head 节点不为空，并且 head 节点的 waitStatus 状态不为 0 时，会调用 unparkSuccessor() 方法，并将 head 节点传入方法中。

unparkSuccessor() 方法的源码如下。

```
private void unparkSuccessor(Node node) {
    int ws = node.waitStatus;
    if (ws < 0)
        compareAndSetWaitStatus(node, ws, 0);

    Node s = node.next;
    //如果后继节点为空或者已经取消，则遍历后续节点
    if (s == null || s.waitStatus > 0) {
        s = null;
        for (Node t = tail; t != null && t != node; t = t.prev)
            if (t.waitStatus <= 0)
                s = t;
    }
    if (s != null)
        LockSupport.unpark(s.thread);
}
```

unparkSuccessor()方法的主要逻辑是唤醒队列中最前面的线程。这里需要结合 acquireQueued()方法理解，当线程被唤醒后，会进入 acquireQueued()方法中的 if (p == head && tryAcquire(arg))逻辑判断，当条件成立时，被唤醒的线程会将自己所在的节点设置为 head，表示已经获取到资源，此时，acquire()方法也执行完毕了。

至此，独占锁模式下的锁释放流程分析完毕。

8.2.4 共享锁模式

在 AQS 中，共享锁模式下的加锁和释放锁操作与独占锁不同，接下来，就简单介绍一下 AQS 共享锁模式下的加锁和释放锁的流程。

1. 共享模式加锁流程

在 AQS 中，共享模式下的加锁操作核心入口方法是 acquireShared()，如下所示。

```
public final void acquireShared(int arg) {
    if (tryAcquireShared(arg) < 0)
        doAcquireShared(arg);
}
```

在 acquireShared()方法中，会先调用 tryAcquireShared()方法尝试获取共享资源，tryAcquireShared() 方法在 AQS 中并没有具体的实现逻辑，只是简单地抛出了 UnsupportedOperationException 异常，具体的逻辑由 AQS 的子类实现，如下所示。

```
protected int tryAcquireShared(int arg) {
    throw new UnsupportedOperationException();
}
```

tryAcquireShared()方法的返回值存在如下几种情况。

- 返回负数：表示获取资源失败。
- 返回 0：表示获取资源成功，但是没有剩余资源。
- 返回正数：表示获取资源成功，还有剩余资源。

当 tryAcquireShared() 方法获取资源失败时，在 acquireShared() 方法中会调用 doAcquireShared()方法，doAcquireShared()方法的源码如下。

```
private void doAcquireShared(int arg) {
    final Node node = addWaiter(Node.SHARED)
    //是否成功标志
    boolean failed = true;
    try {
```

```
        boolean interrupted = false;
        for (;;) {
            final Node p = node.predecessor();
            if (p == head) {
                //尝试获取资源
                int r = tryAcquireShared(arg);
                if (r >= 0) {//成功获取资源
                    setHeadAndPropagate(node, r);
                    p.next = null; // help GC
                    if (interrupted)/
                        selfInterrupt();
                    failed = false;
                    return;
                }
            }

            if (shouldParkAfterFailedAcquire(p, node) &&
            parkAndCheckInterrupt())
                interrupted = true;
        }
    } finally {
        if (failed)
            cancelAcquire(node);
    }
}
```

doAcquireShared()方法的主要逻辑就是将当前线程放入队列的尾部并阻塞，直到有其他线程释放资源并唤醒当前线程，当前线程在获取到指定量的资源后返回。

在 doAcquireShared()方法中，如果当前节点的前驱节点是 head 节点，则尝试获取资源；如果资源获取成功，则调用 setHeadAndPropagate()方法将 head 指向当前节点；同时如果还有剩余资源，则继续唤醒队列中后面的线程。

setHeadAndPropagate()方法的源码如下所示。

```
private void setHeadAndPropagate(Node node, int propagate) {
    Node h = head;
    setHead(node);
    //如果还有剩余资源，则继续唤醒后面的线程
    if (propagate > 0 || h == null || h.waitStatus < 0) {
        Node s = node.next;
        if (s == null || s.isShared())
            doReleaseShared();
    }
}
```

在 setHeadAndPropagate()方法中，首先将 head 节点赋值给临时节点 h，并将 head 指向当前节点，如果资源还有剩余，则继续唤醒队列中后面的线程。

注意：在共享锁模式下，除了可以使用 acquireShared()方法加锁，还可以使用 acquireSharedInterruptibly()方法加锁，acquireSharedInterruptibly()方法添加的锁是一种可中断锁。关于 doReleaseShared()方法的逻辑会在共享模式释放锁的流程中进行介绍，笔者在此不再赘述。

2. 共享模式释放锁流程

在共享模式下，释放锁的核心入口方法是 releaseShared()，如下所示。

```
public final boolean releaseShared(int arg) {
    if (tryReleaseShared(arg)) {
        doReleaseShared();
        return true;
    }
    return false;
}
```

在 releaseShared()方法中，会先调用 tryReleaseShared()方法尝试释放锁资源，tryReleaseShared()方法在 AQS 中并没有具体的实现逻辑，只是简单地抛出了 UnsupportedOperationException 异常，具体的逻辑仍然交由 AQS 的子类实现，如下所示。

```
protected boolean tryReleaseShared(int arg) {
    throw new UnsupportedOperationException();
}
```

在 releaseShared()方法中，调用 tryReleaseShared()方法尝试释放锁资源成功，会继续唤醒队列中后面的线程。

注意：共享模式下的 releaseShared()方法与独占模式下的 release()方法类似，不过在独占模式下，tryRelease()方法会在释放所有资源的情况下唤醒队列中后面的线程，这也是考虑可重入的结果。而在共享模式下的 releaseShared()方法中无须释放所有资源，即可唤醒队列中后面的线程，这是因为在共享模式下，多个线程可以并发执行逻辑。所以，在共享模式下，自定义的同步器可以根据具体的需要返回指定的值。

doReleaseShared()方法主要用来唤醒队列中后面的线程，doReleaseShared()方法的源码如下。

```
private void doReleaseShared() {
    for (;;) {
        Node h = head;
```

```
        if (h != null && h != tail) {
            int ws = h.waitStatus;
            if (ws == Node.SIGNAL) {
                if (!compareAndSetWaitStatus(h, Node.SIGNAL, 0))
                    continue;
                    //唤醒后继节点中的线程
                unparkSuccessor(h);
            }
            else if (ws == 0 &&
                    !compareAndSetWaitStatus(h, 0, Node.PROPAGATE))
                continue;
        }
        if (h == head)
            break;
    }
}
```

在 doReleaseShared()方法中,通过自旋的方式获取头节点,当头节点不为空,且队列不为空时,判断头节点的 waitStatus 状态的值是否为 SIGNAL (-1)。当满足条件时,会通过 CAS 将头节点的 waitStatus 状态值设置为 0,如果 CAS 操作设置失败,则继续自旋。如果 CAS 操作设置成功,则唤醒队列中的后继节点。

如果头节点的 waitStatus 状态值为 0,并且在通过 CAS 操作将头节点的 waitStatus 状态设置为 PROPAGATE (-3)时失败,则继续自旋逻辑。

如果在自旋的过程中发现没有后继节点了,则退出自旋逻辑。

8.3　本章总结

本章主要介绍了 AQS 的核心原理。首先,介绍了 AQS 中的核心数据结构,包括 AQS 数据结够的原理和 AQS 中内部的队列模式,AQS 中的队列主要包括同步队列和条件队列。接下来,详细介绍了 AQS 底层锁的支持,分析了 AQS 中的核心状态位和核心节点类。最后,介绍了 AQS 中的独占锁模式和共享锁模式,并通过源码的形式详细分析了两种模式下的加锁和释放锁的流程。

下一章将会对 Lock 锁的核心原理进行简单的介绍。

注意:更多有关 AQS 的内容,读者可以关注"冰河技术"微信公众号进行了解,限于篇幅,笔者在此不再赘述。

第 9 章

Lock 锁核心原理

synchronized 是 JVM 中提供的内置锁，使用内置锁无法很好地完成一些特定场景下的功能。例如，内置锁不支持响应中断、不支持超时、不支持以非阻塞的方式获取锁。而 Lock 锁是在 JDK 层面实现的一种比内置锁更灵活的锁，它能够弥补 synchronized 内置锁的不足，它们都通过 Java 提供的接口来完成加锁和解锁操作。本章简单介绍一下 Lock 锁的核心原理。

本章涉及的知识点如下。

- 显示锁原理。
- 公平锁与非公平锁原理。
- 悲观锁与乐观锁原理。
- 可中断锁与不可中断锁原理。
- 排他锁与共享锁原理。
- 可重入锁原理。
- 读/写锁原理。
- LockSupport 原理。

9.1 显示锁

JDK 层面提供的 Lock 锁都是通过 Java 提供的接口来手动解锁和释放锁的，所以在某种程度上，JDK 中提供的 Lock 锁也叫显示锁。JDK 提供的显示锁位于 java.util.concurrent 包下，所以也叫 JUC 显示锁。

在 JUC 显示锁中，一个核心的接口是 Lock 接口，Lock 接口位于 java.util.concurrent.locks

包下，Lock 接口的源码如下。

```
package java.util.concurrent.locks;
import java.util.concurrent.TimeUnit;
public interface Lock {
    void lock();
    void lockInterruptibly() throws InterruptedException;
    boolean tryLock();
    boolean tryLock(long time, TimeUnit unit) throws InterruptedException;
    void unlock();
    Condition newCondition();
}
```

从 Lock 接口的源码中可以看出，Lock 接口提供了灵活的获取锁和释放锁的方法，每个方法的含义如下。

* lock()方法

阻塞模式抢占锁的方法。如果当前线程抢占锁成功，则继续向下执行程序的业务逻辑，否则，当前线程会阻塞，直到其他抢占到锁的线程释放锁后再继续抢占锁。

* lockInterruptibly()方法

可中断模式抢占锁的方法。当前线程在调用 lockInterruptibly()方法抢占锁的过程中，能够响应中断信号，从而能够中断当前线程。

* tryLock()方法

非阻塞模式下尝试抢占锁的方法。当前线程调用 tryLock()方法抢占锁时，线程不会阻塞，而会立即返回抢占锁的结果。抢占锁成功会返回 true，抢占锁失败则返回 false。此方法会抛出 InterruptedException 异常。

* tryLock(long time, TimeUnit unit)方法

在指定的时间内抢占锁的方法。当前线程如果在指定的时间内抢占锁成功，则返回 true。如果在指定的时间内抢占锁失败，或者超出指定的时间未抢占到锁，则返回 false。当前线程在抢占锁的过程中可以响应中断信号。此方法会抛出 InterruptedException 异常。

* unlock()方法

释放锁的方法。当前线程加锁成功后，在执行完程序的业务逻辑后，调用此方法来释放锁。

* newCondition()方法

此方法用于创建与当前锁绑定的 Condition 对象，主要用于线程间以"等待—通知"的方式

进行通信。

所以，从功能上讲，Lock 锁支持响应中断、超时和以非阻塞的方式获取锁，全面弥补了 JVM 中 synchronized 内置锁的不足。

9.2 公平锁与非公平锁

JVM 中的 synchronized 是一种非公平锁，而 JDK 提供的 ReentrantLock 既支持公平锁，也支持非公平锁。本节简单介绍一下 ReentrantLock 支持公平锁和非公平锁的原理。

9.2.1 公平锁原理

公平锁的核心就是对争抢锁的所有线程都是公平的，在多线程并发环境中，每个线程在抢占锁的过程中，都会首先检查锁维护的等待队列。如果等待队列为空，或者当前线程是等待队列中的第一个线程，则当前线程会获取到锁，否则，当前线程会加入等待队列的尾部，然后队列中的线程会按照先进先出的规则按顺序获取锁资源。

线程抢占公平锁的流程如图 9-1 所示。

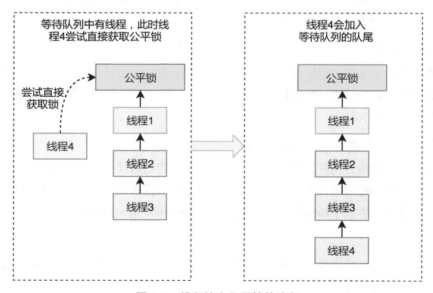

图 9-1 线程抢占公平锁的流程

　　由图 9-1 可以看出,公平锁的等待队列中存在线程 1、线程 2 和线程 3 三个线程,并且线程 1 存放在等待队列的头部,线程 3 存放在等待队列的尾部。

　　此时,有线程 4 尝试直接获取公平锁,但线程 4 在抢占公平锁时,会首先判断锁对应的等待队列中是否存在元素。很显然,此时等待队列中存在线程 1、线程 2 和线程 3,因此,线程 4 会进入等待队列的尾部,排在线程 3 的后面。等待队列中的线程会按照先进先出的顺序依次出队,获取公平锁。也就是说,线程 4 会在线程 3 后面,在等待队列中最后一个出队获取公平锁。

9.2.2　ReentrantLock 中的公平锁

　　ReentrantLock 实现了公平锁机制,在 ReentrantLock 类中,提供了一个带有 boolean 类型参数的构造方法,源码如下。

```
public ReentrantLock(boolean fair) {
    sync = fair ? new FairSync() : new NonfairSync();
}
```

　　在这个构造方法中,如果传入的参数为 true,就会创建一个 FairSync 对象并赋值给 ReentrantLock 类的成员变量 sync,此时线程获取的锁就是公平锁。FairSync 是 ReentrantLock 类中提供的一个表示公平锁的静态内部类,源码如下。

```
static final class FairSync extends Sync {
    private static final long serialVersionUID = -3000897897090466540L;

    final void lock() {
        acquire(1);
    }

    protected final boolean tryAcquire(int acquires) {
        final Thread current = Thread.currentThread();
        int c = getState();
        if (c == 0) {
            if (!hasQueuedPredecessors() &&
                compareAndSetState(0, acquires)) {
                setExclusiveOwnerThread(current);
                return true;
            }
        }
        else if (current == getExclusiveOwnerThread()) {
            int nextc = c + acquires;
            if (nextc < 0)
                throw new Error("Maximum lock count exceeded");
```

```
            setState(nextc);
            return true;
        }
        return false;
    }
}
```

可以看到，FairSync 类的核心思想是调用 AQS 的模板方法进行线程的入队和出队操作。
FairSync 类的 lock()方法会调用 AQS 的 acquire()方法，AQS 的 acquire()方法又会调用
tryAcquire()方法，而 AQS 中的 tryAcquire()方法实际上是基于子类实现的，因此，此时调用的
还是 FairSync 类的方法。原因是 FairSync 类继承了 Sync 类，而 Sync 类直接继承了 AQS。Sync
类是 ReentrantLock 类中的一个静态抽象内部类，源码如下。

```
abstract static class Sync extends AbstractQueuedSynchronizer {
    private static final long serialVersionUID = -5179523762034025860L;

    abstract void lock();

    final boolean nonfairTryAcquire(int acquires) {
        final Thread current = Thread.currentThread();
        int c = getState();
        if (c == 0) {
            if (compareAndSetState(0, acquires)) {
                setExclusiveOwnerThread(current);
                return true;
            }
        }
        else if (current == getExclusiveOwnerThread()) {
            int nextc = c + acquires;
            if (nextc < 0)
                throw new Error("Maximum lock count exceeded");
            setState(nextc);
            return true;
        }
        return false;
    }

    protected final boolean tryRelease(int releases) {
        int c = getState() - releases;
        if (Thread.currentThread() != getExclusiveOwnerThread())
            throw new IllegalMonitorStateException();
        boolean free = false;
        if (c == 0) {
```

```
            free = true;
            setExclusiveOwnerThread(null);
        }
        setState(c);
        return free;
    }

    protected final boolean isHeldExclusively() {
        return getExclusiveOwnerThread() == Thread.currentThread();
    }

    final ConditionObject newCondition() {
        return new ConditionObject();
    }

    final Thread getOwner() {
        return getState() == 0 ? null : getExclusiveOwnerThread();
    }

    final int getHoldCount() {
        return isHeldExclusively() ? getState() : 0;
    }

    final boolean isLocked() {
        return getState() != 0;
    }

    private void readObject(java.io.ObjectInputStream s)
        throws java.io.IOException, ClassNotFoundException {
        s.defaultReadObject();
        setState(0);
    }
}
```

回到 FairSync 类中，FairSync 类的 tryAcquire()方法会先通过 hasQueuedPredecessors()方法判断队列中是否存在后继节点，如果队列中存在后继节点，并且当前线程未占用锁资源，则 tryAcquire()方法会返回 false，当前线程会进入等待队列的尾部排队。

ReentrantLock 中公平锁的加锁流程中方法调用的逻辑如图 9-2 所示。

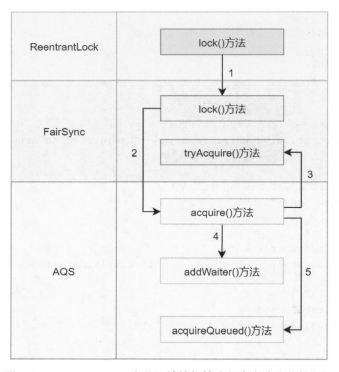

图 9-2　ReentrantLock 中公平锁的加锁流程中方法调用的逻辑

由图 9-2 可以看出，使用 ReentrantLock 的公平锁，当某个线程调用 ReentrantLock 的 lock() 方法加锁时，会经历如下的加锁流程。

（1）在某个线程调用 ReentrantLock 的 lock() 方法时，ReentrantLock 的 lock() 方法会先调用 FairSync 的 lock() 方法。

（2）FairSync 的 lock() 方法调用 AQS 的 acquire() 方法获取资源。

（3）AQS 的 acquire() 方法会先回调 FairSync 的 tryAcquire() 方法尝试获取资源。

（4）在 AQS 中的 acquire() 方法中调用 addWaiter() 方法，将当前线程封装成 Node 节点加到队列的尾部。

（5）在 AQS 中的 acquire() 方法中调用 acquireQueued() 方法使线程在等待队列中排队。

注意：ReentrantLock 在实现公平锁时，会调用 AQS 提供的方法模板，有关 AQS 的核心原理和源码解析读者可参考第 8 章中的内容，笔者在此不再赘述。

9.2.3 公平锁实战

在公平锁的实现中，当多个线程争抢锁时，会先判断锁对应的等待队列是否为空，如果队列为空，或者当前线程是队列队首的元素，则当前线程会获取到锁资源，否则，会将当前线程放入队列的尾部等待获取锁。

在 io.binghe.concurrent.chapter09 包下，创建 FairLockTest 类用以测试公平锁的加锁逻辑，FairLockTest 类的源码如下。

```java
/**
 * @author binghe
 * @version 1.0.0
 * @description 测试公平锁
 */
public class FairLockTest {

    /**
     * 创建公平锁实例
     */
    private Lock lock = new ReentrantLock(true);

    /**
     * 公平锁模式下的加锁与释放锁
     */
    public void fairLockAndUnlock(){
        try{
            lock.lock();
            System.out.println(Thread.currentThread().getName() + "抢占锁成功");
        }finally {
            lock.unlock();
        }
    }

    public static void main(String[] args){
        FairLockTest fairLockTest = new FairLockTest();
        Thread[] threads = new Thread[4];
        for (int i = 0; i < 4; i++){
            threads[i] = new Thread(()-> {
                System.out.println(Thread.currentThread().getName() + "开始抢占锁");
                fairLockTest.fairLockAndUnlock();
            });
        }
        for (int i = 0; i < 4; i ++){
            threads[i].start();
```

```
        }
    }
}
```

在 FairLockTest 类中，首先创建一个公平锁模式的 ReentrantLock 对象作为 FairTest 类的成员变量，然后定义一个成员方法 fairLockAndUnlock()，在 fairLockAndUnlock()方法中的 try 代码块中执行加锁操作，接着打印某个线程抢占锁成功的日志，最后在 finally 代码块中执行释放锁操作。

接下来，首先在 main()方法中创建 FairLockTest 类的对象，定义一个容量为 4 的 threads 线程数组，然后在 for 循环中创建 Thread 类的对象，并将每个线程对象都赋值给 threads 数组中的元素。在创建 Thread 对象时，在传入的 Runnable 对象的 run()方法中，先打印某个线程开始抢占锁的日志，再调用 fairLockAndUnlock()方法执行加锁和释放锁的操作。最后，在另一个 for 循环中依次启动 threads 数组中的线程。

运行 FairLockTest 类的代码，输出的结果如下所示。

```
Thread-0 开始抢占锁
Thread-2 开始抢占锁
Thread-3 开始抢占锁
Thread-1 开始抢占锁
Thread-0 抢占锁成功
Thread-2 抢占锁成功
Thread-3 抢占锁成功
Thread-1 抢占锁成功
```

从输出结果中可以看出，开始抢占锁的线程依次为 Thread-0、Thread-2、Thread-3、Thread-1，抢占锁成功的线程顺序与开始抢占锁的线程顺序相同，同样依次为 Thread-0、Thread-2、Thread-3、Thread-1，说明上述代码中线程抢占的是公平锁。

注意：读者在运行代码时，可能与笔者运行代码输出的线程顺序不同，但都是先开始抢占锁的线程先获取到锁，说明线程抢占的是公平锁。

9.2.4 非公平锁原理

非公平锁的核心就是对抢占锁的所有线程都是不公平的，在多线程并发环境中，每个线程在抢占锁的过程中都会先直接尝试抢占锁，如果抢占锁成功，就继续执行程序的业务逻辑。如果抢占锁失败，就会进入等待队列中排队。

公平锁与非公平锁的核心区别在于对排队的处理上，非公平锁在队列的队首位置可以进行一次插队操作，插队成功就可以获取到锁，插队失败就会像公平锁一样进入等待队列排队。在非公平锁模式下，可能出现某个线程在队列中等待时间过长而一直无法获取到锁的现象，这种现象叫作饥饿效应。

虽然非公平锁会产生饥饿效应，但是非公平锁比公平锁性能更优。

线程抢占非公平锁的流程如图 9-3 所示。

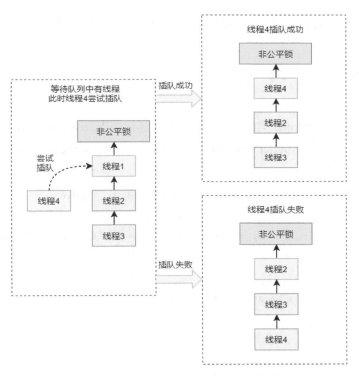

图 9-3　线程抢占非公平锁的流程

由图 9-3 可以看出，非公平锁对应的等待队列中存在线程 1、线程 2 和线程 3 三个线程。其中，线程 1 在队列的头部，说明线程 1 已经获取到锁。线程 3 在队列的尾部。此时，线程 4 尝试获取非公平锁，也就是尝试插入队列的头部。

当线程 4 插入队列的头部成功时，线程 1 已经执行完业务逻辑并释放锁，线程 4 获取到锁，线程 3 位于等待队列的尾部。

当线程 4 插入队列的头部失败时，线程 2 位于队列的头部，线程 2 会获取到锁。线程 4 会插入队列的尾部。

9.2.5 ReentrantLock 中的非公平锁

ReentrantLock 中默认实现的就是非公平锁，例如，调用 ReentrantLock 的无参构造函数创建的锁对象就是非公平锁，ReentrantLock 的无参构造函数源码如下。

```
public ReentrantLock() {
    sync = new NonfairSync();
}
```

也可以通过调用 ReentrantLock 的有参构造函数，传入 false 参数来创建非公平锁，源码如下。

```
public ReentrantLock(boolean fair) {
    sync = fair ? new FairSync() : new NonfairSync();
}
```

无论是调用 ReentrantLock 类的无参构造函数，还是调用 ReentrantLock 的有参构造函数并传入 false，都会创建一个 NonfairSync 类的对象并赋值给 ReentrantLock 类的成员变量 sync，此时创建的就是非公平锁。

NonfairSync 类是 ReentrantLock 类中的一个静态内部类，源码如下。

```
static final class NonfairSync extends Sync {
    private static final long serialVersionUID = 7316153563782823691L;

    final void lock() {
        if (compareAndSetState(0, 1))
            setExclusiveOwnerThread(Thread.currentThread());
        else
            acquire(1);
    }

    protected final boolean tryAcquire(int acquires) {
        return nonfairTryAcquire(acquires);
    }
}
```

由上述源码可以看出，在非公平锁的加锁逻辑中，并没有直接将线程放入等待队列的尾部，而是先尝试将当前线程插入等待队列的头部，也就是先尝试获取锁资源。如果获取锁资源成功，则继续执行程序的业务逻辑。如果获取锁资源失败，则调用 AQS 的 acquire()方法获取资源。

同样，NonfairSync 类继承了 Sync 类，而 Sync 类继承了 AQS，所以，NonfairSync 类在加锁流程的本质上，还是调用了 AQS 类的模板代码实现入队和出队操作。

　　AQS 的 acquire()方法会回调 NonfairSync 类中的 tryAcquire()方法，而在 NonfairSync 类的
tryAcquire() 方法中，又会调用 Sync 类中的 nonfairTryAcquire()方法尝试获取锁，
nonfairTryAcquire()方法的源码如下。

```
final boolean nonfairTryAcquire(int acquires) {
    final Thread current = Thread.currentThread();
    int c = getState();
    if (c == 0) {
        if (compareAndSetState(0, acquires)) {
            setExclusiveOwnerThread(current);
            return true;
        }
    }
    else if (current == getExclusiveOwnerThread()) {
        int nextc = c + acquires;
        if (nextc < 0)
            throw new Error("Maximum lock count exceeded");
        setState(nextc);
        return true;
    }
    return false;
}
```

　　可以看出，在 nonfairTryAcquire()方法中，并没有将线程和锁加入等待队列中，只是对锁的
状态进行了判断，根据不同的状态进行相应的操作。当锁的状态标识为 0 时，就直接尝试获取
锁，然后执行 setExclusiveOwnerThread()方法，不会处理等待队列中的排队节点的逻辑。

　　注意：在 Sync 类的 nonfairTryAcquire()方法中，有如下代码。

```
else if (current == getExclusiveOwnerThread()) {
    int nextc = c + acquires;
    if (nextc < 0)
     throw new Error("Maximum lock count exceeded");
    setState(nextc);
    return true;
}
```

　　这段代码主要在有线程持有锁的情况下，判断持有锁的线程是否是当前线程，这也是实现
可重入锁的关键代码，关于可重入锁的相关知识，会在 9.6 节中进行介绍，笔者在此不再赘述。

　　ReentrantLock 中非公平锁的加锁流程中方法调用的逻辑如图 9-4 所示。

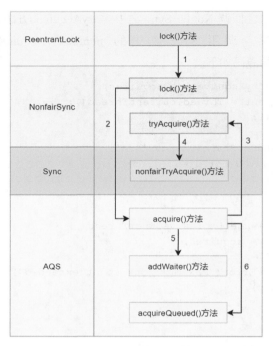

图 9-4　ReentrantLock 中非公平锁的加锁流程中方法调用的逻辑

由图 9-4 可以看出，使用 ReentrantLock 的非公平锁，当某个线程调用 ReentrantLock 的 lock() 方法加锁时，会经历如下的加锁流程。

（1）在某个线程调用 ReentrantLock 的 lock() 方法时，ReentrantLock 的 lock() 方法会先调用 NonfairSync 类中的 lock() 方法。

（2）NonfairSync 类的 lock() 方法会调用 AQS 的 acquire() 方法获取资源。

（3）在 AQS 的 acquire() 方法中会回调 NonfairSync 类中的 tryAcquire() 方法尝试获取资源。

（4）在 NonfairSync 类中的 tryAcquire() 方法中调用 Sync 类的 nonfairTryAcquire() 方法尝试获取资源。

（5）AQS 中的 acquire() 方法调用 addWaiter() 方法将当前线程封装成 Node 节点放入等待队列。

（6）在 AQS 中的 acquire() 方法中调用 acquireQueued() 方法使线程在等待队列中排队。

注意：ReentrantLock 在实现非公平锁时，会调用 AQS 提供的方法模板，有关 AQS 的核心原理和源码解析读者可参考第 8 章中的内容，笔者在此不再赘述。

9.2.6　非公平锁实战

非公平锁的实战案例与公平锁的实战案例类似，只是在非公平锁的实战案例中，调用 ReentrantLock 类的无参构造函数生成 lock 对象或者调用有参构造函数传入 false 生成 lock 对象。

非公平锁实战案例与公平锁实战案例有区别的代码如下。

```
/**
 * 创建非公平锁实例
 */
private Lock lock = new ReentrantLock();
```

或者

```
/**
 * 创建非公平锁实例
 */
private Lock lock = new ReentrantLock(false);
```

运行代码后，输出的结果如下。

```
Thread-0 开始抢占锁
Thread-1 开始抢占锁
Thread-2 开始抢占锁
Thread-3 开始抢占锁
Thread-1 抢占锁成功
Thread-0 抢占锁成功
Thread-2 抢占锁成功
Thread-3 抢占锁成功
```

从输出结果中可以看出，开始抢占锁的线程依次为 Thread-0、Thread-1、Thread-2、Thread-3，而成功抢占到锁的线程却依次为 Thread-1、Thread-0、Thread-2、Thread-3。先抢占锁的线程不一定先获取到锁，说明上述代码中线程抢占的是非公平锁。

注意：读者在运行代码时，可能与笔者运行代码输出的线程顺序不同，但结果都是先抢占锁的线程不一定先获取到锁，说明线程抢占的是非公平锁。

9.3　悲观锁与乐观锁

在某种程度上，可以将锁分为悲观锁和乐观锁，本节简单介绍悲观锁和乐观锁的原理。

9.3.1 悲观锁原理

悲观锁是一种设计思想，顾名思义，它的核心思想就是对于事物持有悲观的态度，每次都会按照最坏的情况执行。也就是说，在线程获取数据的时候，总是认为其他的线程会修改数据，所以在线程每次获取数据时都会加锁，在此期间其他线程要想获取相同的数据，则会阻塞，直到获取锁的线程释放锁，当前线程加锁成功后，才能获取到相同的数据。

Java 提供的 synchronized 内置锁就是一种悲观锁的实现，而 ReentrantLock 在一定程度上也是悲观锁的实现，悲观锁存在如下问题。

（1）在多线程并发环境下，悲观锁的加锁和释放锁操作会产生大量的 CPU 线程切换，耗费 CPU 资源，导致 CPU 调度性能低下。

（2）当某个线程抢占到锁后，会导致其他所有未抢占到当前锁的线程阻塞挂起，影响程序的执行性能。

（3）假设存在线程 A 和线程 B 两个线程，线程 B 的优先级比线程 A 的优先级高。但是在业务执行的过程中，线程 A 抢占到锁之后，线程 B 才创建执行业务逻辑。因此，当线程 B 抢占与线程 A 相同的锁时会被阻塞，从而出现优先级高的线程等待优先级低的线程释放锁的现象，导致优先级高的线程无法快速完成任务。

9.3.2 悲观锁实战

本节以 ReentrantLock 为例，实现多线程抢占悲观锁的案例。在 io.binghe.concurrent.chapter09 包下创建 PessimismLockTest 类，用来测试多个线程抢占悲观锁。PessimismLockTest 类的源码如下。

```java
/**
 * @author binghe
 * @version 1.0.0
 * @description 悲观锁实战
 */
public class PessimismLockTest {

    private Lock lock = new ReentrantLock();

    /**
     * 加锁并释放锁
     */
    public void lockAndUnlock(){
```

```
    try{
        lock.lock();
        System.out.println(Thread.currentThread().getName() + " 抢占锁成功");
    }finally {
        lock.unlock();
    }
}

public static void main(String[] args){
    PessimismLockTest pessimismLock = new PessimismLockTest();
    IntStream.range(0, 5).forEach((i) -> {
        new Thread(()->{
            System.out.println(Thread.currentThread().getName() + " 开始抢占锁");
            pessimismLock.lockAndUnlock();
        }).start();
    });
}
}
```

PessimismLockTest 类的源码比较简单，首先创建一个 ReentrantLock 类的对象并赋值给 ReentrantLock 类的成员变量 lock，然后定义一个加锁并释放锁的方法 lockAndUnlock()，在 lockAndUnlock()方法中，先执行加锁操作，并打印某个线程抢占锁成功的日志，再释放锁。接下来，在 main()方法中创建 PessimismLockTest 类的对象，随后循环 5 次，每次循环都会创建一个线程，打印某个线程开始抢占锁的日志，并调用 lockAndUnlock()方法。

最后，运行 PessimismLockTest 类的代码，输出的结果如下。

```
Thread-0 开始抢占锁
Thread-2 开始抢占锁
Thread-1 开始抢占锁
Thread-4 开始抢占锁
Thread-0 抢占锁成功
Thread-3 开始抢占锁
Thread-3 抢占锁成功
Thread-2 抢占锁成功
Thread-1 抢占锁成功
Thread-4 抢占锁成功
```

从输出结果中可以看出，当 Thread-0 线程抢占锁成功后，其他的线程都会被阻塞挂起，直到 Thread-0 线程释放锁后，其他线程才会继续争抢锁。说明线程争抢的是悲观锁。

9.3.3 乐观锁原理

与悲观锁一样，乐观锁也是一种设计思想，其核心思想就是乐观。线程在每次获取数据时，都会认为其他线程不会修改数据，所以不会加锁。但是当前线程在更新数据时会判断当前数据在此期间有没有被其他线程修改过。乐观锁可以使用版本号机制实现，也可以使用 CAS 机制实现。

乐观锁更适合用于读多写少的场景，可以提供系统的性能。在 Java 中，java.util.concurrent.atomic 包下的原子类，就是基于 CAS 乐观锁实现的。

注意：关于 CAS 的核心原理会在第 10 章中进行详细的介绍，笔者在此不再赘述。

9.3.4 乐观锁实战

本节以 java.util.concurrent.atomic 包下的 AtomicInteger 类为例对多个线程并发执行 count++ 操作进行讲解。在 io.binghe.concurrent.chapter09 包下创建 OptimisticLockTest 类，OptimisticLockTest 类的源码如下。

```java
/**
 * @author binghe
 * @version 1.0.0
 * @description 乐观锁实战
 */
public class OptimisticLockTest {

    private AtomicInteger atomicInteger = new AtomicInteger();

    public void incrementCount(){
        atomicInteger.incrementAndGet();
    }
    public int getCount(){
        return atomicInteger.get();
    }

    public static void main(String[] args) throws InterruptedException {
        OptimisticLockTest optimisticLock = new OptimisticLockTest();
        IntStream.range(0, 10).forEach((i) -> {
            new Thread(()->{
                optimisticLock.incrementCount();
            }).start();
        });
        Thread.sleep(500);
```

```
        int count = optimisticLock.getCount();
        System.out.println("最终的结果数据为: " + count);
    }
}
```

在 OptimisticLockTest 类中，先创建了一个 AtomicInteger 原子类对象的成员变量 atomicInteger。然后在 incrementCount()方法中调用 atomicInteger 的 incrementAndGet()方法实现原子性递增的计数操作，并在 getCount()方法中获取 atomicInteger 的当前值。

在 main()方法中，先创建 OptimisticLockTest 类的对象，然后循环创建 10 个线程，在每个线程中都调用 OptimisticLockTest 类中的 incrementCount()方法实现原子性递增的计数操作。为了让所有线程执行完毕后再获取最终的结果数据，接下来，让主线程休眠 500ms。最后，获取最终的自增计数值并打印结果。

运行 OptimisticLockTest 类的源码，输出的结果如下。

最终的结果数据为: 10

可以看到，使用 AtomicInteger 原子类实现递增的计数操作不会引起线程安全问题，其底层就是使用 CAS 实现的乐观锁。

9.4　可中断锁与不可中断锁

可中断锁指在多个线程抢占的过程中可以被中断的锁，不可中断锁指在多个线程抢占的过程中不可以被中断的锁。本节简单介绍可中断锁和不可中断锁的基本原理。

9.4.1　可中断锁原理

Java 的 JUC 包中提供的显示锁，如 ReentrantLock，就是可中断锁，支持在抢占锁的过程中中断锁。

在 Java 提供的 Lock 接口中，有两个方法抛出了 InterruptedException 异常，如下所示。

```
void lockInterruptibly() throws InterruptedException;
boolean tryLock(long time, TimeUnit unit) throws InterruptedException;
```

这两个方法在加锁的过程中可以中断锁。具体的中断逻辑如下。

（1）lockInterruptibly()方法的中断逻辑：在抢占锁的过程中会处理由 Thread 类中的 interrupt()方法发出的中断信号，如果当前线程在抢占锁的过程中被中断，就会抛出

InterruptedException 异常并终止抢占锁的过程。

（2）tryLock(long time, TimeUnit unit)方法的中断逻辑：尝试在指定的时间内阻塞式地抢占锁，在抢占锁的过程中会处理由 Thread 类中的 interrupt()方法发出的中断信号，如果当前线程在抢占锁的过程中被中断，就会抛出 InterruptedException 异常并终止抢占锁的过程。

可以看出，无论是 lockInterruptibly()方法，还是 tryLock(long time, TimeUnit unit)方法，在抢占锁的过程中，都是通过处理由 Thread 类中的 interrupt()方法发出的中断信号来处理中断事件的。

9.4.2　可中断锁实战

本节以 ReentrantLock 为例，实现一个可中断锁。在 io.binghe.concurrent.chapter09 包下创建 InterruptiblyLockTest 类，用于测试可中断锁，InterruptiblyLockTest 类的源码如下。

```java
/**
 * @author binghe
 * @version 1.0.0
 * @description 可中断锁案例
 */
public class InterruptiblyLockTest {

    private Lock lock = new ReentrantLock();

    /**
     * 加锁并释放锁
     */
    public void lockAndUnlock(){
        try {
            lock.lockInterruptibly();
            System.out.println(Thread.currentThread().getName() + " 抢占锁成功");
            if (Thread.currentThread().isInterrupted()){
                System.out.println(Thread.currentThread().getName() + " 被中断");
            }
            Thread.sleep(1000);
        } catch (InterruptedException e) {
            System.out.println(Thread.currentThread().getName() + " 抢占锁被中断");
        }finally {
            lock.unlock();
        }
    }
}
```

```
public static void main(String[] args) throws InterruptedException {
    InterruptiblyLockTest interruptiblyLock = new InterruptiblyLockTest();
    Thread threadA = new Thread(() -> {
        interruptiblyLock.lockAndUnlock();
    }, "threadA");
    Thread threadB = new Thread(() -> {
        interruptiblyLock.lockAndUnlock();
    }, "threadB");

    threadA.start();
    threadB.start();

    Thread.sleep(100);

    threadA.interrupt();
    threadB.interrupt();

    Thread.sleep(2000);
    }
}
```

在 InterruptiblyLockTest 类中，创建了一个 ReentrantLock 对象作为类的成员变量。在 lockAndUnlock()方法中，首先在 try 代码块中以可中断的方式进行加锁，打印某个线程抢占锁成功，然后让程序休眠 1s，判断当前线程是否被中断，如果当前线程被中断，则在 catch 代码块中打印线程抢占锁被中断的日志。最后在 finally 方法中释放锁。

在 main()方法中，首先创建 InterruptiblyLockTest 类的对象，然后分别创建 threadA 线程和 threadB 线程，在两个线程的 run()方法中分别调用 InterruptiblyLockTest 类中的 lockAndUnlock() 方法。随后分别启动 threadA 线程和 threadB 线程，在启动 threadA 线程和 threadB 线程之后，让主线程休眠 100ms。接下来分别调用 threadA 和 threadB 线程的 interrupt()方法中断线程。最后，为了在整个程序执行的过程中，main 线程不会提前结束运行并退出，让 main 线程休眠 2s。

运行 InterruptiblyLockTest 类的代码，输出的结果如下。

```
threadA 抢占锁成功
threadA 抢占锁被中断
threadB 抢占锁被中断
```

从输出结果中可以看出，threadA 线程抢占锁成功后在休眠的过程中被中断，threadB 线程在等待加锁时也会被中断，也就是在抢占锁的过程中会被中断，线程被中断后，会捕获到 InterruptedException 异常。说明 ReentrantLock 中的 lockInterruptibly()方法获取的是一种可中断锁。

9.4.3 不可中断锁原理

不可中断锁指线程在抢占锁的过程中不能被中断。也就是说，线程在抢占不可中断锁时，如果抢占成功，则继续执行业务逻辑；如果抢占失败，则阻塞挂起。线程在阻塞挂起的过程中，不能被中断。Java 中提供的 synchronized 锁就是不可中断锁。

9.4.4 不可中断锁实战

本节以 synchronized 为例实现一个不可中断锁。在 io.binghe.concurrent.chapter09 包中新建 NonInterruptiblyLockTest 类，源码如下。

```java
/**
 * @author binghe
 * @version 1.0.0
 * @description 不可中断锁案例
 */
public class NonInterruptiblyLockTest {

    public synchronized void lock(){
        try {
            System.out.println(Thread.currentThread().getName() + " 抢占锁成功");
            if (Thread.currentThread().isInterrupted()){
                System.out.println(Thread.currentThread().getName() + " 被中断");
            }
            Thread.sleep(1000);
        } catch (InterruptedException e) {
            System.out.println(Thread.currentThread().getName() + " 抢占锁被中断");
        }
    }

    public static void main(String[] args) throws InterruptedException {
        NonInterruptiblyLockTest nonInterruptiblyLock = new
NonInterruptiblyLockTest();
        Thread threadA = new Thread(() -> {
            nonInterruptiblyLock.lock();
        }, "threadA");
        Thread threadB = new Thread(() -> {
            nonInterruptiblyLock.lock();
        }, "threadB");

        threadA.start();
        threadB.start();
```

```
            Thread.sleep(100);

            threadA.interrupt();
            threadB.interrupt();

            Thread.sleep(2000);
        }
}
```

可以看到，NonInterruptiblyLockTest 类的源码与 9.4.2 节中 InterruptiblyLockTest 类的代码相差不多，只不过 NonInterruptiblyLockTest 类中将锁替换成了 synchronized 锁，运行 NonInterruptiblyLockTest 类的源码，输出的结果如下。

```
threadA 抢占锁成功
threadA 抢占锁被中断
threadB 抢占锁成功
threadB 被中断
threadB 抢占锁被中断
```

从输出结果中可以看出，无论是 threadA 线程还是 threadB 线程，都是在抢占锁成功后被中断的，在抢占锁的过程中不会被中断，说明 synchronized 是一种不可中断锁。

9.5　排他锁与共享锁

按照加锁后的资源是否能够在同一时刻被多个线程访问，可以将锁分为排他锁和共享锁。本节简单介绍排他锁和共享锁的原理。

9.5.1　排他锁原理

排他锁也叫独占锁或互斥锁，排他锁在同一时刻只能被一个线程获取到。某个线程获取到排他锁后，其他线程要想再获取同一个锁资源，就只能阻塞等待，直到获取到锁的线程释放锁。

Java 中提供的 synchronized 锁和 ReentrantLock 锁都是排他锁的实现。另外，ReadWriteLock 中的写锁也是排他锁。

9.5.2　排他锁实战

本节以 ReadWriteLock 中的写锁为例实现一个排他锁。在 io.binghe.concurrent.chapter09 包

下新建 MutexLockTest 类，用于实现排他锁。MutexLockTest 类的源码如下。

```java
/**
 * @author binghe
 * @version 1.0.0
 * @description 排他锁案例
 */
public class MutexLockTest {

    private ReadWriteLock readWriteLock = new ReentrantReadWriteLock();
    private Lock lock = readWriteLock.writeLock();

    /**
     * 加锁并释放锁
     */
    public void lockAndUnlock(){
        try{
            lock.lock();
            System.out.println(Thread.currentThread().getName() + " 抢占锁成功");
            Thread.sleep(1000);
        }catch (InterruptedException e){
            System.out.println(Thread.currentThread().getName() + " 被中断");
        } finally {
            lock.unlock();
            System.out.println(Thread.currentThread().getName() + " 释放锁成功");
        }
    }

    public static void main(String[] args){
        MutexLockTest mutexLockTest = new MutexLockTest();
        IntStream.range(0, 5).forEach((i) -> {
            new Thread(()->{
                System.out.println(Thread.currentThread().getName() + " 开始抢占锁");
                mutexLockTest.lockAndUnlock();
            }).start();
        });
    }
}
```

在 MutexLockTest 类中，先创建一个 ReentrantReadWriteLock 类型的成员变量，再通过 ReentrantReadWriteLock 对象获取到一个写锁 lock。在 lockAndUnlock()方法中，首先执行加锁操作，打印线程抢占锁成功的日志，然后为了让占有锁的线程不会瞬间释放锁，让占有锁的线程休眠 1s，最后释放锁，并打印线程释放锁成功的日志。

在 main()方法中，先创建一个 MutexLockTest 的类对象，再循环 5 次，每次循环都创建一个线程，在线程的 run()方法中调用线程开始抢占锁的日志，并调用 MutexLockTest 类中的lockAndUnlock()方法。

运行 MutexLockTest 类中的代码，输出的结果如下。

```
Thread-0 开始抢占锁
Thread-2 开始抢占锁
Thread-4 开始抢占锁
Thread-3 开始抢占锁
Thread-1 开始抢占锁
Thread-0 抢占锁成功
Thread-0 释放锁成功
Thread-2 抢占锁成功
Thread-2 释放锁成功
Thread-4 抢占锁成功
Thread-4 释放锁成功
Thread-3 抢占锁成功
Thread-3 释放锁成功
Thread-1 抢占锁成功
Thread-1 释放锁成功
```

从输出结果可以看出，Thread-0 ～ Thread-4 线程一起开始抢占锁，但当有线程抢占锁成功后，其他线程不会成功抢占锁，只有等到抢占锁成功的线程释放锁后其他线程才能抢占到锁。说明ReadWriteLock 中的写锁为排他锁。

注意：读者也可以参见本章使用 synchronized 锁和 ReentrantLock 锁实现的排他锁案例。

9.5.3　共享锁原理

共享锁在同一时刻能够被多个线程获取到。需要注意的是，多个线程同时获取到共享锁后，只能读取临界区的数据，不能修改临界区的数据。也就是说，共享锁是针对读操作的锁。

在 Java 中，ReadWriteLock 中的读锁、Semaphore 类和 CountDownLatch 类都实现了在同一时刻允许多个线程获取到锁，是共享锁的实现。

9.5.4　共享锁实战

本节以 ReadWriteLock 中的读锁为例，实现一个共享锁。在 *io.binghe.concurrent.chapter09*

包下创建一个 SharedLockTest 类用于实现共享锁。

SharedLockTest 类的具体代码实现与 9.5.2 节中的代码类似，只不过在 SharedLockTest 类中会通过 ReadWriteLock 对象获取的是读锁，而 9.5.2 节中的代码通过 ReadWriteLock 对象获取的是写锁。SharedLockTest 类中通过 ReadWriteLock 对象获取读锁的代码如下。

```
private Lock lock = readWriteLock.readLock();
```

运行 SharedLockTest 类的代码，输出的结果如下。

```
Thread-0 开始抢占锁
Thread-3 开始抢占锁
Thread-4 开始抢占锁
Thread-1 开始抢占锁
Thread-2 开始抢占锁
Thread-0 抢占锁成功
Thread-1 抢占锁成功
Thread-2 抢占锁成功
Thread-4 抢占锁成功
Thread-3 抢占锁成功
Thread-2 释放锁成功
Thread-0 释放锁成功
Thread-1 释放锁成功
Thread-3 释放锁成功
Thread-4 释放锁成功
```

由输出结果可以看出，Thread-0 ~ Thread-4 线程一起开始抢占锁，所有线程同时成功抢占到锁，最后所有线程都成功释放锁。说明在一个线程获取到锁时，其他线程也能同时获取到锁，ReadWriteLock 中的读锁为共享锁。

9.6 可重入锁

可重入锁指一个线程可以反复对相同的资源加锁，本节简单介绍可重入锁的原理。

9.6.1 可重入锁原理

可重入锁表示一个线程能够对相同的资源重复加锁。也就是说，同一个线程能够多次进入使用同一个锁修饰的方法或代码块。需要注意的是，在线程释放锁时，释放锁的次数需要与加锁的次数相同，才能保证线程真正释放了锁。例如，线程 A 加锁时执行了 3 次加锁操作，释放锁时就必须执行 3 次释放锁操作。伪代码如下。

```
try{
    lock.lock();
    lock.lock();
    lock.lock();
    //处理业务逻辑
}finally{
    lock.unlock();
    lock.unlock();
    lock.unlock();
}
```

9.2.5 节提到，在 ReentrantLock 的内部类 Sync 的 nonfairTryAcquire()方法中，如下代码是 ReentrantLock 实现可重入锁的关键代码。

```
else if (current == getExclusiveOwnerThread()) {
    int nextc = c + acquires;
    if (nextc < 0)
        throw new Error("Maximum lock count exceeded");
    setState(nextc);
    return true;
}
```

在上述代码中，在当前线程已经占有锁时，会判断当前线程是否是已经获取过锁的线程，如果当前线程是已经获取过锁的线程，则增加内部的状态计数，以此实现锁的可重入性。

当使用 ReentrantLock 对象解锁时，会先调用 AQS 的 release()方法，而 AQS 的 release()方法又会调用 ReentrantLock 的内部类 Sync 的 tryRelease()方法，ReentrantLock 的内部类 Sync 的 tryRelease()方法的源码如下。

```
protected final boolean tryRelease(int releases) {
    int c = getState() - releases;
    if (Thread.currentThread() != getExclusiveOwnerThread())
        throw new IllegalMonitorStateException();
    boolean free = false;
    if (c == 0) {
        free = true;
        setExclusiveOwnerThread(null);
    }
    setState(c);
    return free;
}
```

在 ReentrantLock 的内部类 Sync 的 tryRelease()方法中，首先对状态计数减去传入的值，判断当前线程是否是已经获取到锁的线程，如果当前线程不是已经获取到锁的线程，则直接抛出

IllegalMonitorStateException 异常。然后定义一个是否成功释放锁的变量 free，默认值为 false。接下来，判断 state 状态计数的值是否减为 0。如果 state 状态计数的值已经减为 0，则说明当前线程已经完全释放锁，此时的锁处于空闲状态，将是否成功释放锁的变量 free 设置为 true，并将当前拥有锁的线程设置为 null。最后，设置锁的状态标识，返回 free，结果会返回 true。

如果 state 状态计数的值没有减为 0，则说明当前线程并没有完全释放锁，此时的 free 变量为 false，返回 free，结果会返回 false。

所以，在 ReentrantLock 中，可重入锁的加锁操作会累加状态计数，解锁操作会累减状态计数。

Java 中的 synchronized 锁和 ReentrantLock 锁都实现了可重入性。

9.6.2 可重入锁实战

本节以 ReentrantLock 锁为例实现一个可重入锁，在 io.binghe.concurrent.chapter09 包下创建 ReentrantLockTest 类，源码如下。

```java
/**
 * @author binghe
 * @version 1.0.0
 * @description 可重入锁案例
 */
public class ReentrantLockTest {

    private Lock lock = new ReentrantLock();

    /**
     * 加锁并释放锁
     */
    public void lockAndUnlock(){
        try{
            lock.lock();
            System.out.println(Thread.currentThread().getName() + " 第 1 次抢占锁成功
");
            lock.lock();
            System.out.println(Thread.currentThread().getName() + " 第 2 次抢占锁成功
");
        }finally {
            lock.unlock();
            System.out.println(Thread.currentThread().getName() + " 第 1 次释放锁成功
");
```

```
            lock.unlock();
            System.out.println(Thread.currentThread().getName() + " 第 2 次释放锁成功
");
        }
    }

    public static void main(String[] args){
        ReentrantLockTest reentrantLock = new ReentrantLockTest();
        IntStream.range(0, 2).forEach((i) -> {
            new Thread(()->{
                System.out.println(Thread.currentThread().getName() + " 开始抢占锁");
                reentrantLock.lockAndUnlock();
            }).start();
        });
    }
}
```

在 ReentrantLockTest 类中，先创建一个 ReentrantLock 类型的成员变量 lock，在 lockAndUnlock()方法中执行两次加锁操作和两次释放锁的操作，并分别打印相关的日志。

在 main()方法中，先创建一个 ReentrantLockTest 类的对象，并在两次循环中分别创建一个线程，打印线程开始抢占锁的日志，并调用 ReentrantLockTest 类中的 lockAndUnlock()方法。

运行 ReentrantLockTest 类的代码，输出的结果如下。

```
Thread-0 开始抢占锁
Thread-1 开始抢占锁
Thread-0 第 1 次抢占锁成功
Thread-0 第 2 次抢占锁成功
Thread-0 第 1 次释放锁成功
Thread-0 第 2 次释放锁成功
Thread-1 第 1 次抢占锁成功
Thread-1 第 2 次抢占锁成功
Thread-1 第 1 次释放锁成功
Thread-1 第 2 次释放锁成功
```

从输出的结果信息中可以看出，Thread-0 和 Thread-1 两个线程开始抢占锁，首先 Thread-0 线程会连续两次抢占锁成功，然后连续两次释放锁成功。接下来，才是 Thread-1 线程连续两次抢占锁成功，最后连续两次释放锁成功。说明 ReentrantLock 锁是可重入锁。

另外，上述案例的输出结果也说明了线程在获取可重入锁，释放锁成功的次数与加锁成功的次数相同时，才能完全释放锁，其他线程才能获取到相同的锁。

使用 synchronized 锁实现可重入锁案例比使用 ReentrantLock 锁实现可重入锁案例更加简单，实现代码如下。

```
/**
 * @author binghe
 * @version 1.0.0
 * @description Synchronized 实现的可重入锁案例
 */
public class ReentrantLockSyncTest {

    /**
     * 加锁并释放锁
     */
    public synchronized void lockAndUnlock(){
        System.out.println(Thread.currentThread().getName() + " 第 1 次抢占锁成功");
        synchronized (this){
            System.out.println(Thread.currentThread().getName() + " 第 2 次抢占锁成功");
        }
        System.out.println(Thread.currentThread().getName() + " 第 1 次释放锁成功");
    }

    public static void main(String[] args){
        ReentrantLockSyncTest reentrantLock = new ReentrantLockSyncTest();
        IntStream.range(0, 2).forEach((i) -> {
            new Thread(()->{
                System.out.println(Thread.currentThread().getName() + " 开始抢占锁");
                reentrantLock.lockAndUnlock();
                System.out.println(Thread.currentThread().getName() + " 第 2 次释放锁成功");
            }).start();
        });
    }
}
```

或者改为如下代码。

```
/**
 * @author binghe
 * @version 1.0.0
 * @description Synchronized 实现的可重入锁案例
 */
public class ReentrantLockSyncTest {
    /**
```

```
 * 加锁并释放锁
 */
public void lockAndUnlock(){
    synchronized (this){
        System.out.println(Thread.currentThread().getName() + " 第 1 次抢占锁成功
");
        synchronized (this){
            System.out.println(Thread.currentThread().getName() + " 第 2 次抢占锁成
功");
        }
        System.out.println(Thread.currentThread().getName() + " 第 1 次释放锁成功
");
    }
    System.out.println(Thread.currentThread().getName() + " 第 2 次释放锁成功");
}

public static void main(String[] args){
    ReentrantLockSyncTest reentrantLock = new ReentrantLockSyncTest();
    IntStream.range(0, 2).forEach((i) -> {
        new Thread(()->{
            System.out.println(Thread.currentThread().getName() + " 开始抢占锁");
            reentrantLock.lockAndUnlock();
        }).start();
    });
}
}
```

　　使用 synchronized 实现可重入锁的两种方式与使用 ReentrantLock 实现可重入锁的方式运行效果相同，笔者不再赘述。

9.7　读/写锁

　　9.5 节使用读/写锁 ReadWriteLock 中的写锁实现了排他锁，使用读锁实现了共享锁，本节简单介绍读/写锁的基本原理。

9.7.1　读/写锁原理

　　读/写锁中包含一把读锁和一把写锁，其中，读锁是共享锁，允许多个线程在同一时刻同时获取到锁。而写锁是排他锁，在同一时刻只能有一个线程获取到锁。总体来说，读/写锁需要遵循以下原则。

（1）一个共享资源允许同时被多个获取到读锁的线程访问。

（2）一个共享资源在同一时刻只能被一个获取到写锁的线程进行写操作。

（3）一个共享资源在被获取到写锁的线程进行写操作时不能被获取到读锁的线程进行读操作。

注意：读/写锁与排他锁是有区别的，读/写锁中的写锁是排他锁，读/写锁中的读锁却是共享锁。读/写锁允许多个线程同时读共享资源，而排他锁不允许。所以，在高并发场景下，读/写锁的性能要高于排他锁。

9.7.2　ReadWriteLock 读/写锁

在 JDK 的 java.util.concurrent.locks 包下提供了 ReadWriteLock 接口来表示读/写锁，ReadWriteLock 接口的源码如下。

```
public interface ReadWriteLock {
    Lock readLock();
    Lock writeLock();
}
```

ReadWriteLock 接口的源码比较简单，定义了一个 readLock()方法来获取读锁，定义了一个 writeLock()方法来获取写锁。

ReadWriteLock 接口的实现类是 java.util.concurrent.locks 包下的 ReentrantReadWriteLock 类，ReentrantReadWriteLock 类是一个支持可重入的读/写锁，内部的实现依赖 ReentrantReadWriteLock 类的内部类 Sync，而 Sync 类继承了 AQS，所以 ReentrantReadWriteLock 的实现仍然依赖 AQS 的实现。

在 AQS 中，只维护了一个 state 状态，而在 ReentrantReadWriteLock 中为了实现读锁和写锁，却要维护一个读状态和一个写状态。具体实现是在 ReentrantReadWriteLock 类中，使用 state 的高 16 位表示读状态，也就是获取到读锁的次数。使用 state 的低 16 位表示获取到写锁的线程的可重入的次数。正如 ReentrantReadWriteLock 类中的如下代码所示。

```
static final int SHARED_SHIFT   = 16;
static final int SHARED_UNIT    = (1 << SHARED_SHIFT);
static final int MAX_COUNT      = (1 << SHARED_SHIFT) - 1;
static final int EXCLUSIVE_MASK = (1 << SHARED_SHIFT) - 1;

static int sharedCount(int c)    { return c >>> SHARED_SHIFT; }
static int exclusiveCount(int c) { return c & EXCLUSIVE_MASK; }
```

同时，ReentrantReadWriteLock 支持公平锁和非公平锁的实现，具体实现方法是在 ReentrantReadWriteLock 的构造方法中传递一个 boolean 类型的变量，代码如下。

```
public ReentrantReadWriteLock(boolean fair) {
    sync = fair ? new FairSync() : new NonfairSync();
    readerLock = new ReadLock(this);
    writerLock = new WriteLock(this);
}
```

通过在 ReentrantReadWriteLock 类默认的无参构造方法中，调用有参构造方法并传递 false 变量来创建非公平锁，代码如下。

```
public ReentrantReadWriteLock() {
    this(false);
}
```

通过 ReentrantReadWriteLock 获取到读锁和写锁时，就可以使用 Lock 接口中提供的方法进行加锁和释放锁操作了。

注意：限于篇幅，笔者不再赘述 ReentrantReadWriteLock 中读锁和写锁的加锁与释放锁的源码执行流程，感兴趣的读者可关注 "冰河技术" 微信公众号阅读相关文章。

9.7.3　ReadWriteLock 锁降级

ReadWriteLock 不支持读锁升级为写锁，因为如果在读锁未释放时获取写锁，则会导致写锁永久等待，对应的线程也会被阻塞，并且无法被唤醒。

ReadWriteLock 虽然不支持锁的升级，但是它支持锁的降级，Java 官方给出了 ReentrantReadWriteLock 锁降级的示例，源码如下。

```
class CachedData {
    Object data;
    volatile boolean cacheValid;
    final ReentrantReadWriteLock rwl = new ReentrantReadWriteLock();

    void processCachedData() {
        rwl.readLock().lock();
        if (!cacheValid) {
            rwl.readLock().unlock();
            rwl.writeLock().lock();
            try {
                if (!cacheValid) {
                    data = ...
```

```
            cacheValid = true;
          }
          rwl.readLock().lock();
      } finally {
          rwl.writeLock().unlock();
      }
    }

    try {
        use(data);
    } finally {
        rwl.readLock().unlock();
    }
  }
}}
```

9.7.4 StampedLock 读/写锁

JDK 1.8 中提供了 StampedLock 类，StampedLock 在读取共享变量的过程中，允许后面的一个线程获取写锁对共享变量进行写操作，它使用乐观读避免数据不一致，在读多写少的高并发环境下，是比 ReadWriteLock 更快的锁。

StampedLock 支持写锁、读锁和乐观锁三种模式，也就是说，使用 StampedLock 也能实现读/写锁的功能。其中，写锁和读锁与 ReadWriteLock 中的语义类似，允许多个线程同时获取读锁，但是只允许一个线程获取写锁，写锁和读锁也是互斥的。

StampedLock 与 ReadWriteLock 的不同之处在于，StampedLock 在获取读锁或者写锁成功后，会返回一个 Long 类型的变量，之后在释放锁时，需要传入这个 Long 类型的变量。另外，在 ReadWriteLock 读取共享变量时，所有对共享变量的写操作都会被阻塞。而 StampedLock 提供的乐观读在多个线程读取共享变量时，允许一个线程对共享变量进行写操作。

StampedLock 锁内部维护了一个线程等待队列，所有获取锁失败的线程都会进入这个等待队列，队列中的每个节点都代表一个线程，同时会在节点中保存一个标记位 locked，用于表示当前线程是否获取到锁，true 表示获取到锁，false 表示未获取到锁。

当某个线程尝试获取锁时，会先获取等待队列尾部的线程作为当前线程的前驱节点，并且判断前驱节点是否已经成功释放锁，如果成功释放锁，则当前线程获取到锁并继续执行。如果前驱节点未释放锁或释放锁失败，则当前线程自旋等待。

当某个线程释放锁时，会先将自身节点的 locked 标记设置为 false，队列中后继节点中的线程通过自旋就能够检测到当前线程已经释放锁，从而可以获取到锁并继续执行业务逻辑。

注意：关于 StampedLock 需要注意如下事项。

（1）StampedLock 不支持条件变量。

（2）StampedLock 不支持重入。

（3）StampedLock 使用不当会引发 CPU 占用率达到 100% 的问题。

可以使用此方法来避免 CPU 占用率达到 100% 的问题：在使用 StampedLock 的 readLock()方法获取读锁和使用 writeLock()方法获取写锁时，一定不要调用线程的中断方法来中断线程，如果必须中断线程，那么一定要用 StampedLock 的 readLockInterruptibly()方法获取可中断的读锁和使用 StampedLock 的 writeLockInterruptibly()方法获取可中断的悲观写锁。

9.7.5　StampedLock 锁的升级与降级

StampedLock 支持锁的升级与降级，锁的升级是通过 tryConvertToWriteLock()方法实现的，而锁的降级是通过 tryConvertToReadLock()方法实现的。

tryConvertToWriteLock()方法的源码如下。

```
public long tryConvertToWriteLock(long stamp) {
    long a = stamp & ABITS, m, s, next;
    while (((s = state) & SBITS) == (stamp & SBITS)) {
        if ((m = s & ABITS) == 0L) {
            if (a != 0L)
                break;
            if (U.compareAndSwapLong(this, STATE, s, next = s + WBIT))
                return next;
        }
        else if (m == WBIT) {
            if (a != m)
                break;
            return stamp;
        }
        else if (m == RUNIT && a != 0L) {
            if (U.compareAndSwapLong(this, STATE, s, next = s - RUNIT + WBIT))
                return next;
        }
        else
            break;
    }
```

```
    return 0L;
}
```

由 tryConvertToWriteLock()方法的源码可以看出，在如下情况下写锁升级成功并返回一个有效的票据。

（1）当前锁处于写锁模式，表示升级写锁成功并返回一个有效的票据。

（2）当前锁处于读锁模式，并且其他线程获取的锁也处于读锁模式，写锁升级成功并返回一个有效的票据。

（3）当前锁处于乐观读模式，并且当前写锁处于可用状态，会升级写锁成功并返回一个有效的票据。

tryConvertToReadLock()方法的源码如下。

```
public long tryConvertToReadLock(long stamp) {
    long a = stamp & ABITS, m, s, next; WNode h;
    while (((s = state) & SBITS) == (stamp & SBITS)) {
        if ((m = s & ABITS) == 0L) {
            if (a != 0L)
                break;
            else if (m < RFULL) {
                if (U.compareAndSwapLong(this, STATE, s, next = s + RUNIT))
                    return next;
            }
            else if ((next = tryIncReaderOverflow(s)) != 0L)
                return next;
        }
        else if (m == WBIT) {
            if (a != m)
                break;
            state = next = s + (WBIT + RUNIT);
            if ((h = whead) != null && h.status != 0)
                release(h);
            return next;
        }
        else if (a != 0L && a < WBIT)
            return stamp;
        else
            break;
    }
    return 0L;
}
```

由 tryConvertToReadLock()方法的源码可以看出，当 state 的值匹配 stamp 的值时，主要的降级操作如下。

（1）当 stamp 表示写锁时，当前线程释放写锁并持有读锁，返回读锁。

（2）当 stamp 表示读锁时，直接返回。

（3）当前线程处于乐观读模式时，返回读锁。

在 StampedLock 执行乐观读操作时，如果另外的线程对共享变量进行了写操作，则会把乐观读升级为悲观读锁，官方给出的代码示例如下。

```
double distanceFromOrigin() { // A read-only method
    //乐观读
    long stamp = sl.tryOptimisticRead();
    double currentX = x, currentY = y;
    //如果有线程对共享变量进行了写操作
    //则 sl.validate(stamp)会返回 false
    if (!sl.validate(stamp)) {
        //将乐观读升级为悲观读锁
        stamp = sl.readLock();
        try {
            currentX = x;
            currentY = y;
        } finally {
            //释放悲观锁
            sl.unlockRead(stamp);
        }
    }
    return Math.sqrt(currentX * currentX + currentY * currentY);
}
```

对于 StampedLock 使用 tryConvertToWriteLock()方法进行的升级操作，官方也给出了如下代码示例。

```
void moveIfAtOrigin(double newX, double newY) {
    long stamp = sl.readLock();
    try {
      while (x == 0.0 && y == 0.0) {
        long ws = sl.tryConvertToWriteLock(stamp);
        if (ws != 0L) {
          stamp = ws;
          x = newX;
          y = newY;
          break;
```

```
            }
        else {
            sl.unlockRead(stamp);
            stamp = sl.writeLock();
        }
    }
} finally {
    sl.unlock(stamp);
}
}
```

注意：限于篇幅，关于 StampedLock 的更多内容，笔者在此不再赘述，对 StampedLock 感兴趣的读者可关注"冰河技术"微信公众号阅读相关文章。

9.7.6 读/写锁实战

本节以 StampedLock 为例，实现一个读/写锁。在 io.binghe.concurrent.chapter09 包下新建 StampedLockTest 类，源码如下。

```java
/**
 * @author binghe
 * @version 1.0.0
 * @description StampedLock 案例
 */
public class StampedLockTest {

    private final StampedLock lock = new StampedLock();

    /**
     * 写锁案例
     */
    public void writeLockAndUnlock(){
        //加锁时返回一个 long 类型的票据
        long stamp = lock.writeLock();
        try{
            System.out.println(Thread.currentThread().getName() + " 抢占写锁成功");
        }finally {
            //释放锁时带上加锁时返回的票据
            lock.unlock(stamp);
            System.out.println(Thread.currentThread().getName() + " 释放写锁成功");
        }
    }
    /**
```

```
 *  读锁案例
 */
public void readLockAndUnlock(){
    //加锁时返回一个 long 类型的票据
    long stamp = lock.readLock();
    try{
        System.out.println(Thread.currentThread().getName() + " 抢占读锁成功");
    }finally {
        //释放锁时带上加锁时返回的票据
        lock.unlock(stamp);
        System.out.println(Thread.currentThread().getName() + " 释放读锁成功");
    }
}

public static void main(String[] args) throws InterruptedException {
    StampedLockTest stampedLockTest = new StampedLockTest();
    //写锁
    IntStream.range(0, 5).forEach((i) -> {
        new Thread(()->{
            System.out.println(Thread.currentThread().getName() + " 开始抢占写锁
");
            stampedLockTest.writeLockAndUnlock();
        }).start();
    });

    Thread.sleep(1000);
    System.out.println("==============================");

    //读锁
    IntStream.range(0, 5).forEach((i) -> {
        new Thread(()->{
            System.out.println(Thread.currentThread().getName() + " 开始抢占读锁
");
            stampedLockTest.readLockAndUnlock();
        }).start();
    });
}
}
```

在 StampedLockTest 类中，先创建一个 StampedLock 类型的成员变量，再创建两个方法，分别为 writeLockAndUnlock()和 readLockAndUnlock()，在 writeLockAndUnlock()方法中演示写锁的加锁和释放锁，在 readLockAndUnlock()方法中演示读锁的加锁和释放锁。

在 main()方法中，分别创建 5 个线程演示写锁下线程的加锁和释放锁，读锁下线程的加锁和释放锁。为了不让程序在运行过程中出现混乱，在 main()方法中演示完写锁下线程的加锁和释放锁后，让程序休眠 1s，再演示读锁下线程的加锁和释放锁。

运行 StampedLockTest 的代码，输出的结果如下。

```
Thread-0 开始抢占写锁
Thread-4 开始抢占写锁
Thread-3 开始抢占写锁
Thread-2 开始抢占写锁
Thread-1 开始抢占写锁
Thread-0 抢占写锁成功
Thread-0 释放写锁成功
Thread-2 抢占写锁成功
Thread-2 释放写锁成功
Thread-1 抢占写锁成功
Thread-1 释放写锁成功
Thread-3 抢占写锁成功
Thread-3 释放写锁成功
Thread-4 抢占写锁成功
Thread-4 释放写锁成功
===============================
Thread-5 开始抢占读锁
Thread-6 开始抢占读锁
Thread-5 抢占读锁成功
Thread-6 抢占读锁成功
Thread-8 开始抢占读锁
Thread-8 抢占读锁成功
Thread-8 释放读锁成功
Thread-5 释放读锁成功
Thread-9 开始抢占读锁
Thread-9 抢占读锁成功
Thread-9 释放读锁成功
Thread-6 释放读锁成功
Thread-7 开始抢占读锁
Thread-7 抢占读锁成功
Thread-7 释放读锁成功
```

由输出结果可以看出，在 StampedLock 的写锁模式下，同一时刻只能有一个线程获取到写锁。当某个线程获取到写锁后，其他线程阻塞等待，直到获取写锁的线程释放锁，其他线程才能获取到锁，说明 StampedLock 的写锁是互斥的。

在 StampedLock 的读锁模式下，同一时刻允许有多个线程获取到读锁。说明 Stamped 的读锁是共享的。

9.8　LockSupport

LockSupport 是 Java 提供的创建锁和其他多线程工具类的基础类库，最主要的作用就是阻塞和唤醒线程。本节简单介绍 LockSupport 的原理。

9.8.1　LockSupport 原理

LockSupport 是位于 java.util.concurrent.locks 包下的一个基础类，基于 LockSupport 可以实现其他的线程工具类，能够阻塞和唤醒线程，LockSupport 的底层是由 Unsafe 类实现的。

LockSupport 类中提供的核心方法如表 9-1 所示。

表 9-1　LockSupport 类中提供的核心方法

方　　法	说　　明
park()	无限期阻塞调用 park()方法的线程
park(Object blocker)	无限期阻塞传入的某个线程
parkNanos(Object blocker, long nanos)	在 nanos 的时间范围内阻塞传入的某个线程
parkUntil(Object blocker, long deadline)	在 deadline 的时间点之前阻塞传入的某个线程
parkNanos(long nanos)	在 nanos 的时间范围内阻塞调用 parkNanos()方法的线程
parkUntil(long deadline)	在 deadline 时间点之前阻塞调用 parkUntil()方法的线程
unpark(Thread thread)	唤醒传入的某个线程

注意：unpark()方法的优先级比 park()方法的优先级高，也就是说 unpark()方法可以先于 park()方法被调用。假设线程 B 调用 unpark()方法，给线程 A 发了一个"许可"，那么当线程 A 调用 park()方法时，发现自身已经有"许可"了，就会立即向下执行业务逻辑。

9.8.2　LockSupport 实战

本节实现一个使用 LockSupport 类阻塞和唤醒线程的案例，在 io.binghe.concurrent.chapter09 包下创建一个 LockSupportTest 类，LockSupportTest 类的源码如下。

```
/**
 * @author binghe
```

```
 * @version 1.0.0
 * @description LockSupport 案例
 */
public class LockSupportTest {

    /**
     * 阻塞线程
     */
    public void parkThread(){
        System.out.println(Thread.currentThread().getName() + " 开始阻塞");
        LockSupport.park();
        System.out.println(Thread.currentThread().getName() + " 结束阻塞");
    }

    public static void main(String[] args) throws InterruptedException {
        LockSupportTest lockSupport = new LockSupportTest();
        Thread thread = new Thread(() -> {
            lockSupport.parkThread();
        });
        thread.start();
        Thread.sleep(200);
        System.out.println(Thread.currentThread().getName() +  " 开始唤醒 " +
thread.getName() + " 线程");
        LockSupport.unpark(thread);
        System.out.println(Thread.currentThread().getName() +  " 结束唤醒 " +
thread.getName() + " 线程");
    }
}
```

在 LockSupportTest 类中，创建一个方法 parkThread()，在该方法中先打印线程开始阻塞的日志，再调用 LockSupport.park()方法阻塞当前线程。如果当前线程被唤醒，则会打印线程结束阻塞的日志。

在 main()方法中，首先创建一个 LockSupportTest 类的对象，然后创建一个 thread 线程，并在 thread 线程的 run()方法中调用 LockSupportTest 类中的 parkThread()方法，启动 thread 线程。接下来，让程序休眠 200ms，打印开始唤醒线程的日志，随后调用 LockSupport.unpark()方法唤醒 thread 线程，最后打印结束唤醒线程的日志。

运行 LockSupportTest 类的代码，输出的结果如下。

```
Thread-0 开始阻塞
main 开始唤醒 Thread-0 线程
main 结束唤醒 Thread-0 线程
```

`Thread-0` 结束阻塞

LockSupportTest 类的输出结果比较简单，笔者在此不再赘述。

9.9　本章总结

本章主要介绍了 Lock 锁的核心原理。首先，介绍了显式锁的原理。然后，对公平锁与非公平锁、悲观锁与乐观锁的原理进行了简单的介绍。接下来，介绍了可中断锁与不可中断锁、排他锁与共享锁的原理。随后，介绍了可重入锁的原理和读/写锁的原理。最后，简单介绍了 LockSupport 的基本原理。

下一章将对 CAS 的核心原理进行简单的介绍。

注意：本章涉及的源代码已经提交到 GitHub 和 Gitee，GitHub 和 Gitee 链接地址见 2.4 节结尾。

第10章

CAS 核心原理

在 Java 实现并发编程的很多场景下都需要用到 Java 中提供的锁机制（这里具体指悲观锁），使用锁机制有很多弊端，最大的问题就是某些线程竞争锁失败，就会阻塞挂起，从而导致 CPU 切换上下文与重新调度线程的开销，影响程序的执行性能。

除了锁机制，Java 中还提供了一种 CAS 机制，能够实现非阻塞的原子性操作。CAS 机制属于乐观锁的一种实现方式。本节简单介绍 CAS 的核心原理。

本章涉及的知识点如下。

- CAS 的基本概念。
- CAS 的核心类 Unsafe。
- 使用 CAS 实现 count++。
- ABA 问题。

10.1 CAS 的基本概念

CAS 的全称为 Compare And Swap（比较并且交换），是一种无锁编程算法，能够完全避免锁竞争带来的系统开销问题，也能够避免 CPU 在多个线程之间频繁切换和调度带来的开销。从某种程度上说，CAS 比加锁机制具有更优的性能。

CAS 能够在不阻塞线程的前提下，以原子性的方式来更新共享变量的数据，也就是在更新共享变量的数据时，能够保证线程的安全性。CAS 算法一般会涉及 3 个操作数据，分别如下。

- 要更新的内存中的变量 V。

- 与内存中的值进行比较的预期值 X。
- 要写入内存的新值 N。

CAS 算法的总体流程为：当且仅当变量 V 的值与预期值 X 相同时，才会将 V 的值修改为新值 N。如果 V 的值与 X 的值不相同，则说明已经有其他线程修改了 V 的值，当前线程不会更新 V 的值。最终，CAS 会返回当前 V 的值。

CAS 本质上是一种乐观锁的思想，当多个线程同时使用 CAS 的方式更新某个变量时，只会有一个线程更新成功，其他的线程都会因为内存中变量 V 的值与预期值 X 不相同而更新失败。与加锁方式不同的是，使用 CAS 更新失败的线程不会阻塞挂起，当更新失败时，可以再次尝试更新，也可以放弃更新，在处理方式上比加锁机制更加灵活。

在 CAS 的具体实现的很多场景下，进行一次 CAS 操作是不够的，在大部分场景下，CAS 都需要伴随着自旋操作，在更新数据失败时不断尝试去重新更新数据，这种方式也被称为 CAS 自旋。

Java 中的 java.util.concurrent.atomic 包下提供的原子类底层基本都是通过 CAS 算法实现的，目前大部分的 CPU 内部都实现了原子化的 CAS 指令，Java 中的原子类底层是调用 JVM 提供的方法实现的，JVM 中的方法则是调用 CPU 的原子化 CAS 指令实现的。

例如，内存中有一个变量 value 的值为 1，此时有多个线程通过 CAS 的方式更新 value 的值。假设，需要将 value 的值更新为 2，CAS 操作的流程如下。

（1）从内存中读取 value 的值。

（2）使用数值 1 与 value 的值进行对比，如果 value 的值等于 1，说明没有其他线程修改过 value 的值，就将 value 的值更新为 2 并写回内存。此时 value 的值为 2，CAS 操作成功。

（3）在使用数值 1 与 value 的值进行对比时，如果发现 value 的值不等于 1，说明有其他线程修改过 value 的值，此时就什么都不做，value 的值仍然为被其他线程修改后的值。

（4）CAS 操作更新失败的线程可以根据规则选择继续进行 CAS 自旋或者放弃更新。

在这个示例中，value 就是内存中的变量 V，1 就是预期值 X，2 就是新值 N。

10.2　CAS 的核心类 Unsafe

Unsafe 类是 Java 中实现 CAS 操作的底层核心类，提供了硬件级别的原子性操作，在 Unsafe 类中，提供了大量 native 方法，通过 JNI 的方式调用 JVM 底层 C 和 C++实现的函数。在 Java

中的 java.util.concurrent.atomic 包下的原子类，底层都是基于 Unsafe 类实现的。本节简单介绍 Unsafe 类。

10.2.1　Unsafe 类的核心方法

Unsafe 类中提供了大量的方法通过调用 JVM 底层函数实现 CAS 操作，一些核心方法如下。

（1）native long objectFieldOffset(Field field)

此方法的作用是返回指定的变量在所属类中的内存的偏移地址，返回的偏移地址仅用在 Unsafe 类的方法中访问指定的字段。例如，可以使用如下代码获取 value 变量在 AtomicInteger 对象中的内存偏移地址。

```
static {
    try {
        valueOffset = unsafe.objectFieldOffset
            (AtomicInteger.class.getDeclaredField("value"));
    } catch (Exception ex) { throw new Error(ex); }
}
```

（2）native int arrayIndexScale(Class<?> arrayClass)

获取某个数组中一个元素占用的空间，以字节为单位。

（3）native int arrayBaseOffset(Class<?> arrayClass)

获取某个数据中第一个元素在内存中的地址，一般情况下，会以数组第一个元素的地址表示数组在内存中的地址。

（4）native boolean compareAndSwapInt(Object obj, long offset, int expect, int update)

比较 obj 对象中偏移量为 offset 的 int 类型的变量的值是否与 expect 相等，如果相等则使用 update 的值更新偏移量为 offset 的变量的值，更新成功则返回 true，更新失败则返回 false。

（5）native boolean compareAndSwapLong(Object obj, long offset, long expect, long update)

比较 obj 对象中偏移量为 offset 的 long 类型的变量的值是否与 expect 相等，如果相等则使用 update 的值更新偏移量为 offset 的变量的值，更新成功则返回 true，更新失败则返回 false。

（6）native boolean compareAndSwapObject(Object obj, long offset, Object expect, Object update)

比较 obj 对象中偏移量为 offset 的 Object 类型的变量的值是否与 expect 相等，如果相等则使用 update 的值更新偏移量为 offset 的变量的值，更新成功则返回 true，更新失败则返回 false。

compareAndSwapObject 提供了原子性更新某个对象的属性的功能。

（7）native void putOrderedInt(Object obj, long offset, int value)

设置 obj 对象中 offset 偏移地址对应的 int 类型的字段值为指定值 value。此方法支持有序或者延迟，并且不保证修改后的值能够立即被其他线程访问到。

（8）native void putOrderedLong(Object obj, long offset, long value);

设置 obj 对象中 offset 偏移地址对应的 long 类型的字段值为指定值 value。此方法支持有序或者延迟，并且不保证修改后的值能够立即被其他线程访问到。

（9）native void putOrderedObject(Object obj, long offset, Object value);

设置 obj 对象中 offset 偏移地址对应的 Object 类型的字段值为指定值 value。此方法支持有序或者延迟，并且不保证修改后的值能够立即被其他线程访问到。

（10）native void putIntVolatile(Object obj, long offset, int value)

设置 obj 对象中 offset 偏移地址对应的 int 类型的字段值为指定的值 value，修改后的值能够立即被其他线程访问到。

（11）native int getIntVolatile(Object obj, long offset);

获取 obj 对象中 offset 偏移地址对应的 int 类型的字段值。

（12）native void putLongVolatile(Object obj, long offset, long value)

设置 obj 对象中 offset 偏移地址对应的 long 类型的字段值为指定的值 value，修改后的值能够立即被其他线程访问到。

（13）native long getLongVolatile(Object obj, long offset)

获取 obj 对象中 offset 偏移地址对应的 long 类型的字段值。

（14）native void putLong(Object obj, long offset, long value)

设置 obj 对象中 offset 偏移地址对应的 long 类型的字段为指定的值 value。

（15）native long getLong(Object obj, long offset)

获取 obj 对象中 offset 偏移地址对应的 long 类型的字段值。

（16）native void putObjectVolatile(Object obj, long offset, Object value)

设置 obj 对象中 offset 偏移地址对应的 Object 类型的字段值为指定的值 value，修改后的值能够立即被其他线程访问到。

（17）native Object getObjectVolatile(Object obj, long offset)

获取 obj 对象中 offset 偏移地址对应的 Object 类型的字段值。

（18）native void putObject(Object obj, long offset, Object value)

设置 obj 对象中 offset 偏移地址对应的 Object 类型的字段值为指定的值 value。

（19）native void unpark(Thread thread)

唤醒某个指定的 thread 线程。

（20）native void park(boolean isAbsolute, long time)

阻塞一个线程直到线程被中断或者超过 time 时间，如果已经调用过 unpark()方法，则此方法只会计数，time 为 0 表示永不超时。如果 isAbsolute 为 true，则 time 表示相对于新纪元之后的毫秒数，否则 time 表示超时前的纳秒数。

10.2.2 Unsafe 类实战

本节使用 Unsafe 类实现一个简单的小案例，具体逻辑为使用 Unsafe 类获取 UnsafeTest 类中的静态变量 staticName 和成员变量 memberVariable 的偏移量，然后通过 Unsafe 类的 putObject()方法直接修改 staticName 的值，通过 compareAndSwapObject()方法修改 memberVariable 的值。

在 io.binghe.concurrent.chapter09 包下创建 UnsafeTest 类，作为实现 Unsafe 类的案例程序，UnsafeTest 类的源码如下。

```
/**
 * @author binghe
 * @version 1.0.0
 * @description Unsafe 案例
 */
public class UnsafeTest {

    private static final Unsafe unsafe = getUnsafe();

    private static long staticNameOffset = 0;
    private static long memberVariableOffset = 0;

    private static String staticName = "binghe_001";
    private String memberVariable = "binghe_001";

    static {
        try {
```

```
        staticNameOffset = unsafe.staticFieldOffset
                (UnsafeTest.class.getDeclaredField("staticName"));
        memberVariableOffset = unsafe.objectFieldOffset
                (UnsafeTest.class.getDeclaredField("memberVariable"));
    } catch (NoSuchFieldException e) {
        e.printStackTrace();
    }
}

public static void main(String[] args) {
    UnsafeTest unSaveTest = new UnsafeTest();
    System.out.println("修改前的值如下:");
    System.out.println("staticName=" + staticName + ",
memberVariable=" + unSaveTest.memberVariable);

    unsafe.putObject(UnsafeTest.class, staticNameOffset, "binghe_static");
    unsafe.compareAndSwapObject(unSaveTest, memberVariableOffset, "binghe_001",
"binghe_variable");

    System.out.println("修改后的值如下:");
    System.out.println("staticName=" + staticName + ",
memberVariable=" + unSaveTest.memberVariable);
}

private static Unsafe getUnsafe() {
    Unsafe unsafe = null;
    try {
        Field singleoneInstanceField =
Unsafe.class.getDeclaredField("theUnsafe");
        singleoneInstanceField.setAccessible(true);
        unsafe = (Unsafe) singleoneInstanceField.get(null);
    } catch (Exception e) {
        e.printStackTrace();
    }
    return unsafe;
}
}
```

在 UnsafeTest 类中，首先通过 getUnsafe()方法获取 Unsafe 实例对象，然后定义两个 long
类型的静态变量 staticNameOffset 和 memberVariableOffset，分别表示静态变量 staticName 和成
员变量 memberVariable 的偏移量。

接下来，定义一个 String 类型的静态变量 staticName，初始值为 binghe_001，定义一个 String

类型的成员变量 memberVariable，初始值为 binghe_001。

随后在静态代码块中获取静态变量 staticName 和成员变量 memberVariable 的偏移量，并分别赋值给 staticNameOffset 和 memberVariableOffset。

最后，在 main 方法中调用 Unsafe 类的 putObject()方法修改静态变量 staticName 的值，调用 Unsafe 类的 compareAndSwapObject()方法修改成员变量 memberVariable 的值。

预期的结果是将静态变量 staticName 的值修改为 binghe_static，将成员变量 memberVariable 的值修改为 binghe_variable。

运行 UnsafeTest 类的代码，输出结果如下。

```
修改前的值如下：
staticName=binghe_001, memberVariable=binghe_001
修改后的值如下：
staticName=binghe_static, memberVariable=binghe_variable
```

从输出结果可以看出，修改前的静态变量 staticName 的值为 binghe_001，成员变量 memberVariable 的值为 binghe_001。修改后静态变量 staticName 的值为 binghe_static，成员变量 memberVariable 的值为 binghe_variable。符合预期。

10.3　使用 CAS 实现 count++

在前面的章节中，通过 synchronized 实现了线程安全的 count++操作。本节以另一种 CAS 的方式实现线程安全的 count++操作。

10.3.1　案例分析

CAS 算法是一种无锁编程算法，能够在无锁的情况下实现线程安全的自增操作。在本节的案例中，设置 20 个线程并行运行，每个线程都通过 CAS 自旋的方式对一个共享变量的数据进行自增操作，每个线程运行的次数为 500 次，最终得出的结果为 10000。

10.3.2　程序实现

在 io.binghe.concurrent.chapter09 包下创建 CasCountIncrement 类，用以实现基于 CAS 算法的线程安全的 count++操作，具体的实现步骤如下。

（1）在 CasCountIncrement 类中定义几个程序运行需要的常量、静态变量和成员变量，如下所示。

```
//获取 Unsafe 对象
private static final Unsafe unsafe = getUnsafe();
//线程的数量
private static final int THREAD_COUNT = 20;
//每个线程运行的次数
private static final int EXECUTE_COUNT_EVERY_THREAD = 500;
//自增的 count 值
private volatile int count = 0;
//count 的偏移量
private static long countOffset;
```

其中，各常量和变量的含义如下。

- THREAD_COUNT：常量，表示程序执行过程中创建的线程数量。
- EXECUTE_COUNT_EVERY_THREAD：表示每个线程在执行过程中执行 count++的次数。
- count：表示自增的 count，为了每个线程都能读取到最新的数据，count 变量使用了 volatile 关键字修饰。
- countOffset：count 变量的偏移量。
- unsafe：Unsafe 类的对象。

（2）在 CasCountIncrement 类中创建 getUnsafe()方法，用以创建 Unsafe 类的实例对象，并赋值给步骤（1）中的 unsafe 常量，getUnsafe()方法的代码如下。

```
private static Unsafe getUnsafe() {
    Unsafe unsafe = null;
    try {
        Field singleoneInstanceField = Unsafe.class.getDeclaredField("theUnsafe");
        singleoneInstanceField.setAccessible(true);
        unsafe = (Unsafe) singleoneInstanceField.get(null);
    } catch (Exception e) {
        e.printStackTrace();
    }
    return unsafe;
}
```

（3）在静态代码块中通过 Unsafe 类的 objectFieldOffset()方法获取 count 变量的偏移量，将其赋值给 countOffset 静态变量，代码如下。

```
static {
    try {
```

```
        countOffset = unsafe.objectFieldOffset
                (CasCountIncrement.class.getDeclaredField("count"));
    } catch (NoSuchFieldException e) {
        e.printStackTrace();
    }
}
```

（4）在 CasCountIncrement 类中创建 incrementCountByCas()方法，在 incrementCountByCas()方法中通过 Unsafe 类的 compareAndSwapInt()方法来实现 count++操作，incrementCountByCas()方法的代码如下。

```
/**
 * 以 CAS 的方式对 count 值进行自增操作
 */
public void incrementCountByCas(){
    //将 count 的值赋值给 oldCount
    int oldCount = 0;
    do {
        oldCount = count;
    }while (!unsafe.compareAndSwapInt(this, countOffset, oldCount, oldCount + 1));
}
```

（5） 在 CasCountIncrement 类中创建 main()方法，在 main()方法中，首先创建 CasCountIncrement 类的对象。为了实现模拟并发的效果，这里使用了 CountDownLatch 类，创建 CountDownLatch 类的对象并将 THREAD_COUNT 的值作为计数传入 CountDownLatch 类的构造方法中。

然后，创建一个循环体，循环 THREAD_COUNT 次，在每次循环中都创建一个线程，在每个线程中都调用 EXECUTE_COUNT_EVERY_THREAD 次 incrementCountByCas()方法。同时，在每个线程执行完循环体后，都调用 CountDownLatch 的 countDown()方法使计数减 1。

接下来，在 main()方法中调用 CountDownLatch 类的 await()方法阻塞 main 线程，直到 CountDownLatch 中的计数减为 0，才继续执行。最后，打印 count 的最终结果数据。

main()方法的代码如下。

```
public static void main(String[] args) throws InterruptedException {
    CasCountIncrement casCountIncrement = new CasCountIncrement();
    //为了模拟并发使用了 CountDownLatch
    CountDownLatch latch = new CountDownLatch(THREAD_COUNT);
    //20 个线程
    IntStream.range(0, THREAD_COUNT).forEach((i) -> {
        new Thread(()->{
```

```
        //每个线程执行 500 次 count++
        IntStream.range(0, EXECUTE_COUNT_EVERY_THREAD).forEach((j) -> {
            casCountIncrement.incrementCountByCas();
        });
        latch.countDown();
    }).start();
    });
    latch.await();
    System.out.println("count 的最终结果为: " + casCountIncrement.count);
}
```

CasCountIncrement 类的完整源代码如下。

```
/**
 * @author binghe
 * @version 1.0.0
 * @description 以 CAS 实现线程安全的 count++
 */
public class CasCountIncrement {

    //获取 Unsafe 对象
    private static final Unsafe unsafe = getUnsafe();
    //线程的数量
    private static final int THREAD_COUNT = 20;
    //每个线程运行的次数
    private static final int EXECUTE_COUNT_EVERY_THREAD = 500;
    //自增的 count 值
    private volatile int count = 0;
    //count 的偏移量
    private static long countOffset;

    static {
        try {
            countOffset = unsafe.objectFieldOffset
                    (CasCountIncrement.class.getDeclaredField("count"));
        } catch (NoSuchFieldException e) {
            e.printStackTrace();
        }
    }

    private static Unsafe getUnsafe() {
        Unsafe unsafe = null;
        try {
            Field singleoneInstanceField =
```

```java
Unsafe.class.getDeclaredField("theUnsafe");
        singleoneInstanceField.setAccessible(true);
        unsafe = (Unsafe) singleoneInstanceField.get(null);
    } catch (Exception e) {
        e.printStackTrace();
    }
    return unsafe;
}

/**
 * 以 CAS 的方式对 count 值进行自增操作
 */
public void incrementCountByCas(){
    //将 count 的值赋给 oldCount
    int oldCount = 0;
    do {
        oldCount = count;
    }while (!unsafe.compareAndSwapInt(this, countOffset, oldCount, oldCount +
1));
}

public static void main(String[] args) throws InterruptedException {
    CasCountIncrement casCountIncrement = new CasCountIncrement();
    //为了模拟并发使用了 CountDownLatch
    CountDownLatch latch = new CountDownLatch(THREAD_COUNT);
    //20 个线程
    IntStream.range(0, THREAD_COUNT).forEach((i) -> {
        new Thread(()->{
            //每个线程执行 500 次 count++
            IntStream.range(0, EXECUTE_COUNT_EVERY_THREAD).forEach((j) -> {
                casCountIncrement.incrementCountByCas();
            });
            latch.countDown();
        }).start();
    });
    latch.await();
    System.out.println("count 的最终结果为：" + casCountIncrement.count);
}
}
```

10.3.3 测试程序

运行 CasCountIncrement 类的代码，输出的结果如下。

count 的最终结果为：10000

可以看到，count 的最终结果为 10000，与程序的预期结果相符。

10.4　ABA 问题

虽然 CAS 算法的性能比直接加锁处理并发的性能高，但是 CAS 算法也存在一些问题，比较典型的问题有：ABA 问题、循环时间开销大的问题，以及只能保证一个共享变量原子性的问题。其中，ABA 问题是最典型的问题。本节简单介绍 CAS 中的 ABA 问题。

10.4.1　ABA 问题概述

ABA 问题，简单说就是一个变量的初始值为 A，被修改为 B，然后再次被修改为 A 了。在使用 CAS 算法进行检测时，无法检测出 A 的值是否经历过被修改为 B，又再次被修改为 A 的过程。

例如，有 A 和 B 两个线程，线程 A 从内存 X 中读取出变量 V 的值为 1，线程 B 也从内存 X 中读取出变量 V 的值为 1。首先，CPU 切换到线程 B，然后，线程 B 在处理业务时，将内存 X 中变量 V 的值由 1 修改为 2，又由 2 修改为 1。最后，CPU 切换到线程 A 进行 CAS 操作，发现内存 X 中读取出来的变量 V 的值仍然为 1。此时，线程 A 执行 CAS 虽然能够成功，但是内存 X 中的变量 V 的值实际上已经发生过变化了，这就是典型的 ABA 问题。ABA 问题产生的过程如图 10-1 所示。

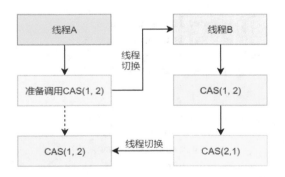

图 10-1　ABA 问题产生的过程

由图 10-1 可以看出，当线程 A 准备调用 CAS(1, 2)将变量 V 的值由 1 修改为 2 时，CPU 发生了线程切换，切换到线程 B 上，线程 B 在执行业务逻辑的过程中，调用 CAS(1, 2)将变量 V

的值由 1 修改为 2，又调用 CAS(2, 1)将变量 V 的值由 2 修改为 1。然后 CPU 又发生了线程切换，切换到了线程 A 上，执行 CAS(1, 2)将变量 V 的值由 1 修改为 2，虽然线程 A 的 CAS 操作能够执行成功，但是期间线程 B 已经修改过变量 V 的值了，造成了 ABA 问题。

10.4.2　ABA 问题解决方案

ABA 问题最经典的解决方案就是使用版本号。具体的操作方法是在每次修改数据时都附带一个版本号，只有当该版本号与数据的版本号一致时，才能执行数据的修改操作，否则修改失败。因为操作的时候附带了版本号，而版本号在每次修改时都会增加，并且只会增加不会减少，所以能够有效地避免 ABA 问题。

10.4.3　Java 如何解决 ABA 问题

在 Java 中的 java.util.concurrent.atomic 包下提供了 AtomicStampedReference 类和 AtomicMarkableReference 类以解决 ABA 问题。

AtomicStampedReference 类在 CAS 的基础上增加了一个类似于版本号的时间戳，可以将这个时间戳作为版本号来防止 ABA 问题，例如，AtomicStampedReference 类中的 weakCompareAndSet() 方法和 compareAndSet()方法中都是通过传入时间戳的方式来避免 ABA 问题的。

AtomicStampedReference 类中的 weakCompareAndSet()方法和 compareAndSet()方法的源码如下。

```
public boolean weakCompareAndSet(V   expectedReference,
                                 V   newReference,
                                 int expectedStamp,
                                 int newStamp) {
    return compareAndSet(expectedReference, newReference,
                         expectedStamp, newStamp);
}

public boolean compareAndSet(V   expectedReference,
                             V   newReference,
                             int expectedStamp,
                             int newStamp) {
    Pair<V> current = pair;
    return
        expectedReference == current.reference &&
        expectedStamp == current.stamp &&
        ((newReference == current.reference &&
```

```
                 newStamp == current.stamp) ||
            casPair(current, Pair.of(newReference, newStamp)));
}
```

从源码可以看出，AtomicStampedReference 类中的 weakCompareAndSet()方法内部调用的是
compareAndSet()方法来实现的。compareAndSet()方法的 4 个参数如下。

- expectedReference：期望的引用值。
- newReference：更新后的引用值。
- expectedStamp：预期的时间戳。
- newStamp：更新后的时间戳。

AtomicStampedReference 类中 CAS 的实现方式为如果当前的引用值等于预期的引用值，并
且当前的时间戳等于预期的时间戳，就会以原子的方式将引用值和时间戳修改为给定的引用值
和时间戳。

AtomicMarkableReference 类的实现中不关心修改过的次数，只关心是否修改过。

AtomicMarkableReference 类的 weakCompareAndSet()方法和 compareAndSet()方法的源码
如下。

```
public boolean weakCompareAndSet(V       expectedReference,
                                 V          newReference,
                                 boolean expectedMark,
                                 boolean newMark) {
    return compareAndSet(expectedReference, newReference,
                     expectedMark, newMark);
}

public boolean compareAndSet(V         expectedReference,
                             V           newReference,
                             boolean expectedMark,
                             boolean newMark) {
    Pair<V> current = pair;
    return
        expectedReference == current.reference &&
        expectedMark == current.mark &&
        ((newReference == current.reference &&
         newMark == current.mark) ||
        casPair(current, Pair.of(newReference, newMark)));
}
```

从源码可以看出，在 AtomicMarkableReference 类的 weakCompareAndSet()方法和

compareAndSet()方法的实现中，增加了 boolean 类型的参数，只判定对象是否被修改过。

10.5　本章总结

　　本章主要介绍了 CAS 的核心原理。首先介绍了 CAS 的基本概念。然后介绍了 Java 实现 CAS 的核心类 Unsafe。接下来，使用 CAS 实现了线程安全的 count++的案例。最后介绍了 ABA 问题及其解决方案，以及 Java 中是如何处理 CAS 的 ABA 问题的。

　　下一章将对死锁的核心原理进行简单的介绍。

第11章

死锁的核心原理

在并发编程中，锁能够有效地保护临界区资源，使多个线程在同一个临界区中有序执行，从而确保线程安全。但是，过度使用锁可能导致死锁问题。本章对死锁的核心原理进行简单的介绍。

本章涉及的知识点如下。

- 死锁的基本概念。
- 死锁的分析。
- 死锁的必要条件。
- 死锁的预防。

11.1 死锁的基本概念

在并发编程中，死锁一般指两个或者两个以上的线程因竞争资源而造成的一种僵局，也可以理解为两个或者多个线程因抢占锁而造成的相互等待的现象。这种两个或者多个线程之间相互等待的现象，如果没有外力的作用，就会一直持续下去。

例如，存在线程 1 和线程 2 两个线程，存在锁 1 和锁 2 两把锁。假设线程 1 按照先抢占锁 1 后抢占锁 2 的顺序抢占锁，线程 2 按照先抢占锁 2 后抢占锁 1 的顺序抢占锁。当线程 1 抢占到锁 1 再去抢占锁 2 时，发现锁 2 已经被线程 2 抢占。而当线程 2 抢占到锁 2 再去抢占锁 1 时，发现锁 1 已经被线程 1 抢占。于是线程 1 占有锁 1，等待线程 2 释放锁 2，线程 2 占有锁 2，等待线程 1 释放锁 1。线程 1 与线程 2 相互等待造成死锁，整个过程如图 11-1 所示。

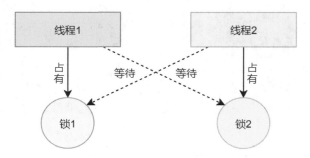

图 11-1　线程 1 与线程 2 相互等待造成死锁

11.2　死锁的分析

在并发编程中，不恰当地使用锁，不仅不能解决线程安全的问题，甚至可能引起死锁，本节通过模拟一个转账的案例来一步步分析死锁的形成。

11.2.1　线程不安全

假设在一个转账系统中，编写了一个转账操作的方法，代码如下。

```
/**
 * @author binghe
 * @version 1.0.0
 * @description 线程不安全的转账操作
 */
public class UnsafeTransferAccount {

    //账户余额
    private long balance;

    public void transferMoney(UnsafeTransferAccount targetAccount, long
transferMoney){
        if (this.balance >= transferMoney){
            this.balance -= transferMoney;
            targetAccount.balance += transferMoney;
        }
    }
}
```

上面的代码虽然实现了转账的功能，但是存在线程安全的问题。此时，第一时间想到的就是加锁，代码如下。

```
/**
 * @author binghe
 * @version 1.0.0
 * @description 线程不安全的转账操作
 */
public class UnsafeTransferAccount {

    //账户余额
    private long balance;

    public void transferMoney(UnsafeTransferAccount targetAccount, long
transferMoney){
        synchronized (this){
            if (this.balance >= transferMoney){
                this.balance -= transferMoney;
                targetAccount.balance += transferMoney;
            }
        }
    }
}
```

上述代码中尽管添加了同步代码块 synchronized(this){}，但仍旧是线程不安全的。

其实，在上述转账方法的代码中，synchronized 锁的临界区存在两个不同的锁资源，分别是转出账户的余额 this.balance 和转入账户的余额 targetAccount.balance，而在转账的代码中只用到了一把锁 synchronized(this)，这把锁只能保护转出账户的余额 this.balance，不能保护转入账户的余额 targetAccount.balance。

上述代码在另外一个场景下也会存在线程安全问题。例如，假设此时存在 X、Y、Z 三个账户，每个账户中的余额都是 500 元。此时使用线程 A 和线程 B 分别执行两个转账操作：账户 X 向账户 Y 转账 100 元，账户 Y 向账户 Z 转账 100 元。在正常情况下，转账操作完成后，账户 X 的余额是 400 元，账户 Y 的余额是 500 元，账户 Z 的余额是 600 元，

如果线程 A 和线程 B 在两个不同的 CPU 上执行，线程 A 执行账户 X 向账户 Y 转账的操作，线程 B 执行账户 Y 向账户 Z 转账的操作，那么线程 A 与线程 B 并不是互斥的。通过上述代码分析得知，线程 A 锁定的是账户 X 的实例，线程 B 锁定的是账户 Y 的实例。因此，线程 A 和线程 B 能够同时进入 transferMoney()方法。此时，线程 A 和线程 B 能够同时读取到账户 Y 的余额为 500。当两个线程都执行完转账操作后，账户 Y 的余额可能为 600 元，也可能为 400 元，但是不可能为 500 元。

这是由于当线程 A 和线程 B 同时读取到账户 Y 的余额为 500 元时，如果线程 A 晚于线程

B 对账户 Y 的余额进行写入操作，则最终账户 Y 的余额为 600 元，整个过程如图 11-2 所示。

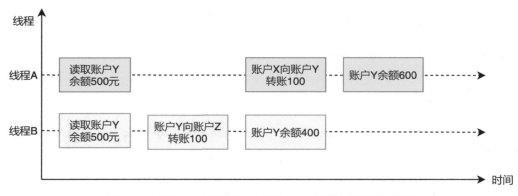

图 11-2　线程 A 晚于线程 B 对账户 Y 的余额进行写入操作

如果线程 A 早于线程 B 对账户 Y 的余额进行写入操作，则最终账户 Y 的余额为 400 元，整个过程如图 11-3 所示。

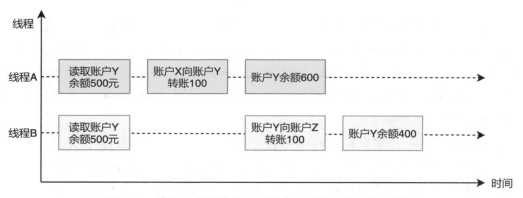

图 11-3　线程 A 早于线程 B 对账户 Y 的余额进行写入操作

在两种情况下，账户 Y 的余额都不可能为 500 元，所以，尽管为转账代码添加了 synchronized(this){}代码块，但仍然存在线程安全的问题。

11.2.2　串行执行

既然在 transferMoney()方法中存在转出账户的余额 this.balance 和转入账户的余额 targetAccount.balance 两个不同的资源，那么如何使用同一把锁保护这两个不同的资源呢？答案就是对类的 Class 对象加锁，代码如下。

```
/**
 * @author binghe
 * @version 1.0.0
 * @description 线程安全的转账操作
 *              但是多个转账操作之间是串行执行的
 */
public class SafeTransferAccount {

    //账户余额
    private long balance;

    public void transferMoney(SafeTransferAccount targetAccount, long
transferMoney){
        synchronized (SafeTransferAccount.class){
            if (this.balance >= transferMoney){
                this.balance -= transferMoney;
                targetAccount.balance += transferMoney;
            }
        }
    }
}
```

SafeTransferAccount 类中的 transferMoney()方法确实能够保证同一时刻只有一个线程进入 transferMoney()方法，从而解决了在多线程环境下转账操作的并发问题。

但是这里存在着一个隐藏的问题，那就是 SafeTransferAccount.class 对象是在 JVM 加载 SafeTransferAccount 时创建的，所有的 SafeTransferAccount 类的对象都会共享一个 SafeTransferAccount.class 对象。换句话说，所有的 SafeTransferAccount 类的对象在执行 transferMoney()方法时都是互斥的。也就是说，无论存在多少个线程执行 SafeTransferAccount 类中的 transferMoney()方法进行转账操作，这些线程之间都是串行执行的，如图 11-4 所示。

如果所有的转账操作都是串行执行的，就会造成只有账户 M 向账户 N 转账完成后，账户 X 才能向账户 Y 转账的问题。在一个银行的交易系统中，时时刻刻都存在转账操作，如果这些转账操作都是串行执行的，那么显然是不可接受的。

所以，在执行转账操作时，最好是让账户 M 向账户 N 转账与账户 X 向账户 Y 转账这两个操作能够并行执行。

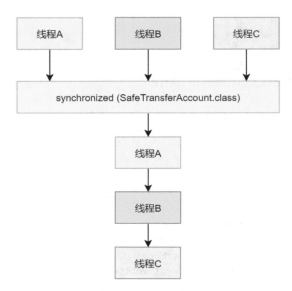

图 11-4　对类的 Class 对象加锁后线程串行执行

11.2.3　发生死锁

对转账操作的代码进一步分析得知，在 transferMoney()方法中，涉及两个不同的资源，分别是转出账户 this 和转入账户 targetAccount。试想,如果对转出账户 this 和转入账户 targetAccount 分别加锁，那么只有对两个账户加锁都成功才执行转账操作，这样是不是就能够使账户 M 向账户 N 转账的操作与账户 X 向账户 Y 转账的操作并行执行呢？

对转出账户 this 和转入账户 targetAccount 分别加锁的代码如下。

```
/**
 * @author binghe
 * @version 1.0.0
 * @description 转账时发生死锁
 */
public class DeadLockTransferAccount {
    //账户余额
    private long balance;

    public void transferMoney(DeadLockTransferAccount targetAccount, long
transferMoney){
        synchronized (this){
            synchronized (targetAccount){
                if (this.balance >= transferMoney){
```

```
                this.balance -= transferMoney;
                targetAccount.balance += transferMoney;
            }
        }
    }
}
```

其实，尽管上述代码对转出账户 this 和转入账户 targetAccount 分别进行了加锁操作，但是这不仅不能使账户 M 向账户 N 转账的操作与账户 X 向账户 Y 转账的操作并行执行，甚至还会引起死锁的问题。

根据上述代码分析这样一个场景：假设存在线程 A 和线程 B 两个线程，线程 A 和线程 B 分别在两个不同的 CPU 上执行，线程 A 执行账户 X 向账户 Y 转账的操作，线程 B 执行账户 Y 向账户 X 转账的操作。

当线程 A 和线程 B 执行到 synchronized (this) 这行代码时，线程 A 获取到账户 X 的锁，线程 B 获取到账户 Y 的锁。当执行到 synchronized (targetAccount) 这行代码时，线程 A 尝试获取账户 Y 的锁，线程 B 尝试获取账户 X 的锁。

线程 A 在尝试获取账户 Y 的锁时，发现账户 Y 的锁已经被线程 B 占有，此时线程 A 开始等待线程 B 释放账户 Y 的锁。而线程 B 在尝试获取账户 X 的锁时，发现账户 X 的锁已经被线程 A 占有，此时线程 B 开始等待线程 A 释放账户 X 的锁，如图 11-5 所示。

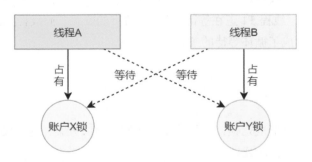

图 11-5　线程 A 与线程 B 相互等待各自占有的锁资源

线程 A 持有账户 X 的锁并等待线程 B 释放账户 Y 的锁，而线程 B 持有账户 Y 的锁并等待线程 A 释放账户 X 的锁。线程 A 与线程 B 各自占有对方所需的资源，并且相互等待对方释放资源，造成了死锁的现象。

11.3 形成死锁的必要条件

形成死锁需要 4 个必要条件，分别为互斥条件、不可剥夺条件、请求与保持条件和循环等待条件。如果要形成死锁，则必须存在这 4 个条件，缺一不可。

1. 互斥条件

互斥条件表示在一段时间内，某个或某些资源只能被一个线程占有，此时如果有其他线程需要访问该资源，则只能等待。

2. 不可剥夺条件

不可剥夺条件表示线程所占有的资源在使用完毕之前，不能被其他线程强行夺走，只能由获取到资源的线程主动释放。

3. 请求与保持条件

请求与保持条件表示当线程占有了至少一个资源，又需要抢占新的资源，而需要抢占的资源已经被其他线程占有时，需要抢占新资源的线程被阻塞，但是并不会释放其已经占有的资源。

4. 循环等待条件

循环等待条件表示发生死锁时，必然存在一个线程与资源的循环等待链，链中的每一个线程请求的资源都被下一个线程占有。例如，线程集合 $\{T0, T1, T2, \dots Tn\}$，其中线程 $T0$ 正在等待线程 $T1$ 占有的资源，线程 $T1$ 正在等待线程 $T2$ 占有的资源，而线程 Tn 正在等待线程 $T0$ 占有的资源，从逻辑上形成了循环等待的条件。

11.4 死锁的预防

在并发编程中，一旦形成死锁，一般并没有太好的解决方案，通常需要重启应用。因此，解决死锁最好的方案就是预防死锁。

死锁的形成需要 4 个必要条件，所以，只要破坏这 4 个必要条件中的任意一个，就能够防止死锁的形成。

1. 破坏互斥条件

预防死锁一般不会破坏互斥条件，因为在并发编程中使用锁的目的就是实现线程之间的互斥。这一点需要特别注意。

2. 破坏不可剥夺条件

破坏不可剥夺条件的核心就是让当前线程主动释放占有的资源，此时使用 JVM 内置的 synchronized 锁是无法做到的，可以使用 JDK 的 java.util.concurrent 包下的 Lock 锁来解决。

例如，可以将转账的代码修改如下。

```java
/**
 * @author binghe
 * @version 1.0.0
 * @description 使用 Lock 破坏不可剥夺条件
 */
public class LockTransferAccount {

    //账户余额
    private long balance;
    //转出账户的锁
    private Lock thisLock = new ReentrantLock();
    //转入账户的锁
    private Lock targetAccountLock = new ReentrantLock();

    public void transferMoney(LockTransferAccount targetAccount, long
transferMoney){
        try{
            if (thisLock.tryLock()){
                try{
                    if (targetAccountLock.tryLock()){
                        if (this.balance >= transferMoney){
                            this.balance -= transferMoney;
                            targetAccount.balance += transferMoney;
                        }
                    }
                }finally {
                    targetAccountLock.unlock();
                }
            }
        }finally {
            thisLock.unlock();
        }
    }
}
```

在上述代码中，创建了一个表示转出账户的锁 thisLock，一个表示转入账户的锁 targetAccountLock，在 transferMoney()方法中依次调用 thisLock 的 tryLock()方法和 targetAccountLock 的 tryLock()方法对资源进行加锁，执行完转账操作后，再依次调用 targetAccountLock 的 unlock()方法和 thisLock 的 unlock()方法释放锁资源。

使用 Lock 的 tryLock()方法加锁，并在 finally{}代码块中调用 Lock 的 unlock()方法释放锁，能够使线程在执行完临界区的代码后，主动释放锁资源。

注意：在 Lock 接口中，存在两个 tryLock()方法，分别如下所示。

● tryLock()方法

tryLock()方法返回一个 boolean 类型的值，表示尝试对资源进行加锁操作，加锁成功则返回 true，加锁失败则返回 false。无论加锁成功还是加锁失败都会立即返回结果，不会因加锁失败而阻塞等待。

● tryLock(long time, TimeUnit unit)方法

此方法与 tryLock()方法类似，只不过此方法在加锁失败时会等待一定的时间，在等待的时间内，如果加锁失败，那么仍然返回 false。如果立即加锁成功或者在等待的时间内加锁成功，就返回 true。

3. 破坏请求与保持条件

可以通过一次性申请所需要的所有资源来破坏请求与保持条件。如果线程在执行业务逻辑前，一次性申请了所需要的所有资源，在整个运行过程中就不会再请求新的资源，从而破坏了请求的条件。

例如，在转账操作中，可以一次性申请账户 X 和账户 Y 的资源，在两个账户的资源都申请成功后，再执行转账操作。

为了实现一次性申请账户 X 和账户 Y 的资源，在转账操作的基础上，还需要创建一个申请资源和释放资源的类 ResourcesRequester，ResourcesRequester 类的代码如下。

```
/**
 * @author binghe
 * @version 1.0.0
 * @description 一次性申请和释放资源
 */
public class ResourcesRequester {

    //存放申请资源的集合
```

```
    private List<Object> resources = new ArrayList<Object>();

    //一次性申请所有的资源
    public synchronized boolean applyResources(Object source, Object target){
        if (resources.contains(source) || resources.contains(target)){
            return false;
        }
        resources.add(source);
        resources.add(target);
        return true;
    }

    public synchronized void releaseResources(Object source, Object target){
        resources.remove(source);
        resources.remove(target);
    }
}
```

可以看到，ResourcesRequester 类的代码其实很简单，本质上，在申请资源时将所有的资源放入 List 集合中，在释放资源时移除 List 集合中的资源。同时，为了达到在申请资源和释放资源时线程安全的目的，applyResources()方法和 releaseResources()方法都添加了 synchronized 锁。

此时需要将转账的代码修改如下。

```
/**
 * @author binghe
 * @version 1.0.0
 * @description 破坏请求与保持条件
 */
public class ResourcesTransferAccount {
    //账户余额
    private long balance;
    private static ResourcesRequester requester;

    static {
        requester = new ResourcesRequester();
    }

    public void transferMoney(ResourcesTransferAccount targetAccount, long
transferMoney){
        //以循环的方式确保申请到所有的资源
        while (true){
            if (requester.applyResources(this, targetAccount)){
                break;
```

```
        }
    }
    try{
        synchronized (this){
            synchronized (targetAccount){
                if (this.balance >= transferMoney){
                    this.balance -= transferMoney;
                    targetAccount.balance += transferMoney;
                }
            }
        }
    }finally {
        requester.releaseResources(this, targetAccount);
    }
  }
}
```

在 ResourcesTransferAccount 类的代码中，为了保证 ResourcesRequester 类的对象是单例的，将 ResourcesRequester 类的对象定义成静态变量 requester，同时在静态代码块中创建 ResourcesRequester 类的对象并赋值给静态变量 requester。

在 transferMoney()方法中，为了确保申请到所有的账户资源，首先使用 while 循环的方式进行申请，当所有的账户资源都申请成功，退出循环体。然后对转出账户 this 和转入账户 targetAccount 添加 synchronized 锁，并执行转账操作。最后在 finally{}代码块中释放所有的账户资源。

ResourcesTransferAccount 类能够保证同一时刻只能有一个线程执行 try{}-finally{}代码块中的代码，也破坏了请求与保持条件。

4. 破坏循环等待条件

可以通过按照一定的顺序申请资源来破坏循环等待条件，从而有效地避免死锁。

具体的实现过程也比较简单，就拿转账操作来说，最简单的做法就是为每一个账户赋予唯一的 long 类型的编号 no，在进行转账操作时，先根据 no 编号对账户进行排序，每次都先对编号小的账户加锁，再对编号大的账户加锁，确保按照编号从小到大的顺序对账户进行加锁操作，可以有效地破坏循环等待条件，例如，如下的转账代码。

```
/**
 * @author binghe
 * @version 1.0.0
 * @description 破坏循环等待条件
 */
public class SortedTransferAccount {
```

```
private long no;
//账户余额
private long balance;

public void transferMoney(SortedTransferAccount targetAccount, long
transferMoney){
    SortedTransferAccount beforeLockAccount = this;
    SortedTransferAccount afterLockAccount = targetAccount;
    if (this.no > targetAccount.no){
        beforeLockAccount = targetAccount;
        afterLockAccount = this;
    }
    synchronized (beforeLockAccount){
        synchronized (afterLockAccount){
            if (this.balance >= transferMoney){
                this.balance -= transferMoney;
                targetAccount.balance += transferMoney;
            }
        }
    }
}
}
```

可以看到，在 SortedTransferAccount 类的 transferMoney()方法中，首先将 this 对象赋值给 beforeLockAccount，将 targetAccount 对象赋值给 afterLockAccount。

接下来，判断 this 对象中的 no 编号与 targetAccount 对象中的 no 编号的大小，如果 this 对象中的 no 编号大于 targetAccount 对象中的 no 编号，则将 targetAccount 对象赋值给 beforeLockAccount，将 this 对象赋值给 afterLockAccount，目的就是让 beforeLockAccount 对象中的 no 编号小于 afterLockAccount 对象中的 no 编号。

随后按顺序对 beforeLockAccount 对象和 afterLockAccount 对象添加 synchronized 锁。也就是说，每次在添加 synchronized 时，都是先对 no 编号小的账户对象加锁，再对 no 编号大的对象加锁，此时就破坏了循环等待的条件。

注意：在并发编程中，避免死锁最简单的方式就是破坏循环等待条件，为每个资源分别设置唯一编号，根据编号对资源进行排序，每次申请资源时都按照一定的顺序加锁可以有效地避免死锁问题。

11.5　本章总结

本章主要对死锁的核心原理进行了简单的介绍，首先，介绍了死锁的基本概念。然后，以典型的转账方法为例一步步分析了死锁的产生场景。接下来，介绍了形成死锁的 4 个必要条件。最后，同样以转账的方法为例详细分析了如何预防死锁。

下一章将对锁优化的实现方式进行简单的介绍。

注意：本章涉及的源代码已经提交到 GitHub 和 Gitee，GitHub 和 Gitee 链接地址见 2.4 节结尾。

第 **12** 章

锁优化

在并发编程中，锁能够有效地保护临界区的资源。但是，加锁使得原本能够并行执行的操作变得串行化，串行操作会降低系统的性能，CPU 对于线程的上下文切换也会降低系统的性能。因此，需要在并发编程中对使用的锁进行一定的优化。本章对锁优化的一些方案和技巧进行简单的介绍。

本章涉及的知识点如下。

- 缩小锁的范围。
- 减小锁的粒度。
- 锁分离。
- 锁分段。
- 锁粗化。
- 避免热点区域。
- 独占锁的替换方案。
- 其他优化方案。

12.1 缩小锁的范围

缩小锁的范围在一定程度上就是缩短持有锁的时间。最简单的做法就是将一些不会产生线程安全问题的代码移到同步代码块之外，尤其要注意的是不会产生线程安全问题的 I/O 操作等非常耗时的操作，或者有可能引起阻塞的操作，这些操作尽量放在同步代码块之外执行，这样能够有效提高程序执行的并行度，从而进一步提升系统的性能。

例如，优化前的代码如下。

```
private void callSafeMethod1(){

}

private void callSafeMethod2(){

}

private void callUsafeMethod(){

}

public synchronized void syncMethod(){
    callSafeMethod1();
    callUsafeMethod();
    callSafeMethod2();
}
```

在 syncMethod()方法中，调用了三个方法，分别为 callSafeMethod1()方法、callSafeMethod2()方法和 callUsafeMethod()方法。其中，callSafeMethod1()方法和 callSafeMethod2()方法是线程安全的，callUsafeMethod()方法是线程不安全的。

syncMethod()方法使用 synchronized 修饰，也就是说，线程在执行 syncMethod()方法时，会对整个方法体添加 synchronized 锁，即使 syncMethod()方法中存在线程安全的代码片段，其他线程也只能等待当前线程执行完 syncMethod()方法的所有逻辑并退出 syncMethod()方法后才能执行 syncMethod()方法体的逻辑。

换句话说，在执行 syncMethod()方法体的逻辑时，整个方法体都是以串行化的方式来执行的。这在一定程度上降低了程序的并行度，从而降低了系统的执行性能。

此时，可以缩小 syncMethod()方法中锁的范围，在 syncMethod()方法体中，只对线程不安全的 callUsafeMethod()方法片段加锁，线程安全的 callSafeMethod1()方法和 callSafeMethod2()方法会被移到同步代码块之外，优化后的代码如下。

```
private void callSafeMethod1(){

}

private void callSafeMethod2(){

}
```

```
private void callUsafeMethod(){

}

public void syncMethod(){
    callSafeMethod1();
    synchronized (this){
        callUsafeMethod();
    }
    callSafeMethod2();
}
```

优化后的代码只对线程不安全的 callUsafeMethod()方法片段加锁，多个线程可以同时执行 syncMethod()方法中的 callSafeMethod1()方法，而不必等到当前线程完全退出 syncMethod()方法 后再执行 syncMethod()方法的逻辑，提高了程序执行的并行度，进而提升了系统的性能。

12.2　减小锁的粒度

减小锁粒度在一定程度上就是缩小锁定对象的范围，将一个大对象拆分成多个小对象，对 这些小对象进行加锁，能够提高程序的并行度，减少锁的竞争。

如果在某个应用中只存在一个全局锁，那么线程会以串行化的方式执行被锁定的同步代码 块。此时，在并发环境下，很多线程会同时竞争这个全局锁，程序的性能会急剧下降。如果将 对这个全局锁的请求分布到更多的锁上，就可以有效降低锁的竞争程度，此时由于竞争锁而造 成阻塞的线程也会更少，从而提高系统的并行度，进一步提升系统的性能。

例如，优化前的代码如下。

```
private Set<String> userSet = new HashSet<>();
private Set<String> orderSet = new HashSet<>();

public synchronized void addUser(String user){
    userSet.add(user);
}
public synchronized void addOrder(String order){
    orderSet.add(order);
}
public synchronized void removeUser(String user){
    userSet.remove(user);
}
```

```
public synchronized void removeOrder(String order){
    orderSet.remove(order);
}
```

可以看到，上述代码中的每个方法都使用了 synchronized 关键字修饰，也就是说，对每个方法都添加了 synchronized 锁，并且锁对象是当前类的对象 this。此时，多个线程执行同一个类对象中的任意一个方法都会发生锁竞争，影响程序的执行性能。

可以分别针对 userSet 集合与 orderSet 集合加锁，这样可以缩小锁的粒度，提升程序的并行度，优化后的代码如下。

```
private Set<String> userSet = new HashSet<>();
private Set<String> orderSet = new HashSet<>();

public void addUser(String user){
    synchronized (userSet){
        userSet.add(user);
    }
}
public void addOrder(String order){
    synchronized (orderSet){
        orderSet.add(order);
    }
}
public void removeUser(String user){
    synchronized (userSet){
        userSet.remove(user);
    }
}
public void removeOrder(String order){
    synchronized (orderSet){
        orderSet.remove(order);
    }
}
```

上述优化后的代码在操作 userSet 集合时，就对 userSet 对象加锁；在操作 orderSet 集合时，就对 orderSet 对象加锁。这样，当某个线程执行操作 userSet 集合的方法时，其他线程在同一时刻能够执行操作 orderSet 集合的方法，提高了程序的并行度，进一步提升了系统的性能。

12.3 锁分离

锁分离技术最典型的应用就是 ReadWriteLock（读/写锁），ReadWriteLock 能够将锁分成读锁与写锁，其中读读不互斥、读写互斥、写写互斥，这样既保证了线程安全，又能够提升性能。

注意：关于读/写锁的核心原理，读者可参见第 9 章的相关内容，笔者不再赘述。

12.4 锁分段

进一步减小锁的粒度，对一组独立对象上的锁进行分解的现象叫作锁分段。锁分段最典型的应用就是 JDK 1.7 中的 ConcurrentHashMap。

在 ConcurrentHashMap 的实现中，使用了一个包含 16 个锁的数组，每个锁保护 1/16 的数据段，其中第 N 个数据段交给第 $N\%16$（N 对 16 取模）个锁保护。这样，当多个线程访问不同数据段的数据时，线程间就不会发生锁竞争，从而提高并发访问的效率。

同时，ConcurrentHashMap 将数据按照不同的数据段进行存储，并为每一个数据段分配一把锁，当某个线程占有某个数据段的锁访问数据时，其他数据段的锁也能被其他线程抢占到，即其他数据段的数据也能被其他线程访问，提高了程序的并行度，从而提升了性能。

12.5 锁粗化

在并发编程中，为了提升锁的性能，通常会尽量缩小锁的范围并减小锁的粒度，但是如果同一个线程不停地请求、同步和释放同一个锁，则会降低程序的执行性能。此时，可以尝试扩大锁的范围，即对锁进行粗化处理。

例如，优化前的代码如下。

```
private Object lock = new Object();

public void lockMethod(){
    synchronized (lock){
        //省略代码片段 1
    }
    synchronized (lock){
        //省略代码片段 2
    }
}
```

在上述代码中，同一个线程对同一个锁多次进行请求、同步和释放，也会消耗系统资源，降低程序的执行性能。此时，可以将锁进行粗化处理，将需要同步的代码合并。优化后的代码如下。

```
private Object lock = new Object();

public void lockMethod(){
    synchronized (lock){
        //省略代码片段1
        //省略代码片段2
    }
}
```

当遇到程序在一个循环体中不停获得锁的情况时，虽然 JVM 内部会对这种情况进行优化，但是最好还是手动优化一下代码。优化前的代码如下。

```
private Object lock = new Object();

public void lockForMethod(){
    for (int i = 0; i < 100; i++){
        synchronized (lock){
            //省略其他代码
        }
    }
}
```

优化后的代码如下。

```
private Object lock = new Object();

public void lockForMethod(){
    synchronized (lock){
        for (int i = 0; i < 100; i++){
            //省略其他代码
        }
    }
}
```

12.6　避免热点区域问题

当程序中存在需要为某个集合更新某个计数器的操作时，例如，更新某个集合的 size 长度，最简单的实现方式就是在每次调用集合操作时，都统计一遍集合中元素的数量。还有一种优化措施就是在向集合中插入元素，或者删除集合中的元素时，更新某个计数器的值。

在这种情况下，这个计数器就会成为热点区域，每当向集合中插入元素或者删除集合中的元素时，都会访问这个计数器。

在 ConcurrentHashMap 中，巧妙地避免了 size 长度这个计数器的热点区域问题。在 ConcurrentHashMap 中，每个数据段都会维护一个针对当前数据段的独立 size 计数，这些 size 计数分别交由其所在数据段的锁来维护。当统计 size 长度时，会遍历每个数据段，并且累加每个数据段中的 size 计数，而不是维护一个全局的 size 值。

12.7　独占锁的替换方案

在并发编程中，通常可以使用一些性能更好的方案来代替独占锁，例如，并发容器、读/写锁、final 关键字修饰的不可变对象、原子变量、乐观锁、CAS 操作等。

注意：有关读/写锁、乐观锁和 CAS 操作等的核心原理，读者可参见本书的相关章节，笔者在此不再赘述。关于并发容器、final 关键字修饰的不可变对象、原子变量等知识，读者可以关注"冰河技术"微信公众号进行了解，限于全书篇幅，笔者在此不再赘述。

12.8　其他优化方案

除了本章中列举的锁优化方案，编译器级别还提供了锁消除的方案进行锁优化。在 JVM 内部，也提供了偏向锁、轻量级锁和自旋锁等方案进行锁优化。

注意：锁消除、偏向锁、轻量级锁和自旋锁的相关知识，读者可以参见本书的相关章节，笔者在此不再赘述。

12.9　本章总结

本章主要对锁的优化方案进行了简单的介绍。首先介绍了如何缩小锁的范围和减小锁的粒度。然后介绍了锁分离、锁分段和锁粗化。接下来，介绍了如何避免热点区域问题和独占锁的替换方案。最后，简单介绍了其他优化方案。

下一章将对线程池的核心原理进行简单的介绍。

注意：本章涉及的源代码已经提交到 GitHub 和 Gitee，GitHub 和 Gitee 链接地址见 2.4 节结尾。

第 13 章

线程池核心原理

使用线程池最大的好处就是能够实现线程的复用，不必每次执行任务时都重新创建线程。同时，线程池能够有效地控制最大并发线程数，防止无限制的创建线程导致系统宕机或 OOM，提高系统资源的利用效率，同时能够有效地避免过度的资源竞争。另外，线程池提供了定时执行、定期执行、并发数控制等功能，能够对线程池的资源进行实时监控。本章对线程池的核心原理进行简单的介绍。

本章涉及的知识点如下。

- 线程池的核心状态。
- 线程池的创建方式。
- 线程池执行任务的核心流程。
- 线程池的关闭方式。
- 如何确定最佳的线程数。

13.1 线程池的核心状态

线程池在运行的过程中，会通过定义的一些常量来标注线程池的运行状态，本节简单介绍线程池在运行过程中的几个核心状态。

13.1.1 核心状态说明

在线程池的核心类 ThreadPoolExecutor 中，定义了几个线程池在运行过程中的核心状态。源码如下。

```
private static final int COUNT_BITS = Integer.SIZE - 3;
private static final int CAPACITY   = (1 << COUNT_BITS) - 1;

// runState is stored in the high-order bits
private static final int RUNNING    = -1 << COUNT_BITS;
private static final int SHUTDOWN   =  0 << COUNT_BITS;
private static final int STOP       =  1 << COUNT_BITS;
private static final int TIDYING    =  2 << COUNT_BITS;
private static final int TERMINATED =  3 << COUNT_BITS;
```

从源码中可以看出，线程池在运行的过程中涉及的核心状态包括 RUNNING、SHUTDOWN、STOP、TIDYING、TERMINATED。各个状态的具体含义如下。

- RUNNING：表示线程池处于运行状态，此时线程池能够接收新提交的任务，并且能够处理阻塞队列中的任务。
- SHUTDOWN：表示线程池处于关闭状态，此时线程池不能接收新提交的任务，但是不会中断正在执行任务的线程，能够继续执行正在执行的任务，也能够处理阻塞队列中已经保存的任务。如果线程池处于 RUNNING 状态，那么调用线程池的 shutdown()方法会使线程池进入 SHUTDOWN 状态。
- STOP：表示线程池处于停止状态，此时线程池不能接收新提交的任务，也不能继续处理阻塞队列中的任务，同时会中断正在执行任务的线程，使得正在执行的任务被中断。如果线程池处于 RUNNING 状态或者 SHUTDOWN 状态，那么调用线程池的 shutdownNow()方法会使线程池进入 STOP 状态。
- TIDYING：如果线程池中所有的任务都已经终止，有效线程数为 0，线程池就会进入 TIDYING 状态。换句话说，如果线程池中已经没有正在执行的任务，并且线程池中的阻塞队列为空，同时线程池中的工作线程数量为 0，线程池就会进入 TIDYING 状态。
- TERMINATED：如果线程池处于 TIDYING 状态，此时调用线程池的 terminated()方法，线程池就会进入 TERMINATED 状态。

13.1.2 核心状态的流转过程

线程池在运行的过程中，其内部维护的状态变量的值不是一成不变的，而是会随着某些事件的触发而动态变化，线程池核心状态的流转过程如图 13-1 所示。

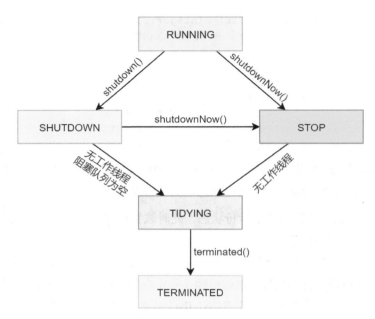

图 13-1 线程池核心状态的流转过程

由图 13-1 所示，线程池由 RUNNING 状态转换成 TERMINATED 状态需要经过如下流程。

（1）当线程池处于 RUNNING 状态时，显示调用线程池的 shutdown()方法，或者隐式调用 finalize()方法，线程池会由 RUNNING 状态转换为 SHUTDOWN 状态。

（2）当线程池处于 RUNNING 状态时，显示调用线程池的 shutdownNow()方法，线程池会由 RUNNING 状态转换为 STOP 状态。

（3）当线程池处于 SHUTDOWN 状态时，显示调用线程池的 shutdownNow()方法，线程池会由 SHUTDOWN 状态转换为 STOP 状态。

（4）当线程池处于 SHUTDOWN 状态时，如果线程池中无工作线程，并且阻塞队列为空，则线程池会由 SHUTDOWN 状态转换为 TIDYING 状态。

（5）当线程池处于 STOP 状态时，如果线程池中无工作线程，则线程池会由 STOP 状态转换为 TIDYING 状态。

（6）当线程池处于 TIDYING 状态时，调用线程池的 terminated()方法，线程池会由 TIDYING 状态转换为 TERMINATED 状态。

13.2 线程池的创建方式

Java 从 JDK 1.5 开始引入了线程池，线程池的出现极大地方便了开发人员对于线程的调度和管理。同时，在线程池的实现中，提供了多种线程池的创建方式，本节简单介绍一下可以通过哪些方式创建线程池。

13.2.1 通过 Executors 类创建线程池

Executors 类是 JDK 中提供的一个创建线程池的工具类，提供了多个创建线程池的方法，常用的创建线程池的方法如下。

1. Executors.newCachedThreadPool 方法

当调用 Executors.newCachedThreadPool 方法创建线程池时，表示创建一个可缓存的线程池，如果线程池中的线程数量超过了运行任务的需要，则可以灵活地回收空闲线程。如果在向线程池提交新任务时，线程池中无空闲线程，则新建线程来执行任务。

使用 Executors.newCachedThreadPool 方法创建线程池的形式如下。

```
Executors.newCachedThreadPool();
```

注意：当调用 Executors.newCachedThreadPool 方法创建线程池执行任务时，如果同时需要处理大量的任务，则可能造成 CPU 使用率 100%的问题。

2. Executors.newFixedThreadPool 方法

当调用 Executors.newFixedThreadPool 方法创建线程池时，表示创建一个固定长度的线程池，也就是线程池中的工作线程的数量是固定的，能够有效地控制线程池的最大并发数。当向线程池中提交任务时，如果线程池中有空闲线程，则执行任务。如果线程池中无空闲线程，则将任务放入阻塞队列中，待线程池中出现空闲线程，再执行阻塞队列中的任务。

使用 Executors.newFixedThreadPool 方法创建线程池的形式如下。

```
Executors.newFixedThreadPool(3);
```

注意：当调用 Executors.newFixedThreadPool 方法创建线程池执行任务时，线程池内部使用了 LinkedBlockingQueue 队列，并且默认传递的队列长度为 Integer.MAX_VALUE，所以当提交大量任务到线程池时，可能引起内存溢出。

3. Executors.newScheduledThreadPool 方法

当调用 Executors.newScheduledThreadPool 方法创建线程池时，表示创建一个可以周期性执行任务的线程池，能够定时、周期性的执行任务。

使用 Executors.newScheduledThreadPool 方法创建线程池的形式如下。

```
Executors.newScheduledThreadPool(3);
```

4. Executors.newSingleThreadExecutor 方法

当调用 Executors.newSingleThreadExecutor 方法创建线程池时，表示创建只有一个工作线程的线程池，即线程池中只会有一个线程执行任务，能够保证提交到线程池中的所有任务按照先进先出的顺序，或者按照某个优先级的顺序来执行。当向线程池中提交任务时，如果线程池中无空闲线程，则会将任务保存在阻塞队列中。

使用 Executors.newSingleThreadExecutor 方法创建线程池的形式如下。

```
Executors.newSingleThreadExecutor();
```

注意：当调用 Executors.newSingleThreadExecutor 方法创建线程池执行任务时，线程池内部使用了 LinkedBlockingQueue 队列，并且默认传递的队列长度为 Integer.MAX_VALUE，所以如果提交到线程池的任务量较大，则可能引起内存溢出。

5. Executors.newSingleThreadScheduledExecutor 方法

当调用 Executors.newSingleThreadScheduledExecutor 方法创建线程池时，表示创建只有一个工作线程的线程池，并且线程池支持定时、周期性执行任务。

使用 Executors.newSingleThreadScheduledExecutor 方法创建线程池的形式如下。

```
Executors.newSingleThreadScheduledExecutor();
```

6. Executors.newWorkStealingPool 方法

当调用 Executors.newWorkStealingPool 方法创建线程池时，表示创建一个具有并行级别的线程池。此方法是 JDK 1.8 新增的方法，能够为线程池设置并行级别，具有比通过 Executors 类中的其他方法创建的线程池更高的并发度和性能。

使用 Executors.newWorkStealingPool 方法创建线程池的形式如下。

```
Executors.newWorkStealingPool();
Executors.newWorkStealingPool(Runtime.getRuntime().availableProcessors());
```

注意：在 Executors 类中，除了 newWorkStealingPool 方法，调用任何方法创建线程池本质上调用的都是 ThreadPoolExecutor 类的构造方法。

13.2.2　通过 ThreadPoolExecutor 类创建线程池

既然 Executors 类中提供的创建线程池的方法大部分调用的是 ThreadPoolExecutor 类的构造方法，因此，可以直接调用 ThreadPoolExecutor 类的构造方法来创建线程池，而不再使用 Executors 工具类。这也是《阿里巴巴 Java 开发手册》中推荐的创建线程池的方式。

通过查看 ThreadPoolExecutor 类的源码可知，ThreadPoolExecutor 类中提供的构造方法如下。

```
public ThreadPoolExecutor(int corePoolSize,
                          int maximumPoolSize,
                          long keepAliveTime,
                          TimeUnit unit,
                          BlockingQueue<Runnable> workQueue) {
    this(corePoolSize, maximumPoolSize, keepAliveTime, unit, workQueue,
        Executors.defaultThreadFactory(), defaultHandler);
}

public ThreadPoolExecutor(int corePoolSize,
                          int maximumPoolSize,
                          long keepAliveTime,
                          TimeUnit unit,
                          BlockingQueue<Runnable> workQueue,
                          ThreadFactory threadFactory) {
    this(corePoolSize, maximumPoolSize, keepAliveTime, unit, workQueue,
        threadFactory, defaultHandler);
}

public ThreadPoolExecutor(int corePoolSize,
                          int maximumPoolSize,
                          long keepAliveTime,
                          TimeUnit unit,
                          BlockingQueue<Runnable> workQueue,
                          RejectedExecutionHandler handler) {
    this(corePoolSize, maximumPoolSize, keepAliveTime, unit, workQueue,
        Executors.defaultThreadFactory(), handler);
}

public ThreadPoolExecutor(int corePoolSize,
                          int maximumPoolSize,
                          long keepAliveTime,
```

```
                        TimeUnit unit,
                        BlockingQueue<Runnable> workQueue,
                        ThreadFactory threadFactory,
                        RejectedExecutionHandler handler) {
    if (corePoolSize < 0 ||
        maximumPoolSize <= 0 ||
        maximumPoolSize < corePoolSize ||
        keepAliveTime < 0)
        throw new IllegalArgumentException();
    if (workQueue == null || threadFactory == null || handler == null)
        throw new NullPointerException();
    this.acc = System.getSecurityManager() == null ?
            null :
            AccessController.getContext();
    this.corePoolSize = corePoolSize;
    this.maximumPoolSize = maximumPoolSize;
    this.workQueue = workQueue;
    this.keepAliveTime = unit.toNanos(keepAliveTime);
    this.threadFactory = threadFactory;
    this.handler = handler;
}
```

通过对 ThreadPoolExecutor 类源码的分析可知，通过 ThreadPoolExecutor 类创建线程池时最终调用的构造方法如下。

```
public ThreadPoolExecutor(int corePoolSize,
                        int maximumPoolSize,
                        long keepAliveTime,
                        TimeUnit unit,
                        BlockingQueue<Runnable> workQueue,
                        ThreadFactory threadFactory,
                        RejectedExecutionHandler handler) {
    if (corePoolSize < 0 ||
        maximumPoolSize <= 0 ||
        maximumPoolSize < corePoolSize ||
        keepAliveTime < 0)
        throw new IllegalArgumentException();
    if (workQueue == null || threadFactory == null || handler == null)
        throw new NullPointerException();
    this.acc = System.getSecurityManager() == null ?
            null :
            AccessController.getContext();
    this.corePoolSize = corePoolSize;
    this.maximumPoolSize = maximumPoolSize;
    this.workQueue = workQueue;
```

```
        this.keepAliveTime = unit.toNanos(keepAliveTime);
        this.threadFactory = threadFactory;
        this.handler = handler;
}
```

在调用上述构造方法时，需要传递 7 个参数，这 7 个参数的具体含义如下。

- corePoolSize：表示线程池中的核心线程数。
- maximumPoolSize：表示线程池中的最大线程数。
- keepAliveTime：在表示线程池中的线程空闲时，能够保持的最长时间。换句话说，就是当线程池中的线程数量超过 corePoolSize 时，如果没有新的任务被提交，核心线程外的线程就不会立即销毁，而是需要等待 keepAliveTime 时间后才会终止。
- unit：表示 keepAliveTime 的时间单位。
- workQueue：表示线程池中的阻塞队列，同于存储等待执行的任务。
- threadFactory：表示用来创建线程的线程工厂。在创建线程池时，会提供一个默认的线程工厂，默认的线程工厂创建的线程会具有相同的优先级，并且是设置了线程名称的非守护线程。
- handler：表示线程池拒绝处理任务时的策略。如果线程池中的 workQueue 阻塞队列满了，同时，线程池中的线程数已达到 maximumPoolSize，并且没有空闲的线程，此时继续有任务提交到线程池，就需要采取某种策略来拒绝任务的执行。

其中，corePoolSize、maximumPoolSize 和 workQueue 3 个参数之间的关系如下。

（1）当线程池中运行的线程数小于 corePoolSize 时，如果向线程池中提交任务，那么即使线程池中存在空闲线程，也会直接创建新线程来执行任务。

（2）如果线程池中运行的线程数大于 corePoolSize，并且小于 maximumPoolSize，那么只有当 workQueue 队列已满时，才会创建新的线程来执行新提交的任务。

（3）在调用 ThreadPoolExecutor 类的构造方法时，如果传递的 corePoolSize 和 maximumPoolSize 参数相同，那么创建的线程池的大小是固定的。此时，如果向线程池中提交任务，并且 workQueue 队列未满，就会将新提交的任务保存到 workQueue 队列中，等待空闲的线程，从 workQueue 队列中获取任务并执行。

（4）如果线程池中运行的线程数大于 maximumPoolSize，并且此时 workQueue 队列已满，则会触发指定的拒绝策略来拒绝任务的执行。

在通过 ThreadPoolExecutor 类创建线程池时，可以使用如下形式。

```
new ThreadPoolExecutor(0, 10,
                       60L, TimeUnit.SECONDS,
                       new SynchronousQueue<Runnable>());
```

13.2.3 通过 ForkJoinPool 类创建线程池

从 JDK 1.8 开始，Java 在 Executors 类中增加了创建 work-stealing 线程池的方法，源码如下。

```
public static ExecutorService newWorkStealingPool(int parallelism) {
    return new ForkJoinPool
        (parallelism,
         ForkJoinPool.defaultForkJoinWorkerThreadFactory,
         null, true);
}

public static ExecutorService newWorkStealingPool() {
    return new ForkJoinPool
        (Runtime.getRuntime().availableProcessors(),
         ForkJoinPool.defaultForkJoinWorkerThreadFactory,
         null, true);
}
```

从源码可以看出，在调用 Executors. newWorkStealingPool 方法创建线程池时，本质上调用的是 ForkJoinPool 类的构造方法，而从代码结构上来看，ForkJoinPool 类继承自 AbstractExecutorService 抽象类。ForkJoinPool 类的构造方法如下。

```
public ForkJoinPool() {
    this(Math.min(MAX_CAP, Runtime.getRuntime().availableProcessors()),
        defaultForkJoinWorkerThreadFactory, null, false);
}

public ForkJoinPool(int parallelism) {
    this(parallelism, defaultForkJoinWorkerThreadFactory, null, false);
}

public ForkJoinPool(int parallelism,
                    ForkJoinWorkerThreadFactory factory,
                    UncaughtExceptionHandler handler,
                    boolean asyncMode) {
    this(checkParallelism(parallelism),
        checkFactory(factory),
        handler,
        asyncMode ? FIFO_QUEUE : LIFO_QUEUE,
        "ForkJoinPool-" + nextPoolId() + "-worker-");
```

```
    checkPermission();
}

private ForkJoinPool(int parallelism,
                     ForkJoinWorkerThreadFactory factory,
                     UncaughtExceptionHandler handler,
                     int mode,
                     String workerNamePrefix) {
    this.workerNamePrefix = workerNamePrefix;
    this.factory = factory;
    this.ueh = handler;
    this.config = (parallelism & SMASK) | mode;
    long np = (long)(-parallelism); // offset ctl counts
    this.ctl = ((np << AC_SHIFT) & AC_MASK) | ((np << TC_SHIFT) & TC_MASK);
}
```

通过 ForkJoinPool 类的源码可知，在调用 ForkJoinPool 类的构造方法时，最终调用的是如下私有构造方法。

```
private ForkJoinPool(int parallelism,
                     ForkJoinWorkerThreadFactory factory,
                     UncaughtExceptionHandler handler,
                     int mode,
                     String workerNamePrefix) {
    this.workerNamePrefix = workerNamePrefix;
    this.factory = factory;
    this.ueh = handler;
    this.config = (parallelism & SMASK) | mode;
    long np = (long)(-parallelism); // offset ctl counts
    this.ctl = ((np << AC_SHIFT) & AC_MASK) | ((np << TC_SHIFT) & TC_MASK);
}
```

其中，各参数的具体含义如下。

- parallelism：表示线程池的并发级别。
- factory：表示创建线程池中线程的工厂类对象。
- handler：表示当线程池中的线程抛出未捕获的异常时，会统一交由 UncaughtExceptionHandler 类的对象来处理。
- mode：mode 的取值为 FIFO_QUEUE 和 LIFO_QUEUE。
- workerNamePrefix：表示线程池中执行任务的线程的前缀。

在通过 ForkJoinPool 类的构造方法创建线程池时，可以使用如下形式。

```
new ForkJoinPool();
new ForkJoinPool(Runtime.getRuntime().availableProcessors());
new ForkJoinPool(Runtime.getRuntime().availableProcessors(),
            ForkJoinPool.defaultForkJoinWorkerThreadFactory,
            new UncaughtExceptionHandler(){
                @Override
                public void uncaughtException(Thread t, Throwable e){
                    //处理异常
                }
            },
            true);
```

13.2.4 通过 ScheduledThreadPoolExecutor 类创建线程池

在 Executors 类中，提供了创建定时任务类线程池的方法，源码如下。

```
public static ScheduledExecutorService newSingleThreadScheduledExecutor() {
    return new DelegatedScheduledExecutorService
        (new ScheduledThreadPoolExecutor(1));
}

public static ScheduledExecutorService
newSingleThreadScheduledExecutor(ThreadFactory threadFactory) {
    return new DelegatedScheduledExecutorService
        (new ScheduledThreadPoolExecutor(1, threadFactory));
}

public static ScheduledExecutorService newScheduledThreadPool(int corePoolSize) {
    return new ScheduledThreadPoolExecutor(corePoolSize);
}

public static ScheduledExecutorService newScheduledThreadPool(
        int corePoolSize, ThreadFactory threadFactory) {
    return new ScheduledThreadPoolExecutor(corePoolSize, threadFactory);
}
```

通过上述源码可以看出，在通过 Executors 类创建定时任务类的线程池时，本质上调用了 ScheduledThreadPoolExecutor 类的构造方法，在 ScheduledThreadPoolExecutor 类中，提供的构造方法如下。

```
public ScheduledThreadPoolExecutor(int corePoolSize) {
    super(corePoolSize, Integer.MAX_VALUE, 0, NANOSECONDS,
        new DelayedWorkQueue());
}
```

```
public ScheduledThreadPoolExecutor(int corePoolSize,
                                   ThreadFactory threadFactory) {
    super(corePoolSize, Integer.MAX_VALUE, 0, NANOSECONDS,
        new DelayedWorkQueue(), threadFactory);
}

public ScheduledThreadPoolExecutor(int corePoolSize,
                                   RejectedExecutionHandler handler) {
    super(corePoolSize, Integer.MAX_VALUE, 0, NANOSECONDS,
        new DelayedWorkQueue(), handler);
}

public ScheduledThreadPoolExecutor(int corePoolSize,
                                   ThreadFactory threadFactory,
                                   RejectedExecutionHandler handler) {
    super(corePoolSize, Integer.MAX_VALUE, 0, NANOSECONDS,
        new DelayedWorkQueue(), threadFactory, handler);
}
```

而 ScheduledThreadPoolExecutor 类 继 承 了 ThreadPoolExecutor 类，本 质 上 ScheduledThreadPoolExecutor 类的构造方法还是调用了 ThreadPoolExecutor 类的构造方法。只不过在 ScheduledThreadPoolExecutor 类的构造方法中，当调用 ThreadPoolExecutor 类的构造方法时，传递的队列为 DelayedWorkQueue。

在通过 ScheduledThreadPoolExecutor 的构造方法创建线程池时，可以使用如下形式。

```
new ScheduledThreadPoolExecutor(3);
```

13.3 线程池执行任务的核心流程

线程池会根据具体情况以某种流程执行当前任务，本节简单介绍线程池执行任务的核心流程。

13.3.1 执行任务的流程

ThreadPoolExecutor 是 Java 线程池中最核心的类之一，它能够保证线程池按照正常的业务逻辑执行任务，并通过原子方式更新线程池每个阶段的状态。

ThreadPoolExecutor 类中存在一个 workers 工作线程集合，用户可以向线程池中添加需要执行的任务，workers 集合中的工作线程可以直接执行任务，或者从任务队列中获取任务后执行。

ThreadPoolExecutor 类中提供了线程池从创建到执行任务，再到消亡的整个流程方法。

线程池执行任务的核心流程可以简化为图 13-2。

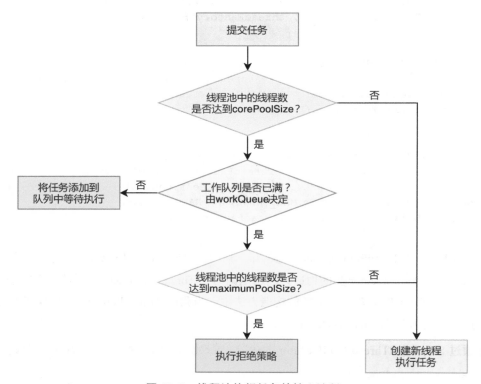

图 13-2　线程池执行任务的核心流程

由图 13-2 可以看出，当向线程池提交任务时，线程池执行任务的流程如下。

（1）判断线程池中的线程数是否达到 corePoolSize，如果线程池中的线程数未达到 corePoolSize，则直接创建新线程执行任务。否则，进入步骤（2）。

（2）判断线程池中的工作队列是否已满，如果线程池中的工作队列未满，则将任务添加到队列中等待执行。否则，进入步骤（3）。

（3）判断线程池中的线程数是否达到 maximumPoolSize，如果线程池中的线程数未达到 maximumPoolSize，则直接创建新线程执行任务。否则，进入步骤（4）。

（4）执行拒绝策略。

13.3.2 拒绝策略

如果线程池中的 workQueue 阻塞队列已满，同时，线程池中的线程数已达到 maximumPoolSize，并且没有空闲的线程，此时继续有任务提交到线程池，就需要采取某种策略来拒绝任务的执行。

在 ThreadPoolExecutor 类的 execute()方法中，会在适当的时候调用 reject(command)方法来执行拒绝策略。在 ThreadPoolExecutor 类中，reject(command)方法的实现如下。

```
final void reject(Runnable command) {
    handler.rejectedExecution(command, this);
}
```

在 reject(command)方法中调用了 handler 的 rejectedExecution() 方法。这里，在 ThreadPoolExecutor 类中声明了 handler 变量，如下所示。

```
private volatile RejectedExecutionHandler handler;
```

接下来，查看 RejectedExecutionHandler 的源码，如下所示。

```
public interface RejectedExecutionHandler {
    void rejectedExecution(Runnable r, ThreadPoolExecutor executor);
}
```

可以看到 RejectedExecutionHandler 是一个接口，其中定义了一个 rejectedExecution()方法。在 JDK 中，默认有 4 个类实现了 RejectedExecutionHandler 接口，分别为 AbortPolicy、CallerRunsPolicy、DiscardOldestPolicy 和 DiscardPolicy。这 4 个类也正是线程池中默认提供的 4 种拒绝策略的实现类。

至于 reject(Runnable)方法具体会执行哪个类的拒绝策略，是根据创建线程池时传递的参数决定的。如果没有传递拒绝策略的参数，则默认执行 AbortPolicy 类的拒绝策略；否则会执行传递的类的拒绝策略。

在创建线程池时，除了能够传递 JDK 默认提供的拒绝策略，还可以传递自定义的拒绝策略。如果想使用自定义的拒绝策略，则只需要实现 RejectedExecutionHandler 接口，并重写 rejectedExecution(Runnable, ThreadPoolExecutor)方法。例如如下代码。

```
public class MyPolicy implements RejectedExecutionHandler {
    @Override
    public void rejectedExecution(Runnable r, ThreadPoolExecutor e) {
        if (!e.isShutdown()) {
            r.run();
        }
```

```
        }
}
```

完成自定义拒绝策略后，使用如下方式创建线程池。

```
new ThreadPoolExecutor(0, 100,
                  60L, TimeUnit.SECONDS,
                  new SynchronousQueue<Runnable>(),
                  Executors.defaultThreadFactory(),
                  new MyPolicy());
```

13.4　线程池的关闭方式

ThreadPoolExecutor 类中提供了两种关闭线程池的方式，一种是通过 shutdown()方法来关闭线程池，另一种是通过 shutdownNow()方法来关闭线程池。

13.4.1　shutdown()方法

在调用 shutdown()方法关闭线程池时，线程池不能接收新提交的任务，但是不会中断正在执行任务的线程，同时能够处理阻塞队列中已经保存的任务。待线程池中的任务全部执行完毕，线程池才会关闭。

13.4.2　shutdownNow()方法

在调用 shutdownNow()方法关闭线程池时，线程池不能接收新提交的任务，也不能继续处理阻塞队列中的任务，同时，还会中断正在执行任务的线程，使得正在执行的任务被中断，线程池立即关闭并抛出异常。

13.5　如何确定最佳线程数

为线程池分配的最佳线程数其实是根据多线程的具体应用场景来确定的。在一般情况下，可以将程序分为 CPU 密集型和 I/O 密集型，而对于这两种密集型程序来说，计算最佳线程数的方法是不同的。

13.5.1　CPU 密集型程序

对于 CPU 密集型程序来说，多线程重在尽可能多地利用 CPU 的资源来处理任务，所以在理论上，"线程数=CPU 核数"是最合适的。但是在实际工作中，一般会将线程数设置为"CPU 核数+1"，这是为了防止出现意外情况导致线程阻塞。如果某个线程因意外情况阻塞，那么多出来的线程会继续执行任务，从而保证 CPU 的利用效率。

因此，在 CPU 密集型的程序中，一般可以将线程数设置为 CPU 核数+1。

13.5.2　I/O 密集型程序

对于 I/O 密集型程序来说，如果在某个线程执行 I/O 操作时，另外的线程恰好执行完 CPU 计算任务，那么此时 CPU 的利用效率最佳。所以，在 I/O 密集型程序中，理论上最佳的线程数与程序中 I/O 操作的耗时和 CPU 计算的耗时的比值相关。

在单核 CPU 下，理论上的最佳线程数 = 1 + (I/O 操作的耗时 / CPU 计算的耗时)。

在多核 CPU 下，理论上的最佳线程数 = CPU 核数 × (1 + I/O 操作的耗时 / CPU 计算的耗时)。

注意：通过上述方式计算出的线程数只是理论上的最佳线程数，在实际工作中，还是需要对系统不断地进行压测，并根据压测的结果确定最佳的线程数。

13.6　本章总结

本章主要介绍了线程池的核心原理。首先，介绍了线程池的核心状态。然后，结合源码介绍了创建线程池的方式。接下来，介绍了线程池执行任务的核心流程和线程池的关闭方式。最后，分别介绍了在 CPU 密集型程序和 I/O 密集型程序中如何确定最佳线程数。

下一章将对 ThreadLocal 的核心原理进行简单的介绍。

第 14 章

ThreadLocal 核心原理

在并发编程中，除了可以使用锁机制来保证线程安全，JDK 中还提供了 ThreadLocal 类来保证多个线程能够安全访问共享变量。本章简单介绍 ThreadLocal 的核心原理。

本章涉及的知识点如下。

- ThreadLocal 的基本概念。
- ThreadLocal 的使用案例。
- ThreadLocal 的核心原理。
- ThreadLocal 变量的不继承性。
- InheritableThreadLocal 的使用案例。
- InheritableThreadLocal 的核心原理。

14.1 ThreadLocal 的基本概念

在并发编程中，多个线程同时访问同一个共享变量，可能出现线程安全的问题。为了保证在多线程环境下访问共享变量的安全性，通常会在访问共享变量的时候加锁，以实现线程同步的效果。

使用同步锁机制保证多线程访问共享变量的安全性的原理如图 14-1 所示。该机制能够保证同一时刻只有一个线程访问共享变量，从而确保在多线程环境下访问共享变量的安全性。

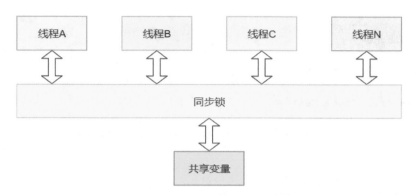

图 14-1　使用同步锁机制保证多线程访问共享变量的安全性

　　另外，为了更加灵活地确保线程的安全性，JDK 中提供了一个 ThreadLocal 类，ThreadLocal 类能够支持本地变量。在使用 ThreadLocal 类访问共享变量时，会在每个线程的本地内存中都存储一份这个共享变量的副本。在多个线程同时对这个共享变量进行读写操作时，实际上操作的是本地内存中的变量副本，多个线程之间互不干扰，从而避免了线程安全的问题。使用 ThreadLocal 访问共享变量的示意图如图 14-2 所示。

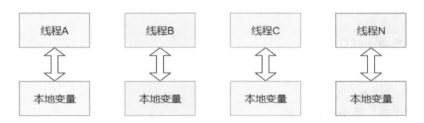

图 14-2　使用 ThreadLocal 访问共享变量的示意图

14.2　ThreadLocal 的使用案例

　　本节主要实现两个通过 ThreadLocal 操作线程本地变量的案例，以此加深读者对 ThreadLocal 的理解。

　　案例一的主要实现逻辑：在案例程序中分别创建名称为 Thread-A 和 Thread-B 的两个线程，在 Thread-A 线程和 Thread-B 线程的 run()方法中通过 ThreadLocal 保存本地变量，随后打印 Thread-A 线程和 Thread-B 线程中保存的本地变量。最后，启动 Thread-A 线程和 Thread-B 线程。

　　案例一的核心代码如下。

```
/**
 * @author binghe
 * @version 1.0.0
 * @description ThreadLocal 案例程序
 */
public class ThreadLocalTest {

    private static final ThreadLocal<String> THREAD_LOCAL = new
ThreadLocal<String>();

    public static void main(String[] args){
        Thread threadA = new Thread(()->{
            THREAD_LOCAL.set("ThreadA: " + Thread.currentThread().getName());
            System.out.println(Thread.currentThread().getName() + "本地变量中的值为: "
+ THREAD_LOCAL.get());
        }, "Thread-A");

        Thread threadB = new Thread(()->{
            THREAD_LOCAL.set("ThreadB: " + Thread.currentThread().getName());
            System.out.println(Thread.currentThread().getName() + "本地变量中的值为: "
+ THREAD_LOCAL.get());
        }, "Thread-B");

        threadA.start();
        threadB.start();
    }
}
```

运行上述代码，输出结果如下。

```
Thread-A 本地变量中的值为: ThreadA: Thread-A
Thread-B 本地变量中的值为: ThreadB: Thread-B
```

从输出结果可以看出，Thread-A 线程和 Thread-B 线程通过 ThreadLocal 保存了本地变量，并正确打印出结果。

案例二的主要实现逻辑：在案例一的基础上为 Thread-B 线程增加删除 ThreadLocal 中保存的本地变量的操作，随后打印结果来证明删除 Thread-B 线程中的本地变量不会影响 Thread-A 线程中的本地变量。

案例二的核心代码如下。

```
/**
 * @author binghe
 * @version 1.0.0
```

```
 * @description ThreadLocal 案例程序
 */
public class ThreadLocalTest {

    private static final ThreadLocal<String> THREAD_LOCAL = new
ThreadLocal<String>();

    public static void main(String[] args){
        Thread threadA = new Thread(()->{
            THREAD_LOCAL.set("ThreadA: " + Thread.currentThread().getName());
            System.out.println(Thread.currentThread().getName() + "本地变量中的值为:"
+ THREAD_LOCAL.get());
            System.out.println(Thread.currentThread().getName() + "未删除本地变量, 本
地变量中的值为: " + THREAD_LOCAL.get());
        }, "Thread-A");

        Thread threadB = new Thread(()->{
            THREAD_LOCAL.set("ThreadB: " + Thread.currentThread().getName());
            System.out.println(Thread.currentThread().getName() + "本地变量中的值为:"
+ THREAD_LOCAL.get());
            THREAD_LOCAL.remove();
            System.out.println(Thread.currentThread().getName() + "删除本地变量后, 本
地变量中的值为: " + THREAD_LOCAL.get());
        }, "Thread-B");

        threadA.start();
        threadB.start();
    }
}
```

运行上述代码，输出结果如下。

```
Thread-A 本地变量中的值为: ThreadA: Thread-A
Thread-A 未删除本地变量, 本地变量中的值为: ThreadA: Thread-A
Thread-B 本地变量中的值为: ThreadB: Thread-B
Thread-B 删除本地变量后, 本地变量中的值为: null
```

从输出结果可以看出，删除 Thread-B 线程中的本地变量后，Thread-B 线程中保存的本地变量的值为 null。同时，删除 Thread-B 线程中的本地变量后，不会影响 Thread-A 线程中保存的本地变量。

结论：Thread-A 线程和 Thread-B 线程存储在 ThreadLocal 中的变量互不干扰，Thread-A 线程中存储的本地变量只能由 Thread-A 线程访问，Thread-B 线程中存储的本地变量只能由

Thread-B 线程访问。

14.3　ThreadLocal 的核心原理

ThreadLocal 能够保证每个线程操作的都是本地内存中的变量副本。在底层实现上，调用 ThreadLocal 的 set()方法会将本地变量保存在具体线程的内存空间中，而 ThreadLocal 并不负责存储具体的数据。

14.3.1　Thread 类源码

在 Thread 类的源码中，定义了两个 ThreadLocal.ThreadLocalMap 类型的成员变量，分别为 threadLocals 和 inheritableThreadLocals，源码如下。

```
public class Thread implements Runnable {
    /***********省略 N行代码************/
    ThreadLocal.ThreadLocalMap threadLocals = null;
    ThreadLocal.ThreadLocalMap inheritableThreadLocals = null;
     /***********省略 N行代码************/
}
```

在 Thread 类中定义成员变量 threadLocals 和 inheritableThreadLocals，二者的初始值都为 null，并且只有当线程第一次调用 ThreadLocal 或者 InheritableThreadLocal 的 set()方法或者 get()方法时才会实例化变量。

上述代码也说明，通过 ThreadLocal 为每个线程保存的本地变量不是存储在 ThreadLocal 实例中的，而是存储在调用线程的 threadLocals 变量中的。也就是说，调用 ThreadLocal 的 set()方法存储的本地变量在具体线程的内存空间中，而 ThreadLocal 类只是提供了 set()和 get()方法来存储和读取本地变量的值，当调用 ThreadLocal 类的 set()方法时，把要存储的值存储在调用线程的 threadLocals 变量中，当调用 ThreadLocal 类的 get()方法时，从当前线程的 threadLocals 变量中获取保存的值。

14.3.2　set()方法

ThreadLocal 类中 set()方法的源码如下。

```
public void set(T value) {
    //获取当前线程
    Thread t = Thread.currentThread();
```

```
//以当前线程为 key, 获取 ThreadLocalMap 对象
ThreadLocalMap map = getMap(t);
//获取的 ThreadLocalMap 对象不为空
if (map != null)
    //设置 value 的值
    map.set(this, value);
else
    //获取的 ThreadLocalMap 对象为空, 实例化 Thread 类中的 threadLocals 变量
    createMap(t, value);
}
```

从 ThreadLocal 类中的 set()方法的源码可以看出, 在 set()方法中, 会先获取调用 set()方法的线程, 然后使用当前线程对象作为 key 调用 getMap(t)方法获取 ThreadLocalMap 对象, 其中, getMap(Thread t)方法的源码如下。

```
ThreadLocalMap getMap(Thread t) {
    return t.threadLocals;
}
```

通过 getMap(Thread t)方法的源码可以看出, 调用 getMap(Thread t)方法获取的就是当前线程中定义的 threadLocals 成员变量。

再次回到 ThreadLocal 的 set()方法中, 调用 getMap(Thread t)方法并将结果赋值给 ThreadLocalMap 类型的变量 map, 判断 map 的值是否为空, 也就是判断调用 getMap(Thread t)方法返回的当前线程的 threadLocals 成员变量是否为空。

如果当前线程的 threadLocals 成员变量不为空, 则把 value 设置到 Thread 类的 threadLocals 成员变量中。此时, 保存数据时传递的 key 为当前 ThreadLocal 的 this 对象, 而传递的 value 为调用 set()方法传递的值。

如果当前线程的 threadLocals 成员变量为空, 则调用 createMap(t, value)方法来实例化当前线程的 threadLocals 成员变量, 并保存 value 值。createMap(t, value)源码如下。

```
void createMap(Thread t, T firstvalue) {
    t.threadLocals = new ThreadLocalMap(this, firstvalue);
}
```

至此, ThreadLocal 类中的 set()方法分析完毕。

14.3.3　get()方法

ThreadLocal 类中 get()方法的源码如下。

```
public T get() {
```

```
        //获取当前线程
        Thread t = Thread.currentThread();
        //获取当前线程的 threadLocals 成员变量
        ThreadLocalMap map = getMap(t);
        //获取的 threadLocals 成员变量不为空
        if (map != null) {
            //返回本地变量对应的值
            ThreadLocalMap.Entry e = map.getEntry(this);
            if (e != null) {
                @SuppressWarnings("unchecked")
                T result = (T)e.value;
                return result;
            }
        }
        //初始化 threadLocals 成员变量的值
        return setInitialvalue();
}
```

通过 ThreadLocal 类中 get()方法的源码可以看出，get()方法会通过调用 getMap(Thread t)方法并传入当前线程来获取 threadLocals 成员变量，随后判断当前线程的 threadLocals 成员变量是否为空。

如果 threadLocals 成员变量不为空，则直接返回当前线程 threadLocals 成员变量中存储的本地变量的值。

如果 threadLocals 成员变量为空，则调用 setInitialvalue()方法来初始化 threadLocals 成员变量的值。

setInitialvalue()方法的源码如下。

```
private T setInitialvalue() {
    //调用初始化 value 的方法
    T value = initialvalue();
    Thread t = Thread.currentThread();
    //以当前线程为 key 获取 threadLocals 成员变量
    ThreadLocalMap map = getMap(t);
    if (map != null)
        //threadLocals 不为空，则设置 value 值
        map.set(this, value);
    else
        //threadLocals 为空,则实例化 threadLocals 成员变量
        createMap(t, value);
    return value;
}
```

　　setInitialvalue()方法与 set()方法的主体逻辑大致相同，只不过 setInitialvalue()方法会先调用 initialvalue()方法来初始化 value 的值，同时，在方法的最后会返回 value 的值。

　　initialvalue()方法的源码如下。

```
protected T initialvalue() {
    return null;
}
```

　　可以看到，ThreadLocal 类的 initialvalue()方法会直接返回 null，方法的具体逻辑会交由 ThreadLocal 类的子类实现。

　　至此，ThreadLocal 类中的 get()方法分析完毕。

14.3.4　remove()方法

　　ThreadLocal 类中 remove()方法的源码如下。

```
public void remove() {
    //调用 getMap()方法并传入当前线程对象获取 threadLocals 成员变量
    ThreadLocalMap m = getMap(Thread.currentThread());
    if (m != null)
        //threadLocals 成员变量不为空，则移除 value 值
        m.remove(this);
}
```

　　remove()方法的实现比较简单，根据调用的 getMap()方法获取当前线程的 threadLocals 成员变量，如果当前线程的 threadLocals 成员变量不为空，则直接从当前线程的 threadLocals 成员变量中移除当前 ThreadLocal 对象对应的 value 值。

　　注意：如果调用线程一直不退出，本地变量就会一直存储在调用线程的 threadLocals 成员变量中，所以，如果不再需要使用本地变量，那么可以通过调用 ThreadLocal 的 remove()方法，将本地变量从当前线程的 threadLocals 成员变量中删除，以避免出现内存溢出的问题。

　　至此，ThreadLocal 类中的 remove()方法分析完毕。

14.4　ThreadLocal 变量的不继承性

　　在使用 ThreadLocal 存储本地变量时，主线程与子线程之间不具有继承性。在主线程中使用 ThreadLocal 对象保存本地变量后，无法通过同一个 ThreadLocal 对象获取到在主线程中保存的值。

例如，下面的代码在主线程中使用 ThreadLocal 对象保存了本地变量的值，但是在子线程中使用同一个 ThreadLocal 对象获取到的值为空。

```
/**
 * @author binghe
 * @version 1.0.0
 * @description 测试 ThreadLocal 的继承性
 */
public class ThreadLocalInheritTest {

    private static final ThreadLocal<String> THREAD_LOCAL = new
ThreadLocal<String>();

    public static void main(String[] args){
        //在主线程中通过 THREAD_LOCAL 保存值
        THREAD_LOCAL.set("binghe");

        //在子线程中通过 THREAD_LOCAL 获取在主线程中保存的值
        new Thread(()->{
            System.out.println("在子线程中获取到的本地变量的值为： " +
THREAD_LOCAL.get());
        } ).start();

        //在主线程中通过 THREAD_LOCAL 获取在主线程中保存的值
        System.out.println("在主线程中获取到的本地变量的值为： " + THREAD_LOCAL.get());
    }
}
```

首先，在 ThreadLocalInheritTest 类中定义了一个 ThreadLocal 类型的常量 THREAD_LOCAL。然后在 main()方法中，使用 THREAD_LOCAL 保存了一个字符串类型的本地变量，值为 binghe。接下来，在子线程中打印通过 THREAD_LOCAL 获取到的本地变量的值，最后，在 main()方法中通过 THREAD_LOCAL 获取本地变量的值。

运行 ThreadLocalInheritTest 类的代码，输出的结果如下。

```
在主线程中获取到的本地变量的值为： binghe
在子线程中获取到的本地变量的值为： null
```

通过输出结果可以看出，在主线程中通过 ThreadLocal 对象保存值后，在子线程中通过相同的 ThreadLocal 对象是无法获取到这个值的。

如果需要在子线程中获取到在主线程中保存的值，则可以使用 InheritableThreadLocal 对象。

14.5　InheritableThreadLocal 的使用案例

InheritableThreadLocal 类在结构上继承自 ThreadLocal 类。所以，InheritableThreadLocal 类的使用方式与 ThreadLocal 相同。这里，可以将 14.4 节代码中的 ThreadLocal 修改为 InheritableThreadLocal，修改后的代码如下。

```java
/**
 * @author binghe
 * @version 1.0.0
 * @description 测试 InheritableThreadLocal 的继承性
 */
public class InheritableThreadLocalTest {

    //将创建的 ThreadLocal 对象修改为 InheritableThreadLocal 对象
    private static final ThreadLocal<String> THREAD_LOCAL =
    new InheritableThreadLocal<String>();

    public static void main(String[] args){
        //在主线程中通过 THREAD_LOCAL 保存值
        THREAD_LOCAL.set("binghe");

        //在子线程中通过 THREAD_LOCAL 获取在主线程中保存的值
        new Thread(()->{
            System.out.println("在子线程中获取到的本地变量的值为: " +
THREAD_LOCAL.get());
        } ).start();

        //在主线程中通过 THREAD_LOCAL 获取在主线程中保存的值
        System.out.println("在主线程中获取到的本地变量的值为: " + THREAD_LOCAL.get());
    }
}
```

可以看到，这里在 14.4 节的案例基础上，仅仅修改了 THREAD_LOCAL 常量实例化后的对象类型，由原来的 ThreadLocal 类型修改为 InheritableThreadLocal 类型。

运行 InheritableThreadLocalTest 类的源码，输出结果如下。

在主线程中获取到的本地变量的值为: binghe
在子线程中获取到的本地变量的值为: binghe

通过输出结果可以看出，在主线程中通过 InheritableThreadLocal 对象保存值后，在子线程中通过相同的 InheritableThreadLocal 对象可以获取到这个值。说明 InheritableThreadLocal 类的对象保存的变量具有继承性。

14.6 InheritableThreadLocal 的核心原理

InheritableThreadLocal 类继承自 ThreadLocal 类，InheritableThreadLocal 类的源码如下。

```
public class InheritableThreadLocal<T> extends ThreadLocal<T> {

    protected T childvalue(T parentvalue) {
        return parentvalue;
    }

    ThreadLocalMap getMap(Thread t) {
        return t.inheritableThreadLocals;
    }

    void createMap(Thread t, T firstvalue) {
        t.inheritableThreadLocals = new ThreadLocalMap(this, firstvalue);
    }
}
```

在 InheritableThreadLocal 类中重写了 ThreadLocal 类中的 childvalue()方法、getMap()方法和 createMap()方法。使用 InheritableThreadLocal 保存变量，当调用 ThreadLocal 的 set()方法时，创建的是当前线程的 inheritableThreadLocals 成员变量，而不是当前线程的 threadLocals 成员变量。

通过分析 Thread 类的源码可知，InheritableThreadLocal 类的 childvalue()方法是在 Thread 类的构造方法中调用的。通过查看 Thread 类的源码可知，Thread 类的构造方法如下。

```
public Thread() {
    init(null, null, "Thread-" + nextThreadNum(), 0);
 }

public Thread(Runnable target) {
    init(null, target, "Thread-" + nextThreadNum(), 0);
}

Thread(Runnable target, AccessControlContext acc) {
    init(null, target, "Thread-" + nextThreadNum(), 0, acc, false);
}

public Thread(ThreadGroup group, Runnable target) {
    init(group, target, "Thread-" + nextThreadNum(), 0);
}

public Thread(String name) {
```

```
    init(null, null, name, 0);
}

public Thread(ThreadGroup group, String name) {
    init(group, null, name, 0);
}

public Thread(Runnable target, String name) {
    init(null, target, name, 0);
}

public Thread(ThreadGroup group, Runnable target, String name) {
    init(group, target, name, 0);
}

public Thread(ThreadGroup group, Runnable target, String name,
            long stackSize) {
    init(group, target, name, stackSize);
}
```

可以看到，在 Thread 类的每个构造方法中，都会调用 init()方法，init()方法的部分代码如下。

```
private void init(ThreadGroup g, Runnable target, String name,
                    long stackSize, AccessControlContext acc,
                    boolean inheritThreadLocals) {
    /***********省略部分源码**********/
    if (inheritThreadLocals && parent.inheritableThreadLocals != null)
        this.inheritableThreadLocals =
            ThreadLocal.createInheritedMap(parent.inheritableThreadLocals);

    this.stackSize = stackSize;
    tid = nextThreadID();
}
```

可以看到，在 init()方法中，会判断传递的 inheritThreadLocals 变量是否为 true，同时会判断父线程中的 inheritableThreadLocals 成员变量是否为 null。如果传递的 inheritThreadLocals 变量为 true，同时父线程中的 inheritableThreadLocals 成员变量不为 null，则调用 ThreadLocal 类的 createInheritedMap()方法来创建 ThreadLocalMap 对象。

ThreadLocal 类的 createInheritedMap()方法的源码如下。

```
static ThreadLocalMap createInheritedMap(ThreadLocalMap parentMap) {
    return new ThreadLocalMap(parentMap);
}
```

在 ThreadLocal 类的 createInheritedMap()方法中，会使用父线程的 inheritableThreadLocals 成员变量作为入参调用 ThreadLocalMap 类的构造方法来创建新的 ThreadLocalMap 对象。并在 Thread 类的 init() 方法中将创建的 ThreadLocalMap 对象赋值给当前线程的 inheritableThreadLocals 成员变量，也就是赋值给子线程的 inheritableThreadLocals 成员变量。

接下来，分析 ThreadLocalMap 类的构造方法，源码如下。

```java
private ThreadLocalMap(ThreadLocalMap parentMap) {
    Entry[] parentTable = parentMap.table;
    int len = parentTable.length;
    setThreshold(len);
    table = new Entry[len];

    for (int j = 0; j < len; j++) {
        Entry e = parentTable[j];
        if (e != null) {
            @SuppressWarnings("unchecked")
            ThreadLocal<Object> key = (ThreadLocal<Object>) e.get();
            if (key != null) {
                Object value = key.childvalue(e.value);
                Entry c = new Entry(key, value);
                int h = key.threadLocalHashCode & (len - 1);
                while (table[h] != null)
                    h = nextIndex(h, len);
                table[h] = c;
                size++;
            }
        }
    }
}
```

ThreadLocalMap 类的构造方法是私有的，在 ThreadLocalMap 类的构造方法中，有如下一行代码。

```java
Object value = key.childvalue(e.value);
```

这行代码调用了 InheritableThreadLocal 类重写的 childvalue()方法，也就是说，在 ThreadLocalMap 类的构造方法中调用了 InheritableThreadLocal 类重写的 childvalue()方法。另外，在 InheritableThreadLocal 类中重写了 getMap() 方法来确保获取的是线程的 inheritableThreadLocals 成员变量，同时，重写了 createMap()方法来确保创建的是线程的 inheritableThreadLocals 成员变量的对象。

而线程在通过 InheritableThreadLocal 类的 set()方法和 get()方法保存和获取本地变量时，会通过 InheritableThreadLocal 类重写的 createMap()方法来创建当前线程的 inheritableThreadLocals 成员变量的对象。

如果在某个线程中创建子线程，就会在 Thread 类的构造方法中把父线程的 inheritableThreadLocals 成员变量中保存的本地变量复制一份保存到子线程的 inheritableThreadLocals 成员变量中。

14.7 本章总结

本章主要对 ThreadLocal 的核心原理进行了简单的介绍。首先，介绍了 ThreadLocal 的基本概念并简单介绍了 ThreadLocal 的使用案例，然后，结合 ThreadLocal 的源码介绍了 ThreadLocal 的核心原理和 ThreadLocal 变量的不继承性。接下来，介绍了 InheritableThreadLocal 的使用案例，并说明了 InheritableThreadLocal 变量的继承性。最后，结合 InheritableThreadLocal 和 Thread 的源码，详细分析了 InheritableThreadLocal 的核心原理。

从下一章开始，正式进入本书的实战案例篇，下一章将手动实现一个自定义的线程池。

注意：本章涉及的源代码已经提交到 GitHub 和 Gitee，GitHub 和 Gitee 链接地址见 2.4 节结尾。

第 3 篇

实战案例

第15章

手动开发线程池实战

本章正式进入全书的实战案例篇。前面的章节详细介绍了线程池的核心原理，本章将结合前面介绍的线程池的核心原理来手动实现一个自定义线程池。

本章涉及的知识点如下。

- 案例概述。
- 项目搭建。
- 核心类实现。
- 测试程序。

15.1　案例概述

手动实现的自定义线程池在设计上比 Java 自带的线程池要简单得多，去掉了各种复杂的处理方式，只保留了最核心的原理部分，那就是，线程池的使用者向任务队列中添加要执行的任务，而线程池从任务队列中消费并执行任务。线程池设计流程如图 15-1 所示。

图 15-1　线程池设计流程

从图 15-1 可以看出，自定义的线程池设计的总体流程比较简单，线程池的使用者作为任务的生产者，在生产任务后向任务队列中提交任务。而线程池作为任务的消费者，从任务队列中消费并执行任务。

本章会按照这种核心逻辑实现自定义线程池，并实现预期效果——自定义的线程池根据传入的线程池大小创建对应数量的线程执行任务。

注意：第 13 章详细介绍了线程池的核心原理，有关线程池原理的知识，读者可参见第 13 章的相关内容，笔者在此不再赘述。

15.2 项目搭建

项目搭建的过程比较简单，在 Maven 项目 mykit-concurrent-principle 中新建 mykit-concurrent-chapter15 项目模块即可，本章涉及的源代码已经提交到 GitHub 和 Gitee，GitHub 和 Gitee 链接地址见 2.4 节结尾。

15.3 核心类实现

可以将整个实现过程进行拆解。拆解后的流程为定义核心字段→创建内部类 WorkThread→创建线程池的构造方法→创建执行任务的方法→创建关闭线程池的方法。接下来，就以这个流程一步步实现自定义的线程池。

15.3.1 定义核心字段

在 项 目 中 创 建 一 个 名 为 mykit-concurrent-chapter15 的 Maven 项 目 模 块，在 mykit-concurrent-chapter15 模块中创建 io.binghe.concurrent.chapter15 包，并在包下创建一个名为 ThreadPool 的类，作为自定义线程池主要的实现类。

在 ThreadPool 类中定义了几个线程池运行过程中的核心字段，源码如下。

```
//默认阻塞队列大小
private static final int DEFAULT_WORKQUEUE_SIZE = 5;

//模拟实际的线程池，使用阻塞队列来实现生产者-消费者模式
private BlockingQueue<Runnable> workQueue;
```

```
//模拟实际的线程池，使用 List 集合保存线程池内部的工作线程
private List<WorkThread> workThreads = new ArrayList<WorkThread>();
```

其中，每个字段的含义如下。

- DEFAULT_WORKQUEUE_SIZE：静态常量，表示默认的阻塞队列大小。
- workQueue：模拟实际的线程池，使用阻塞队列来实现生产者—消费者模式。
- workThreads：模拟实际的线程池，使用 List 集合保存线程池内部的工作线程。

15.3.2　创建内部类 WorkThread

在 ThreadPool 类中创建一个内部类 WorkThread，主要用来模拟线程池中的工作线程，WorkThread 类的源码如下。

```
//内部类 WorkThread，模拟线程池中的工作线程
//主要的作用是消费 workQueue 中的任务，并执行
//由于工作线程需要不断从 workQueue 中获取任务
//所以使用了 while(true)循环不断尝试消费队列中的任务
class WorkThread extends Thread{
    @Override
    public void run() {
        //获取当前线程
        Thread currentThread = Thread.currentThread();
        //不断循环获取队列中的任务
        while (true){
            try {
                //检测线程是否被中断
                if (currentThread.isInterrupted()){
                    break;
                }
                //当没有任务时，会阻塞
                Runnable workTask = workQueue.take();
                workTask.run();
            } catch (InterruptedException e) {
                //当发生中断异常时需要重新设置中断标志位
                currentThread.interrupt();
            }
        }
    }
}
```

从 WorkThread 类的源码可以看出，WorkThread 类最主要的任务就是在线程中消费 workQueue 任务队列中的任务，并且调用任务的 run()方法来执行任务。

由于工作线程需要不断从 workQueue 中获取任务，所以，在 WorkThread 类的 run()方法中使用了 while(true)循环不断尝试消费 workQueue 队列中的任务。

同时，考虑到需要设计线程池关闭的方法，当线程池关闭时，需要中断运行中的线程。所以，在 while(true)循环中，通过调用当前线程的 isInterrupted()方法来检测当前线程是否被中断，如果当前线程被中断，则退出 while(true)循环。

由于 while(true)循环在执行的过程中，可能大部分时间阻塞在 "Runnable workTask = workQueue.take();"这行代码上，在其他线程通过调用当前线程的 interrupt()方法来中断当前执行的线程时，大概率会触发 InterruptedException 异常，在触发 InterruptedException 异常时，JVM 会同时把线程的中断标志位清除，所以，这个时候在 run()方法中判断的 currentThread.isInterrupted()会返回 false，也就不会退出当前 while 循环。

为了解决这个问题，需要在 while(true)循环中捕获 InterruptedException 异常，并在 catch{} 代码块中重新调用当前线程的 interrupt()方法来重新设置线程标志位。所以，在 WorkThread 类的 while(true)循环中的 catch{}代码块中会存在如下一行代码。

```
currentThread.interrupt();
```

15.3.3　创建线程池的构造方法

在实现自定义线程池的过程中，为 ThreadPool 类创建了两个构造方法，源码如下。

```
//在 ThreadPool 的构造方法中传入线程池的大小和阻塞队列
public ThreadPool(int poolSize, BlockingQueue<Runnable> workQueue){
    this.workQueue = workQueue;
    //创建 poolSize 个工作线程并将其加入 workThreads 集合
    IntStream.range(0, poolSize).forEach((i) -> {
        WorkThread workThread = new WorkThread();
        workThread.start();
        workThreads.add(workThread);
    });
}

//在 ThreadPool 的构造方法中传入线程池的大小
public ThreadPool(int poolSize){
    this(poolSize, new LinkedBlockingQueue<>(DEFAULT_WORKQUEUE_SIZE));
}
```

从源码可以看出，在构造方法中需要传入线程池的容量大小 poolSize 和阻塞队列 workQueue，并在构造方法中创建 poolSize 个线程加入 workThreads 集合中。另一个构造方法需要传入线程池的容量大小 poolSize，并调用需要传入线程池的容量大小 poolSize 和阻塞队列 workQueue 的构造方法。

在实际使用线程池时，可以调用任意一个构造方法来实例化线程池对象。

15.3.4　创建执行任务的方法

在 ThreadPool 类中创建执行任务的方法 execute()，execute()方法需要传递一个 Runnable 类型的对象，源码如下。

```
//通过线程池执行任务
public void execute(Runnable task){
    try {
        workQueue.put(task);
    } catch (InterruptedException e) {
        e.printStackTrace();
    }
}
```

从源码可以看出，execute()方法的实现比较简单，就是将接收到的 Runnable 任务加入 workQueue 队列。

15.3.5　创建关闭线程池的方法

在 ThreadPool 类中创建 shutdown()方法，用来关闭线程池，shutdown()方法的源码如下。

```
//关闭线程池
public void shutdown(){
    if (workThreads != null && workThreads.size() > 0){
        workThreads.stream().forEach((workThread) -> {
            workThread.interrupt();
        });
    }
}
```

shutdown()方法的源码比较简单。在 shutdown()方法中，先判断存储工作线程的集合 workThreads 是否为空，如果 workThreads 集合不为空，则遍历 workThreads 集合，获取集合中的每个工作线程，并调用每个工作线程的 interrupt()方法来中断工作线程。

15.3.6　完整源代码示例

为了帮助读者更好地全面理解手动开发的线程池，这里给出整个线程池的实现源码，如下所示。

```
/**
 * @author binghe
 * @version 1.0.0
 * @description 自定义线程池
 */
public class ThreadPool {

    //默认阻塞队列大小
    private static final int DEFAULT_WORKQUEUE_SIZE = 5;

    //模拟实际的线程池，使用阻塞队列来实现生产者-消费者模式
    private BlockingQueue<Runnable> workQueue;

    //模拟实际的线程池，使用 List 集合保存线程池内部的工作线程
    private List<WorkThread> workThreads = new ArrayList<WorkThread>();

    //在 ThreadPool 的构造方法中传入线程池的大小和阻塞队列
    public ThreadPool(int poolSize, BlockingQueue<Runnable> workQueue){
        this.workQueue = workQueue;
        //创建 poolSize 个工作线程并将其加入 workThreads 集合中
        IntStream.range(0, poolSize).forEach((i) -> {
            WorkThread workThread = new WorkThread();
            workThread.start();
            workThreads.add(workThread);
        });
    }

    //在 ThreadPool 的构造方法中传入线程池的大小
    public ThreadPool(int poolSize){
        this(poolSize, new LinkedBlockingQueue<>(DEFAULT_WORKQUEUE_SIZE));
    }

    //通过线程池执行任务
    public void execute(Runnable task){
        try {
            workQueue.put(task);
        } catch (InterruptedException e) {
            e.printStackTrace();
        }
    }

    //关闭线程池
```

```java
public void shutdown(){
    if (workThreads != null && workThreads.size() > 0){
        workThreads.stream().forEach((workThread) -> {
            workThread.interrupt();
        });
    }
}

//内部类 WorkThread，模拟线程池中的工作线程
//主要的作用就是消费并执行 workQueue 中的任务
//由于工作线程需要不断从 workQueue 中获取任务
//所以使用了 while(true) 循环不断尝试消费队列中的任务
class WorkThread extends Thread{
    @Override
    public void run() {
        //获取当前线程
        Thread currentThread = Thread.currentThread();
        //不断循环获取队列中的任务
        while (true){
            try {
                //检测线程是否被中断
                if (currentThread.isInterrupted()){
                    break;
                }
                //当没有任务时，会阻塞
                Runnable workTask = workQueue.take();
                workTask.run();
            } catch (InterruptedException e) {
                //发生中断异常时需要重新设置中断标志位
                currentThread.interrupt();
            }
        }
    }
}
```

15.4　测试程序

在 mykit-concurrent-chapter15 项目模块的 io.binghe.concurrent.chapter15 包下创建 ThreadPoolTest 类，用于测试创建的自定义线程池，ThreadPoolTest 类的源码如下。

```java
/**
 * @author binghe
```

```
 * @version 1.0.0
 * @description 测试自定义的线程池
 */
public class ThreadPoolTest {

    public static void main(String[] args){
        ThreadPool threadPool = new ThreadPool(5);
        IntStream.range(0, 10).forEach((i) -> {
            threadPool.execute(() -> {
                System.out.println(Thread.currentThread().getName() + "--->> Hello
ThreadPool");
            });
        });
        threadPool.shutdown();
    }
}
```

从 ThreadPoolTest 类的源码可以看出，在 main()方法中，首先调用 ThreadPool 的构造方法
创建了一个容量为 5 的线程池。然后，在 10 次循环中分别调用线程池的 execute()方法执行任务，
执行的任务就是打印当前线程的名称后面拼接 "--->> Hello ThreadPool"。最后调用线程池的
shutdown()方法来关闭线程池。

运行 ThreadPoolTest 类的源码，输出的结果如下。

```
Thread-3--->> Hello ThreadPool
Thread-4--->> Hello ThreadPool
Thread-1--->> Hello ThreadPool
Thread-2--->> Hello ThreadPool
Thread-0--->> Hello ThreadPool
Thread-2--->> Hello ThreadPool
Thread-1--->> Hello ThreadPool
Thread-4--->> Hello ThreadPool
Thread-3--->> Hello ThreadPool
Thread-0--->> Hello ThreadPool
```

从输出结果可以看出，由于在调用 ThreadPool 类的构造方法时，传递的线程池容量为 5，
所以在创建线程池时在自定义的线程池 ThreadPool 中创建了 5 个线程，分别命名为 Thread-0、
Thread-1、Thread-2、Thread-3、Thread-4。由于 ThreadPoolTest 类的测试程序循环了 10 次，每
次都调用线程池的 execute()方法提交一个任务，所以，在输出的结果中，每个线程都执行了两
次任务。

测试的结果符合预期。

15.5 本章总结

本章结合线程池的核心原理手动实现了一个自定义的线程池，并对手动实现的自定义线程池进行了测试，测试的结果符合预期。

下一章将实现一个 CAS 的完整案例。

第 16 章

基于 CAS 实现自旋锁实战

第 10 章详细介绍了 CAS 的核心原理、CAS 的核心类 Unsafe、CAS 中的 ABA 问题及解决方案。本章将基于 CAS 手动开发一个自旋锁。

本章涉及的知识点如下。

- 案例概述。
- 项目搭建。
- 核心类实现。
- 测试程序。

16.1　案例概述

CAS 是一种无锁编程算法，在多线程并发环境下，使用 CAS 能够避免多线程之间竞争锁带来的系统开销问题。另外，使用 CAS 能够避免 CPU 在多个线程之间频繁切换和调度带来的开销。从某种程度上说，CAS 比加锁机制具有更好的性能。

CAS 具有原子性，在 Java 的实现中，每个 CAS 操作都包含三个运算符：一个内存地址 V，一个期望值 X 和一个新值 N，在操作时，如果内存地址上存放的值等于期望值 X，则将地址上的值赋为新值 N，否则不做任何操作。

在使用 CAS 开发项目的过程中，往往会伴随自旋操作，例如，Java 中的自旋锁机制就可以基于 CAS 和自旋操作实现。

在本章实现的自旋锁案例中，会使用到 JDK 提供的 AtomicReference 类。AtomicReference

类能够保证在多线程并发环境下修改对象引用的线程安全性。换句话说，AtomicReference 类提供了一种对读和写都是原子性的对象引用变量，在多个线程同时修改 AtomicReference 类的引用变量时，不会产生线程安全的问题。

在具体的实现过程中，先创建一个 CasLock 接口，在 CasLock 接口中定义一个 lock()方法表示加锁操作，定义一个 unlock()方法表示释放锁操作。然后创建一个 MyCasLock 类实现 CasLock 接口，在 MyCasLock 类中，定义一个 AtomicReference 类型的成员变量 threadOwner，在实现的 lock()和 unlock()方法中，通过 AtomicReference 类型的成员变量 threadOwner 实现自旋锁的加锁和释放锁操作。

本章会按照这种核心逻辑基于 CAS 和自旋操作实现自定义的自旋锁，并达到预期效果——使用自定义的自旋锁能够实现线程安全的 count 自增操作。

16.2　项目搭建

项目搭建的过程比较简单，在 Maven 项目 mykit-concurrent-principle 中新建 mykit-concurrent-chapter16项目模块即可，本章涉及的源代码已经提交到 GitHub 和 Gitee，GitHub 和 Gitee 链接地址见 2.4 节结尾。

16.3　核心类实现

本章的实战案例比较简单，可以将整个案例的实现过程分为 CasLock 接口实现和 MyCasLock 类实现两部分。本节介绍整个实战案例的核心类实现。

16.3.1　CasLock 接口实现

在 Maven 项目 mykit-concurrent-principle 中的 mykit-concurrent-chapter16 项目模块下新建 io.binghe.concurrent.chapter16 包，在 io.binghe.concurrent.chapter16 包下新建 CasLock 接口，CasLock 接口的源码如下。

```
/**
 * @author binghe
 * @version 1.0.0
 * @description 自旋锁接口
 */
public interface CasLock {
```

```
    /**
     * 加锁
     */
    void lock();

    /**
     * 释放锁
     */
    void unlock();
}
```

从 CasLock 接口的源码可以看出，整个 CasLock 接口的实现只是定义了两个方法，一个是 lock()方法，表示加锁操作，另一个是 unlock()方法，表示释放锁操作。接下来，创建类来实现 CasLock 接口。

16.3.2　MyCasLock 类实现

在 io.binghe.concurrent.chapter16 包下新建 MyCasLock 类，实现 CasLock 接口，并实现 CasLock 接口中定义的 lock()方法和 unlock()方法。整个 MyCasLock 类的源码如下。

```java
/**
 * @author binghe
 * @version 1.0.0
 * @description 自旋锁实现类
 */
public class MyCasLock implements CasLock{
    /**
     * 创建 AtomicReference 类型的成员变量
     */
    private AtomicReference<Thread> threadOwner = new AtomicReference<Thread>();

    @Override
    public void lock() {
        //获取当前线程的对象
        Thread currentThread = Thread.currentThread();
        //自旋操作
        for(;;){
            //如果以 CAS 的方式将 null 修改为当前线程对象成功，则退出自旋
            if (threadOwner.compareAndSet(null, currentThread)){
                break;
            }
        }
    }
```

```
    }

    @Override
    public void unlock() {
        //获取当前线程的对象
        Thread currentThread = Thread.currentThread();
        //通过 CAS 方式将当前线程的对象修改为 null
        threadOwner.compareAndSet(currentThread, null);
    }
}
```

由 MyCasLock 类的源码可以看出，在 MyCasLock 类中，先定义了一个泛型为 Thread 的 AtomicReference 类型的成员变量 threadOwner，此后，在 lock()方法和 unlock()方法中，都是通过成员变量 threadOwner 来实现加锁和释放锁操作的。

在 lock()方法中，先获取当前线程的对象，并将其赋值给局部变量 currentThread。然后定义一个 for 自旋体，在 for 自旋体中进行判断，如果通过 threadOwner 的 compareAndSet()方法将 null 修改为当前线程对象成功，则退出 for 自旋体。加锁成功后，threadOwner 中存储的 value 值是当前线程对象。

在 unlock()方法中，先获取当前线程的对象，并将其赋值给局部变量 currentThread。然后通过 threadOwner 的 compareAndSet()方法将当前线程对象修改为 null。解锁成功后，threadOwner 中存储的 value 值是 null。

至此，整个案例的核心接口 CasLock 和核心类 MyCasLock 实现完毕。

16.4 测试程序

在 io.binghe.concurrent.chapter16 包下新建 CasLockTest 类，用于对整个自旋锁实战案例进行测试。整个 CasLockTest 类的源码如下。

```
/**
 * @author binghe
 * @version 1.0.0
 * @description 测试自旋锁
 */
public class CasLockTest {
    /**
     * 创建 CasLock 对象
     */
    private CasLock lock = new MyCasLock();
```

```java
/**
 * 成员变量 count
 */
private long count = 0;

/**
 * 自增 count 的方法
 */
public void incrementCount(){
    try{
        lock.lock();
        count++;
    }finally {
        lock.unlock();
    }
}

/**
 * 获取 count 的值
 */
public long getCount(){
    return count;
}

public static void main(String[] args) throws InterruptedException {
    //创建 CasLockTest 对象
    CasLockTest casLockTest = new CasLockTest();

    Thread threadA = new Thread(() -> {
        IntStream.range(0, 100).forEach((i) -> {
            casLockTest.incrementCount();
        });
    });

    Thread threadB = new Thread(() -> {
        IntStream.range(0, 100).forEach((i) -> {
            casLockTest.incrementCount();
        });
    });

    threadA.start();
    threadB.start();
```

```
        threadA.join();
        threadB.join();

        System.out.println("count 的最终结果为: " + casLockTest.getCount());
    }
}
```

通过 CasLockTest 类的源码可以看出，在 CasLockTest 类的实现中，创建了一个 CasLock 接口类型的成员变量 lock 和一个 long 类型的成员变量 count。

在 incrementCount()方法的 try{}代码块中，首先调用 lock 的 lock()方法进行加锁，然后对 count 进行自增操作，最后在 finally{}代码块中调用 lock 的 unlock()方法进行解锁。这样，在 incrementCount()方法中，就实现了对 count 进行线程安全的自增操作。

接下来，创建了一个 getCount()方法，用来获取 count 的值。

在 main()方法中，首先创建一个 CasLockTest 类的对象 casLockTest。然后分别创建 threadA 和 threadB 两个线程，在两个线程的 run()方法中，分别循环 100 次，调用 CasLockTest 类的 incrementCount()方法，实现成员变量 count 的累加操作。接下来，分别启动 threadA 线程和 threadB 线程。为了防止主线程在 threadA 线程和 threadB 线程运行完毕前退出执行，又分别调用了 threadA 线程和 threadB 线程的 join()方法。最后，打印 count 的最终结果。

多次运行 CasLockTest 类的 main()方法，输出的结果相同，如下所示。

```
count 的最终结果为: 200
```

从输出结果可以看出，count 的最终结果为 200，符合程序的预期结果。

16.5 本章总结

本章主要基于 CAS 实现了一个自旋锁。首先，对案例进行概述。然后，说明项目的搭建方式。接下来，详细介绍了案例核心类的实现，包括 CasLock 核心接口的实现和 MyCasLock 核心类的实现。最后，对案例程序进行了测试，测试结果符合预期。

下一章将实现一个完整的读/写锁。

第 **17** 章

基于读/写锁实现缓存实战

第9章介绍了读/写锁的核心原理。读/写锁具有读读共享、读写互斥、写写互斥的特性，适合读多写少的场景，也适合实现线程安全的缓存。本章将基于读/写锁实现线程安全的缓存。

本章涉及的知识点如下。

- 案例概述。
- 项目搭建。
- 核心类实现。
- 测试程序。

17.1   案例概述

读/写锁中包含一把读锁和一把写锁，其中，读锁是共享锁，允许多个线程在同一时刻获取到同一把锁。写锁是互斥锁，同一时刻只允许一个线程获取到锁。同时，读锁和读锁之间是共享的，读锁与写锁之间是互斥的，写锁与写锁之间是互斥的。另外，读/写锁很适合用于多线程并发环境下一些读多写少的场景。

在实际的项目开发过程中，往往会为系统增加缓存来提升其整体的读性能。而缓存的适用场景与读/写锁的适用场景类似，存储在缓存中的数据一般也是读多写少的。也就是说，对于存储在缓存中的数据，尤其是那些系统中的基础数据、字典数据、元数据，写操作很少，基本不会发生变化，但是系统中读取并使用这些数据的地方很多，也就是读操作很多。

本章将基于读/写锁快速实现一个线程安全的缓存。在缓存的实现中，提供的两个重要方法就是向缓存中写数据的 put()方法和从缓存中读取数据的 get()方法。其中，put()方法只允许一个线程执行，get()方法则允许多个线程同时执行。

本章会按照这种核心逻辑基于读/写锁实现线程安全的缓存，并达到测试的预期效果——当多个线程同时对缓存进行读写操作时，同一时刻只能有一个线程进行写操作，其他线程既不能读缓存，也不能写缓存。但是，同一时刻允许多个线程同时读取缓存中的数据。

17.2 项目搭建

项目搭建的过程比较简单，在 Maven 项目 mykit-concurrent-principle 中新建 mykit-concurrent-chapter17 项目模块即可，本章涉及的源代码已经提交到 GitHub 和 Gitee，GitHub 和 Gitee 链接地址见 2.4 节结尾。

17.3 核心类实现

可以将整个案例的实现过程分为 ReadWriteCache<K，V>核心接口的实现和 ConcurrentReadWriteCache<K, V>核心类的实现两部分。为了实现的缓存数据类型通用性更强，这里增加了接口和实现类的泛型。本节简单介绍核心类的实现。

17.3.1 ReadWriteCache<K, V>核心接口的实现

在 Maven 项目 mykit-concurrent-principle 中的 mykit-concurrent-chapter17 项目模块下新建 io.binghe.concurrent.chapter17 包，在 io.binghe.concurrent.chapter17 包下新建 ReadWriteCache<K, V>接口，ReadWriteCache<K, V>接口的源码如下。

```
/**
 * @author binghe
 * @version 1.0.0
 * @description
 */
public interface ReadWriteCache<K, V> {

    /**
     * 向缓存中写数据
     */
    void put(K key, V value);
```

```
/**
 * 从缓存中读取数据
 */
V get(K key);
}
```

从 ReadWriteCache<K, V>接口的源码可以看出，在 ReadWriteCache<K, V>接口中定义了操作缓存的两个核心方法，一个是 put()方法，用来向缓存中写入数据，另一个是 get()方法，用来从缓存中获取数据。后续的实现中会通过这两个方法操作缓存中的数据。

17.3.2　ConcurrentReadWriteCache<K, V>核心类的实现

在 io.binghe.concurrent.chapter17 包下新建 ConcurrentReadWriteCache<K, V>类，实现 ReadWriteCache<K, V>接口，并实现 ReadWriteCache<K, V>接口中定义的 put ()方法和 get()方法。

ConcurrentReadWriteCache<K, V>类的源码有些长，这里对定义核心成员变量、实现 put()方法和实现 get()方法分别进行介绍，最后再给出整个 ConcurrentReadWriteCache<K, V>类的源码。

1. 定义核心成员变量

在 ConcurrentReadWriteCache<K, V>类中，首先定义用于实现线程安全缓存的核心成员变量，如下所示。

```
/**
 * 缓存中存储数据的 map
 */
private volatile Map<K, V> map = new HashMap<K, V>();

/**
 * 读/写锁
 */
private final ReadWriteLock lock = new ReentrantReadWriteLock();

/**
 * 读锁
 */
private final Lock readLock = lock.readLock();

/**
 * 写锁
 */
private final Lock writeLock = lock.writeLock();
```

可以看到，在 ConcurrentReadWriteCache<K, V>类中，定义了 4 个核心成员变量，作用分别如下。

- map：缓存中实际存储数据的 map。
- lock：读/写锁对象，用于获取读锁和写锁
- readLock：读锁，在 get()方法中使用。
- writeLock：写锁，在 put()方法和 get()方法中使用。当在 get()方法中通过读锁从缓存中获取的数据为空时，会通过获取写锁模拟从数据库中读取数据并写入缓存。

2. 实现 put()方法

put()方法的实现比较简单，大体思路就是获取写锁、向缓存中写入数据和释放写锁，源码如下。

```
/**
 * 向缓存中写入数据
 */
@Override
public void put(K key, V value){
    try{
        writeLock.lock();
        System.out.println(Thread.currentThread().getName() + " 写数据开始");
        map.put(key, value);
    }finally {
        System.out.println(Thread.currentThread().getName() + " 写数据结束");
        writeLock.unlock();
    }
}
```

可以看到，在 put()方法的实现中，首先在 try{}代码块中获取写锁，打印线程写数据开始的日志，并向 map 中添加数据。接下来，在 finally{}代码块中打印线程写数据结束的日志，并释放写锁。

3. 实现 get()方法

get()方法的实现比 put()方法复杂，首先获取读锁，从缓存中获取数据后释放读锁。如果从缓存中获取的数据不为空，则直接返回数据。否则，获取写锁，模拟从数据库中获取数据后将数据写入缓存，然后释放写锁，返回数据。get()方法的源码如下。

```
/**
 * 根据指定的 key 读取缓存中的数据
 */
```

```java
@Override
public V get(K key){
    //定义返回的数据为空
    V value = null;
    try{
        //获取读锁
        readLock.lock();
        System.out.println(Thread.currentThread().getName() + " 读数据开始");
        //从缓存中获取数据
        value = map.get(key);
    }finally {
        System.out.println(Thread.currentThread().getName() + " 读数据结束");
        //释放读锁
        readLock.unlock();
    }
    //如果从缓存中获取的数据不为空，则直接返回数据
    if (value != null){
        return value;
    }
    //缓存中的数据为空
    try{
        //获取写锁
        writeLock.lock();
        System.out.println(Thread.currentThread().getName() + " 从数据库读取数据并写
入缓存开始");
        //模拟从数据库中获取数据
        value = getvalueFromDb();
        //将数据放入 map 缓存
        map.put(key, value);
    }finally {
        System.out.println(Thread.currentThread().getName() + " 从数据库读取数据并写
入缓存结束");
        //释放写锁
        writeLock.unlock();
    }
    //返回数据
    return value;
}
```

可以看到，在 get() 方法的实现中，定义了一个 V 类型的局部变量 value，并赋值为 null。在 try{}代码块中，获取读锁，打印线程读数据开始的日志，从缓存中获取数据，然后在 finally{} 代码块中，打印线程读数据结束的日志并释放读锁。

如果从缓存中读取的数据不为空，则直接返回数据。否则，在 try{}代码块中，获取写锁，打印线程从数据库读取数据并写入缓存开始的日志，模拟从数据库读取数据，将数据写入缓存。接下来，在 finally{}代码块中，打印线程从数据库读取数据并写入缓存结束的日志并释放写锁。最后返回获取的数据。

4. 完整源代码

ConcurrentReadWriteCache<K, V>类的完整源代码如下。

```
/**
 * @author binghe
 * @version 1.0.0
 * @description 线程安全的缓存
 */
public class ConcurrentReadWriteCache<K, V> implements ReadWriteCache<K, V> {
    /**
     * 缓存中存储数据的 map
     */
    private volatile Map<K, V> map = new HashMap<K, V>();

    /**
     * 读/写锁
     */
    private final ReadWriteLock lock = new ReentrantReadWriteLock();

    /**
     * 读锁
     */
    private final Lock readLock = lock.readLock();

    /**
     * 写锁
     */
    private final Lock writeLock = lock.writeLock();

    /**
     * 向缓存中写数据
     */
    @Override
    public void put(K key, V value){
        try{
            writeLock.lock();
            System.out.println(Thread.currentThread().getName() + " 写数据开始");
            map.put(key, value);
```

```
    }finally {
        System.out.println(Thread.currentThread().getName() + " 写数据结束");
        writeLock.unlock();
    }
}

/**
 * 根据指定的 key 读取缓存中的数据
 */
@Override
public V get(K key){
    //定义返回的数据为空
    V value = null;
    try{
        //获取读锁
        readLock.lock();
        System.out.println(Thread.currentThread().getName() + " 读数据开始");
        //从缓存中获取数据
        value = map.get(key);
    }finally {
        System.out.println(Thread.currentThread().getName() + " 读数据结束");
        //释放读锁
        readLock.unlock();
    }
    //如果从缓存中获取的数据不为空，则直接返回数据
    if (value != null){
        return value;
    }
    //缓存中的数据为空
    try{
        //获取写锁
        writeLock.lock();
        System.out.println(Thread.currentThread().getName() + " 从数据库读取数据并
写入缓存开始");
        //模拟从数据库中获取数据
        value = getvalueFromDb();
        //将数据放入 map 缓存
        map.put(key, value);
    }finally {
        System.out.println(Thread.currentThread().getName() + " 从数据库读取数据并
写入缓存结束");
        //释放写锁
        writeLock.unlock();
    }
```

```
        //返回数据
        return value;
    }

    /**
     * 模拟从数据库中获取数据
     */
    private V getvalueFromDb() {
        return (V) "binghe";
    }
}
```

17.4 测试程序

在 io.binghe.concurrent.chapter17 包下新建 ReadWriteCacheTest 类，用于对整个基于读/写锁实现的线程安全的缓存进行测试。整个 ReadWriteCacheTest 类的源码如下。

```
/**
 * @author binghe
 * @version 1.0.0
 * @description 测试缓存
 */
public class ReadWriteCacheTest {
    public static void main(String[] args){
        //创建缓存对象
        ReadWriteCache<String, Object> readWriteCache = new
ConcurrentReadWriteCache<String, Object>();
        IntStream.range(0, 5).forEach((i) -> {
            new Thread(()->{
                String key = "name_".concat(String.valueOf(i));
                String value = "binghe_".concat(String.valueOf(i));
                readWriteCache.put(key, value);
            }).start();
        });

        IntStream.range(0, 5).forEach((i) -> {
            new Thread(() -> {
                String key = "name_".concat(String.valueOf(i));
                readWriteCache.get(key);
            }).start();
        });
    }
}
```

在测试类 ReadWriteCacheTest 的 main()方法中,首先创建了 ReadWriteCache<String, Object> 接口类型的对象 readWriteCache;然后连续创建了 5 个线程分别调用 readWriteCache 的 put()方法向缓存中写入数据;最后连续创建了 5 个线程分别调用 readWriteCache 的 get()方法从缓存中读取数据,用以测试缓存的线程安全性。

运行 ReadWriteCacheTest 的 main()方法,输出的结果如下。

```
Thread-0 写数据开始
Thread-0 写数据结束
Thread-1 写数据开始
Thread-1 写数据结束
Thread-2 写数据开始
Thread-2 写数据结束
Thread-3 写数据开始
Thread-3 写数据结束
Thread-4 写数据开始
Thread-4 写数据结束
Thread-5 读数据开始
Thread-5 读数据结束
Thread-8 读数据开始
Thread-6 读数据开始
Thread-6 读数据结束
Thread-9 读数据开始
Thread-9 读数据结束
Thread-7 读数据开始
Thread-8 读数据结束
Thread-7 读数据结束
```

从输出结果可以看出,同一时刻只能有一个线程向缓存中写入数据,此时其他线程既不能从缓存中读取数据,也不能向缓存中写入数据。同一时刻允许多个线程从缓存中读取数据。输出的结果符合预期。

17.5　本章总结

本章基于读/写锁实现了一个线程安全的缓存实战案例。首先,对案例的总体情况进行概述。然后,介绍项目搭建的方式。接下来,对案例的核心接口和核心实现类进行介绍。最后,对整个案例程序进行测试,并输出测试结果。测试结果符合预期。

下一章将基于 AQS 实现一个可重入锁。

第18章

基于 AQS 实现可重入锁实战

AQS 的全称是 AbstractQueuedSynchronizer，也就是抽象队列同步器。第 8 章介绍了 AQS 的核心原理。JDK 中 java.util.concurrent 包下的大部分工具类都是基于 AQS 实现的，尤其是在多线程并发环境下使用到的 Lock 显示锁。本章基于 AQS 实现一个可重入锁。

本章涉及的知识点如下。

- 案例概述。
- 项目搭建。
- 核心类实现。
- 测试程序。

18.1　案例概述

AQS 是 JDK 中 Lock 锁的实现基础，在 AQS 内部维护了一个同步队列和一个条件队列，以及锁相关的核心状态位，支持独占锁和共享锁两种模式，同时支持中断锁，超时等待锁的实现。从某种程度上说，AQS 是一个抽象类，将复杂的锁机制抽象出一套统一的模板供其他类调用。

如果想基于 JDK 中 java.util.concurrent.locks 包下的 Lock 接口实现自定义的锁，那么可以创建一个类继承 AQS 实现自己的同步器，继承 AQS 的类中的具体实现逻辑比较简单，就是根据具体同步器的需要，实现线程获取资源和释放资源的方式，这种方式实际上就是修改同步状态的变量。其他一些功能，例如，线程获取资源失败入队、唤醒出队、线程在队列中的管理等，在 AQS 中已经封装好了。

本案例基于 AQS 实现了可重入锁，具体的实现方式为，创建一个名称为 ReentrantAQSLock 的类并实现 java.util.concurrent.locks.Lock 接口，在 ReentrantAQSLock 类中创建一个内部类 AQSSync 继承 AbstractQueuedSynchronizer 类，也就是继承 AQS。在 AQSSync 类中，覆写 AbstractQueuedSynchronizer 类中的 tryAcquire() 方法和 tryRelease() 方法。然后在 ReentrantAQSLock 类中创建一个内部类 AQSSync 类型的成员变量 sync。接下来，在 ReentrantAQSLock 类中实现 Lock 接口的方法时，通过成员变量 sync 调用 AbstractQueuedSynchronizer 类中相关的模板方法即可。

本案例的预期效果为，在多线程并发环境下，每个线程都能同时多次获取到由 ReentrantAQSLock 类实现的锁，在释放锁时，必须执行与加锁操作相同次数的解锁操作，当前线程才能完全释放锁，此时，其他线程才能获取到锁。另外，在多线程并发环境下，由 ReentrantAQSLock 类实现的锁能够保证线程安全的 count 自增操作。

18.2 项目搭建

项目搭建的过程比较简单，在 Maven 项目 mykit-concurrent-principle 中新建 mykit-concurrent-chapter18 项目模块即可，本章涉及的源代码已经提交到 GitHub 和 Gitee，GitHub 和 Gitee 链接地址见 2.4 节结尾。

18.3 核心类实现

本案例为了在实现上与 JDK 提供的锁更为接近，会在实现 Lock 接口的类中，创建一个内部类继承 AbstractQueuedSynchronizer 类，并实现 AbstractQueuedSynchronizer 类中的 tryAcquire() 方法和 tryRelease() 方法。随后在实现 Lock 接口定义的方法时，通过内部类对象来调用 AbstractQueuedSynchronizer 类中的方法。

18.3.1 AQSSync 内部类的实现

在 io.binghe.concurrent.chapter18 包下新建 ReentrantAQSLock 类，在 ReentrantAQSLock 类中创建一个名称为 AQSSync 的内部类，并继承 AbstractQueuedSynchronizer 类，AQSSync 类的源码如下。

```
private class AQSSync extends AbstractQueuedSynchronizer{
```

```java
@Override
protected boolean tryAcquire(int acquires) {
    //获取状态值
    int state = getState();
    //获取当前线程对象
    Thread currentThread = Thread.currentThread();
    //如果获取的状态值为 0，则说明进来的是第一个线程
    if (state == 0){
        //将状态修改为传递的 arg 值
        if (compareAndSetState(0, acquires)){
            //设置当前线程获取到锁，并且是独占锁
            setExclusiveOwnerThread(currentThread);
            return true;
        }
    }else if (getExclusiveOwnerThread() == currentThread){
        // 当前线程已经获取到锁，这里是实现可重入锁的关键代码
        //对状态增加计数
        int nextc = state + acquires;
        if (nextc < 0) // overflow
            throw new Error("Maximum lock count exceeded");
        //设置状态值
        setState(nextc);
        return true;
    }
    return false;
}


@Override
protected boolean tryRelease(int releases) {
    if (Thread.currentThread() != getExclusiveOwnerThread())
        throw new IllegalMonitorStateException();
    //对状态减去相应的计数
    int status = getState() - releases;
    //标识是否完全释放锁成功，true 为是；false 为否
    boolean flag = false;
    //如果状态减为 0，则说明没有线程持有锁了
    if (status == 0) {
        //标识为完全释放锁成功
        flag = true;
        //设置获取到锁的线程为 null
        setExclusiveOwnerThread(null);
    }
    //设置状态值
```

```
        setState(status);
        //返回是否完全释放锁的标识
        return flag;
    }

    final ConditionObject newCondition() {
        return new ConditionObject();
    }
}
```

可以看到，在 AQSSync 类中，覆写了 AbstractQueuedSynchronizer 类中的 tryAcquire()方法和 tryRelease()方法，同时创建了一个 newCondition()方法。接下来，详细介绍 tryAcquire()方法、tryRelease()方法和 newCondition()方法的实现逻辑。

1. tryAcquire()方法

tryAcquire()方法表示尝试获取资源，在 tryAcquire()方法中，先获取当前的状态值，并且获取当前的线程对象。

如果获取到的当前状态值为 0，则表示此时没有其他线程执行过 tryAcquire()方法，当前线程是第一个进入 tryAcquire()方法的线程。然后通过 CAS 方式将当前的状态值由 0 修改为调用 tryAcquire()方法传递的 acquires 值，如果修改状态值成功，则将当前线程设置为获取到独占锁的线程，并返回 true。

如果获取到的当前状态值不为 0，则表示此时已经有线程执行过 tryAcquire()方法。此时，又可分为两种情况：一种情况是执行过 tryAcquire()方法的线程恰好是当前线程，另一种情况是执行过 tryAcquire()方法的线程是其他线程。

如果执行过 tryAcquire()方法的线程恰好是当前线程，则累加 state 状态的计数，重新设置 state 状态的值并返回 true。这部分逻辑也是实现可重入锁的关键。

如果执行过 tryAcquire()方法的线程是其他线程，则直接返回 false。

2. tryRelease()方法

tryRelease()方法表示尝试释放资源。在 tryRelease()方法中，先判断当前线程是否是获得独占锁的线程，如果当前线程不是获得独占锁的线程，则直接抛出 IllegalMonitorStateException。

然后获取当前状态值，并用当前状态值减去调用 tryRelease()方法传递的 releases 值，将结果赋值给方法的局部变量 state。接下来定义一个表示当前线程是否已经完全释放锁的标识 flag，默认值为 false，表示未完全释放锁。

如果 state 的值为 0，则表示当前线程完全释放锁成功，将 flag 标识的值修改为 true，并且设置获取到独占锁的线程为 null。

重新设置 state 状态值，并返回 flag 标识。

3. newCondition()方法

在 newCondition()方法中，直接创建 ConditionObject 对象并返回。

18.3.2　ReentrantAQSLock 核心类的实现

AQSSync 的外部类 ReentrantAQSLock 实现了 java.util.concurrent.locks.Lock 接口，ReentrantAQSLock 类的核心源码如下。

```
/**
 * @author binghe
 * @version 1.0.0
 * @description 基于 AQS 实现可重入锁
 */
public class ReentrantAQSLock implements Lock {

    private AQSSync sync = new AQSSync();

    @Override
    public void lock() {
        sync.acquire(1);
    }

    @Override
    public void lockInterruptibly() throws InterruptedException {
        sync.acquireInterruptibly(1);
    }

    @Override
    public boolean tryLock() {
        return sync.tryAcquire(1);
    }

    @Override
    public boolean tryLock(long time, TimeUnit unit) throws InterruptedException {
        return sync.tryAcquireNanos(1, unit.toNanos(time));
    }
```

```
    @Override
    public void unlock() {
        sync.release(1);
    }

    @Override
    public Condition newCondition() {
        return sync.newCondition();
    }
}
```

可以看到，在 ReentrantAQSLock 中，创建了一个内部类 AQSSync 类型的成员变量 sync，在后续实现 Lock 接口的方法中，都是通过成员变量 sync 调用 AbstractQueuedSynchronizer 类中的方法实现的。

18.3.3　完整源代码

为了方便读者更好地阅读和理解 ReentrantAQSLock 类的源码，这里给出 ReentrantAQSLock 类的完整源代码，如下所示。

```
/**
 * @author binghe
 * @version 1.0.0
 * @description 基于 AQS 实现可重入锁
 */
public class ReentrantAQSLock implements Lock {

    private AQSSync sync = new AQSSync();

    private class AQSSync extends AbstractQueuedSynchronizer{

        @Override
        protected boolean tryAcquire(int acquires) {
            //获取状态值
            int state = getState();
            //获取当前线程对象
            Thread currentThread = Thread.currentThread();
            //如果获取的状态值为 0，则说明进来的是第一个线程
            if (state == 0){
                //将状态修改为传递的 arg 值
                if (compareAndSetState(0, acquires)){
                    //设置当前线程获取到锁，并且是独占锁
                    setExclusiveOwnerThread(currentThread);
```

```
                    return true;
                }
            }else if (getExclusiveOwnerThread() == currentThread){
                //当前线程已经获取到锁，这里是实现可重入锁的关键代码
                //对状态增加计数
                int nextc = state + acquires;
                if (nextc < 0) // overflow
                    throw new Error("Maximum lock count exceeded");
                //设置状态值
                setState(nextc);
                return true;
            }
            return false;
        }


        @Override
        protected boolean tryRelease(int releases) {
            if (Thread.currentThread() != getExclusiveOwnerThread())
                throw new IllegalMonitorStateException();
            //对状态减去相应的计数
            int status = getState() - releases;
            //标识是否完全释放锁成功，true 为是；false 为否
            boolean flag = false;
            //如果状态减为 0，则说明没有线程持有锁了
            if (status == 0) {
                //标识为完全释放锁成功
                flag = true;
                //设置获取到锁的线程为 null
                setExclusiveOwnerThread(null);
            }
            //设置状态值
            setState(status);
            //返回是否完全释放锁的标识
            return flag;
        }


        final ConditionObject newCondition() {
            return new ConditionObject();
        }
    }


    @Override
    public void lock() {
```

```java
        sync.acquire(1);
    }

    @Override
    public void lockInterruptibly() throws InterruptedException {
        sync.acquireInterruptibly(1);
    }

    @Override
    public boolean tryLock() {
        return sync.tryAcquire(1);
    }

    @Override
    public boolean tryLock(long time, TimeUnit unit) throws InterruptedException {
        return sync.tryAcquireNanos(1, unit.toNanos(time));
    }

    @Override
    public void unlock() {
        sync.release(1);
    }

    @Override
    public Condition newCondition() {
        return sync.newCondition();
    }
}
```

18.4　测试程序

　　在 io.binghe.concurrent.chapter18 包下新建 ReentrantAQSLockTest 类，用于测试本章实现的可重入锁，ReentrantAQSLockTest 类的源码如下。

```java
/**
 * @author binghe
 * @version 1.0.0
 * @description 测试可重入锁
 */
public class ReentrantAQSLockTest {
    /**
     * 成员变量 count
     */
```

```java
private int count;
/**
 * 可重入锁
 */
private Lock lock = new ReentrantAQSLock();
/**
 * 自增 count 的方法
 */
public void incrementCount(){
    try{
        lock.lock();
        System.out.println(Thread.currentThread().getName() + " 第一次获取到锁");
        lock.lock();
        System.out.println(Thread.currentThread().getName() + " 第二次获取到锁");
        count++;
    }finally {
        System.out.println(Thread.currentThread().getName() + " 第一次释放锁");
        lock.unlock();
        System.out.println(Thread.currentThread().getName() + " 第二次释放锁");
        lock.unlock();
    }
}

public long getCount(){
    return count;
}

public static void main(String[] args) throws InterruptedException {
    ReentrantAQSLockTest reentrantAQSLockTest = new ReentrantAQSLockTest();

    for(int i = 0; i < 5; i++){
        Thread thread = new Thread(() -> {
            reentrantAQSLockTest.incrementCount();
        });
        thread.start();
        thread.join();
    }

    System.out.println("count 的最终结果为：" + reentrantAQSLockTest.getCount());
}
}
```

可以看到，在测试类 ReentrantAQSLockTest 中，首先定义了一个 int 类型的成员变量 count

和一个 ReentrantAQSLock 类型的成员变量 lock。

然后，创建了一个 incrementCount()方法实现 count 值的自增，在 incrementCount()方法的 try{}代码块中，通过 lock 成员变量执行两次加锁操作，用以测试锁的可重入性，并打印相关的加锁日志，随后执行 count++操作。最后，在 finally{}代码块中，通过 lock 成员变量执行两次解锁操作，以达到线程完全释放锁的目的。

创建了一个 getCount()方法，用来获取成员变量 count 的值。

在 main()方法中，首先创建一个 ReentrantAQSLockTest 类型的对象 reentrantAQSLockTest。然后创建 5 个线程，在每个线程的 run()方法中都调用 ReentrantAQSLockTest 类中的 incrementCount()方法，接下来，启动每个线程。为了让每个子线程执行完毕后主线程都能再执行，在启动每个线程后都调用了该线程的 join()方法。最后输出 count 的结果。

运行 ReentrantAQSLockTest 类的 main()方法，输出的结果如下。

```
Thread-0 第一次获取到锁
Thread-0 第二次获取到锁
Thread-0 第一次释放锁
Thread-0 第二次释放锁
Thread-1 第一次获取到锁
Thread-1 第二次获取到锁
Thread-1 第一次释放锁
Thread-1 第二次释放锁
Thread-2 第一次获取到锁
Thread-2 第二次获取到锁
Thread-2 第一次释放锁
Thread-2 第二次释放锁
Thread-3 第一次获取到锁
Thread-3 第二次获取到锁
Thread-3 第一次释放锁
Thread-3 第二次释放锁
Thread-4 第一次获取到锁
Thread-4 第二次获取到锁
Thread-4 第一次释放锁
Thread-4 第二次释放锁
count 的最终结果为：5
```

从输出结果可以看出，每个线程都能够同时多次获取到锁，并且每个获取到锁的线程都要执行与加锁操作相同次数的解锁操作后才能完全释放锁，此时其他线程才能获取到锁。由于测试程序中开启了 5 个线程，每个线程都调用一次 incrementCount()方法，所以 count 的最终结果为 5。

测试结果符合预期。

18.5 本章总结

本章基于 AQS 实现了一个可重入锁。首先，对案例进行了概述。然后，简要地描述了项目的搭建方式。接下来，详细介绍了案例中核心类的实现。最后，对案例程序进行了测试，测试结果符合预期。

下一章正式进入系统架构篇，对分布式锁的架构进行深度解密。

第 4 篇

系统架构

第19章

深度解密分布式锁架构

前面的章节介绍了并发编程的基础、核心原理和实战案例。本章正式进入全书的系统架构篇。JVM 提供的锁机制能够很好地解决单机多线程并发环境下的原子性问题，却无法很好地解决分布式环境下的原子性问题。在分布式环境中，如果要很好地解决原子性问题，则需要使用到分布式锁。本章就对分布式锁架构进行深度的解密。

本章涉及的知识点如下。

- 锁解决的本质问题。
- 电商超卖问题。
- JVM 提供的锁。
- 分布式锁。
- CAP 理论与分布式锁模型。
- 基于 Redis 实现分布式锁。

19.1 锁解决的本质问题

无论是单机环境还是分布式环境，只要涉及多线程并发环境，就一定存在多个线程之间竞争系统资源的现象，从而导致一系列的并发问题。在编写并发程序时引入锁，就是为了解决此问题。

19.2 电商超卖问题

在高并发电商系统中，如果对提交订单并扣减库存的逻辑设计不当，就可能造成意想不到的后果，甚至造成超卖问题。

19.2.1 超卖问题概述

超卖问题包括两种情况：第一种是在电商系统中真实售出的商品数量超过库存量；第二种是在校验库存时出现了问题，导致多个线程同时拿到了同一商品的相同库存量，对同一商品的相同库存量进行了多次扣减。

针对超卖问题的第二种情况举一个例子：在高并发电商系统中，对库存进行并发校验，10 个线程同时拿到了商品的库存量，假设此时的商品库存量为 1，则 10 个线程在这个库存量的基础上执行扣减库存的操作，对同一商品的相同库存量进行了多次扣减。

19.2.2 超卖问题案例

在高并发电商系统中，当用户提交订单购买商品时，系统需要先校验相应的商品库存数量是否充足，只有在商品库存数量充足的前提下，才能让用户成功下单。当执行下单操作时，需要在商品的库存数量中减去用户下单的商品数量，并将结果数据更新到数据库中。下单扣减库存的简化流程如图 19-1 所示。

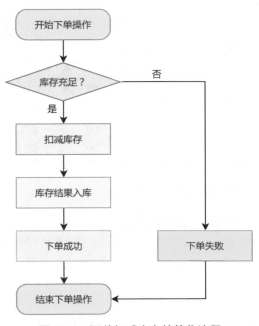

图 19-1　下单扣减库存的简化流程

为了更加直观地表述超卖问题，这里使用 SpringBoot 结合 Redis 的方式简单实现了一个模拟提交订单的接口，源码如下。

```java
/**
 * @author binghe
 * @version 1.0.0
 * @description 测试订单的接口
 */
@RestController
@RequestMapping("/order/v1")
public class OrderV1Controller {

    private final Logger logger = LoggerFactory.getLogger(OrderV1Controller.class);

    /**
     * 假设商品的 id 为 1001
     */
    private static final String PRODUCT_ID = "1001";
    @Autowired
    private StringRedisTemplate stringRedisTemplate;

    @RequestMapping("/submitOrder")
    public String submitOrder(){
        String stockStr = stringRedisTemplate.opsForvalue().get(PRODUCT_ID);
        if (stockStr == null || "".equals(stockStr.trim())){
            logger.info("库存不足，扣减库存失败");
            throw new RuntimeException("库存不足，扣减库存失败");
        }
        //将库存转化成 int 类型，进行减 1 操作
        int stock = Integer.parseInt(stockStr);
        if(stock > 0){
            stock -= 1;
            stringRedisTemplate.opsForvalue().set(PRODUCT_ID,
String.valueOf(stock));
            logger.info("库存扣减成功，当前库存为：{}", stock);
        }else{
            logger.info("库存不足，扣减库存失败");
            throw new RuntimeException("库存不足，扣减库存失败");
        }
        return "success";
    }
}
```

从源码可以看出，在提交订单的 submitOrder() 方法中，假设需要对 id 为 1001 的商品执行

扣减库存的操作。从 Redis 中读取出商品 id 为 1001 的库存，如果库存为空，则打印库存不足，扣减库存失败的日志并抛出相应异常。然后判断商品库存数量是否大于 0，如果商品库存数量大于 0，则对商品的库存数量减 1，执行成功后将库存数量写入 Redis，并打印库存扣减成功的日志。如果商品库存数量小于 0，则打印库存不足，扣减库存失败的日志并抛出相应异常。

上述代码看上去没什么问题，但是在高并发环境下存在着非常严重的线程安全问题。为了验证上述代码的问题，使用 Apache JMeter 对提交订单的接口进行测试。在 Apache JMeter 中设置线程的数量为 5，5 个线程同时发送请求，一共执行 1000 次。

接下来，运行 JMeter 来测试提交订单的接口，输出的部分结果如下。

库存扣减成功，当前库存为：75
库存扣减成功，当前库存为：75
库存扣减成功，当前库存为：75
库存扣减成功，当前库存为：75
库存扣减成功，当前库存为：75

从输出结果可以看出，在测试过程中的某个时刻通过 5 个线程向提交订单的接口发送请求，其实是发送了 5 次请求，但是每次请求打印出的结果相同。

说明上述扣减库存的程序出现了超卖问题的第二种情况：在检验库存时出现了问题，导致多个线程同时拿到了同一商品的相同库存量，对同一商品的相同库存量进行了多次扣减。

19.3　JVM 提供的锁

JVM 提供 synchronized 锁，而 JDK 提供 Lock 锁。无论是 synchronized 锁还是 Lock 锁，都只能在单机环境下实现一些简单的线程互斥功能，无法解决分布式环境下的线程安全问题。

19.3.1　JVM 锁的原理

有关 synchronized 锁的核心原理，读者可参见第 7 章的内容，有关 Lock 锁的核心原理，读者可参见第 9 章的内容，笔者在此不再赘述。

19.3.2　JVM 锁的不足

无论是 synchronized 锁还是 Lock 锁，都是 JVM 级别的，只在 JVM 进程内部有效。也就是说，synchronized 锁和 Lock 锁只会在同一个 Java 进程内有效，如果面对分布式场景下的高并发问题，就会显得力不从心了。

synchronized 锁和 Lock 锁能够在 JVM 级别保证高并发程序中多个线程之间的互斥，其互斥原理如图 19-2 所示。

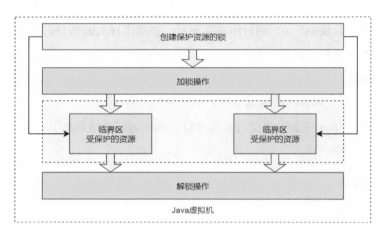

图 19-2　synchronized 锁和 Lock 锁的互斥原理

如果将应用程序部署成分布式架构，或者将应用程序部署在不同的 JVM 进程中，synchronized 锁和 Lock 锁就不能保证分布式架构和多 JVM 进程下应用程序的互斥性了。

分布式架构和 JVM 多进程的本质都是将应用程序部署在不同的 JVM 实例中，换句话说，其本质都是将程序运行在多个 JVM 进程中，而无论是 synchronized 锁还是 Lock 锁，都无法保证多 JVM 进程间应用程序的互斥性，如图 19-3 所示。

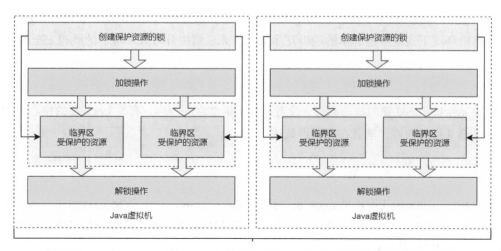

图 19-3　synchronized 锁和 Lock 锁无法保证多 JVM 进程间应用程序的互斥性

如果需要保证多个线程访问这些应用程序的互斥性，则需要使用分布式锁。

19.4　分布式锁

分布式锁，顾名思义，就是在分布式环境下，为了保证多个线程访问资源的互斥性而使用的锁。本节简单介绍分布式锁的实现方法和基本要求。

19.4.1　分布式锁的实现方法

在实现分布式锁时，可以参照 JVM 锁实现的方法。JVM 锁是通过改变 Java 对象的对象头中的锁标志位来实现的，也就是说，所有的线程都会访问这个 Java 对象的对象头中的锁标志位，如图 19-4 所示。

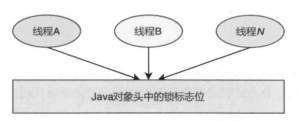

图 19-4　多个线程访问 Java 对象头中的锁标志位

以同样的方法来实现分布式锁，将应用程序进行拆分并部署成分布式架构，所有应用程序中的线程在访问共享变量时，都到同一个地方检查当前程序的临界区是否进行了加锁操作。可以在统一的地方使用相应的状态来标记是否进行了加锁操作，这个统一的地方可以是保存加锁状态的服务，如图 19-5 所示。

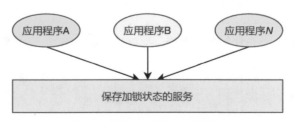

图 19-5 保存加锁状态的服务

可以看到，分布式锁的实现方法与 JVM 锁的实现方法类似，只是在实现 JVM 锁时，将锁的状态保存在 Java 的对象头中，而在实现分布式锁时，将锁的状态保存在一个外部服务中。这个外部服务可以使用 MySQL、Redis 和 Zookeeper 等数据存储服务实现。

19.4.2 分布式锁的基本要求

要实现一个分布式锁，总体上需要满足如下基本要求。

1. 支持互斥性

支持多个线程操作同一共享变量的互斥性，这是实现锁的最基本要求。

2. 支持阻塞与非阻塞

当某个线程获取分布式锁失败时，分布式锁能够支持当前线程是阻塞还是非阻塞的特性。

3. 支持可重入性

分布式锁能够支持同一线程同时多次获取同一个分布式锁的特性。

4. 支持锁超时

为了避免出现获取到分布式锁的线程因意外退出，进而无法正常释放锁，导致其他线程无法正常获取到锁的情况，分布式锁需要支持超时机制，若加锁时长超过一定时间，锁就会自动释放。

5. 支持高可用

在分布式环境下，大部分是高并发、大流量的场景，多个线程同时访问分布式锁服务，这就要求分布式锁能够支持高可用性。

19.5　CAP 理论与分布式锁模型

在分布式领域，有一个非常著名的理论，那就是 CAP 理论。本节简单介绍 CAP 理论和分布式锁的 AP 和 CP 架构模型。

19.5.1　CAP 理论

CAP 理论由 C、A 和 P 三部分组成，每个字母的含义如下。

- C：全称是 Consistency，一致性，表示在分布式环境下，所有节点在任意时刻都具有相同的数据。

- A：全称是 Availability，可用性，表示在分布式环境下，每个请求都能够得到响应，但是不保证能够获取到最新的数据。
- P：全称是 Partition tolerance，分区容错性，表示在分布式场景下，分布式系统当遇到任何网络分区故障时，都能继续对外提供服务。

同时，CAP 理论指出，在分布式环境下，不可能同时保证一致性、可用性和分区容错性，最多只能保证其中的两个特性。由于分布式环境下的网络是不稳定的，所以必须保证分区容错性，也就是要保证 CAP 中的 P。因此，在分布式环境下，只能保证 AP 或 CP，即只能保证可用性和分区容错性，或者只能保证一致性和分区容错性。

19.5.2　基于 Redis 的 AP 架构模型

Redis 作为最常用的分布式缓存数据库之一，在分布式场景下，实现了 AP 架构模型，如图 19-6 所示。

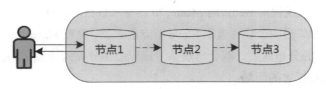

图 19-6　基于 Redis 的 AP 架构模型

由图 19-6 可以看出，在基于 Redis 实现的 AP 架构模型中，向 Redis 的节点 1 写入数据后，会立即返回结果，之后在 Redis 中会以异步的方式同步数据。

19.5.3　基于 Zookeeper 的 CP 架构模型

Zookeeper 作为分布式场景下的协调服务，其在架构上实现了 CAP 理论中的 CP 架构模型，如图 19-7 所示。

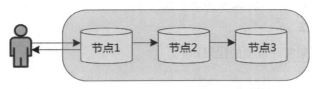

图 19-7　基于 Zookeeper 的 CP 架构模型

由图 19-7 可以看出，在基于 Zookeeper 实现的 CP 架构模型中，向节点 1 写入数据后，会等待数据向节点 2 和节点 3 的同步结果。当数据在大多数 Zookeeper 节点间同步成功后，才返回结果数据。

19.5.4 AP 架构模型的问题与解决方案

在使用基于 Redis 的 AP 架构模型实现分布式锁时，当 Redis 处于集群环境时，如果 Redis 的 Master 节点与 Slave 节点之间数据同步失败，就会出现问题，如图 19-8 所示。

图 19-8　Redis 中 Master 节点与 Slave 节点之间数据同步失败

由图 19-8 可知，当线程向 Redis 的 Master 节点写入数据后，Master 节点向 Slave 节点同步数据失败了。此时，如果另一个线程读取 Slave 节点的数据，发现 Slave 节点中没有对应的数据，也就是没有添加对应的分布式锁，就会出现某个线程添加分布式锁成功后，其他线程未检测到 Redis 中存在分布式锁标志的问题。

所以，在使用基于 Redis 的 AP 架构模型实现分布式锁时，也需要注意 Redis 节点之间的数据同步问题。

为了解决基于 Redis 的 AP 架构模型实现分布式锁时，出现某个线程添加分布式锁成功后，其他线程未检测到 Redis 中存在分布式锁标志的问题，Redisson 框架提供了红锁的实现，而 Redisson 框架是基于 Redis 的 AP 架构模型实现的一套通用的分布式锁方案。

在 Redisson 框架中，RedissonRedLock 类实现了红锁的加锁算法。RedissonRedLock 类的对象可以将多个 RLock 对象关联为一个红锁，其中，每个 RLock 对象都可以来自不同的 Redisson 实例。当红锁中超过半数的 RLock 对象加锁成功后，才会最终认为加锁是成功的，这样就提高了分布式锁的高可用性。

使用 Redisson 框架实现红锁的代码如下。

```
/**
 * 以 3 个 RedissonClient 测试红锁
 */
public void testRedLockByThreeRessionClient(RedissonClient redisson1,
                                  RedissonClient redisson2,
```

```
                                    RedissonClient redisson3){
    RLock lock1 = redisson1.getLock("lock1");
    RLock lock2 = redisson2.getLock("lock2");
    RLock lock3 = redisson3.getLock("lock3");
    RedissonRedLock lock = new RedissonRedLock(lock1, lock2, lock3);
    try {
        //lock1、lock2、lock3 大多数加锁成功，最终加锁成功
        lock.lock();
        //TODO 执行加锁成功的逻辑
    } finally {
        lock.unlock();
    }
}
```

上述代码的实现比较简单，笔者不再赘述。

注意：其实，在实际的高并发场景中，红锁是很少被使用的。因为使用红锁会影响高并发环境下程序的性能，使得程序的体验变差。所以，在实际的高并发场景中，一般通过保证 Redis 集群的可靠性来保证分布式锁的可靠性。在使用红锁后，当加锁成功的 RLock 个数不超过总数的一半时，会返回加锁失败的结果，即使在业务层面加锁成功了，红锁也会返回加锁失败的结果。另外，在使用红锁时，需要提供多套 Redis 的主从部署架构，并且多套 Redis 主从架构中的 Master 节点必须都是独立的，没有任何数据交互和数据依赖。

19.6　基于 Redis 实现分布式锁

实现分布式锁的方法很多，可以基于 MySQL 数据库实现，可以基于 Redis 实现，也可以基于 Zookeeper 实现。本节基于 Redis 实现一个分布式锁，并深入剖析实现分布式锁的过程中涉及的一系列问题和解决方案。

19.6.1　Redis 命令分析

在 Redis 中，提供了一个不常用的命令，如下所示。

```
SETNX key value
```

SETNX 命令的含义是 "SET if Not Exists"，当 Redis 中不存在当前 key 时，才会将 key 的值设置为 value 并存储到 Redis 中。如果 Redis 中已经存在当前 key，则不做任何操作。

使用 SETNX 命令设置值时，返回的结果如下。

- 1：如果 Redis 中不存在当前 key，则在设置 key-value 成功时返回 1。
- 0：如果 Redis 中存在当前 key，则在设置 key-value 失败时返回 0。

所以，在分布式高并发环境下，可以使用 Redis 的 SETNX 命令来实现分布式锁。假设此时线程 A 和线程 B 同时访问临界区代码，线程 A 先执行了 SETNX 命令向 Redis 中设置了锁状态，并返回结果 1，继续执行。当线程 B 再次执行 SETNX 命令时，返回的结果为 0，线程 B 不能继续执行。只有在线程 A 执行 DEL 命令将设置的锁状态删除后，线程 B 才会成功执行 SETNX 命令设置加锁状态并继续执行。

19.6.2 引入分布式锁

在了解了如何使用 Redis 中的命令实现分布式锁后，就可以对提交订单的接口进行改造了。在 19.2 节案例代码的基础上进行改造，改造后的提交订单方法的代码如下。

```
@RequestMapping("/submitOrder")
public String submitOrder(){
    //获取当前线程的 id
    long threadId = Thread.currentThread().getId();
    //通过 stringRedisTemplate 来调用 Redis 的 SETNX 命令
    //key 为商品的 id，value 为当前执行方法的线程 id
    Boolean isLocked = stringRedisTemplate.opsForvalue().setIfAbsent(PRODUCT_ID,
String.valueOf(threadId));
    //获取锁失败，直接返回下单失败的结果
    if (!isLocked){
        return "failure";
    }
    String stockStr = stringRedisTemplate.opsForvalue().get(PRODUCT_ID);
    if (stockStr == null || "".equals(stockStr.trim())){
        logger.info("库存不足，扣减库存失败");
        throw new RuntimeException("库存不足，扣减库存失败");
    }
    //将库存转化成 int 类型，进行减 1 操作
    int stock = Integer.parseInt(stockStr);
    if(stock > 0){
        stock -= 1;
        stringRedisTemplate.opsForvalue().set(PRODUCT_ID,
String.valueOf(stock));
        logger.info("库存扣减成功，当前库存为{}", stock);
    }else{
        logger.info("库存不足，扣减库存失败");
```

```
        throw new RuntimeException("库存不足，扣减库存失败");
    }
    //执行完业务后，删除 PRODUCT_ID，释放锁
    stringRedisTemplate.delete(PRODUCT_ID);
    return "success";
}
```

在 submitOrder()方法中，首先获取执行方法的线程 id，然后通过 stringRedisTemplate 调用 Redis 的 SETNX 命令，key 为商品的 id，value 为当前执行方法的线程 id，表示添加分布式锁。如果调用失败返回 false，则在程序中直接返回 failure，表示下单失败。如果调用成功则执行扣减库存的操作。最后调用 stringRedisTemplate 的 delete()方法删除以商品 id 为 key 的数据，表示释放分布式锁。

上述代码虽然能够保证扣减库存业务的原子性，但是非常不建议在实际生产环境中使用。

假设线程 A 首先执行 stringRedisTemplate.opsForvalue()的 setIfAbsent()方法返回 true 并继续执行，在执行业务代码时抛出了异常，线程 A 直接退出了 JVM。此时，"stringRedisTemplate.delete(PRODUCT_ID);"代码还没来得及执行，那么之后所有的线程进入提交订单的方法调用 stringRedisTemplate.opsForvalue()的 setIfAbsent()方法时，都会返回 false，导致后续的所有下单操作都会失败。这就是分布式场景下的死锁问题。

此时，需要为程序引入 try-finally 代码块。

19.6.3　引入 try-finally 代码块

为 submitOrder()方法添加 try-finally 代码块之后的代码如下。

```java
@RequestMapping("/submitOrder")
public String submitOrder(){
    //获取当前线程的 id
    long threadId = Thread.currentThread().getId();
    //通过 stringRedisTemplate 来调用 Redis 的 SETNX 命令
    //key 为商品的 id，value 为当前执行方法的线程 id
    Boolean isLocked = stringRedisTemplate.opsForvalue().setIfAbsent(PRODUCT_ID,
 String.valueOf(threadId));
    //获取锁失败，直接返回下单失败的结果
    if (!isLocked){
        return "failure";
    }
    try{
        String stockStr = stringRedisTemplate.opsForvalue().get(PRODUCT_ID);
        if (stockStr == null || "".equals(stockStr.trim())){
```

```
                logger.info("库存不足，扣减库存失败");
                throw new RuntimeException("库存不足，扣减库存失败");
            }
            //将库存转化成 int 类型，进行减 1 操作
            int stock = Integer.parseInt(stockStr);
            if(stock > 0){
                stock -= 1;
                stringRedisTemplate.opsForvalue().set(PRODUCT_ID,
String.valueOf(stock));
                logger.info("库存扣减成功，当前库存为{}", stock);
            }else{
                logger.info("库存不足，扣减库存失败");
                throw new RuntimeException("库存不足，扣减库存失败");
            }
        }finally {
            //执行完业务后，删除 PRODUCT_ID，释放锁
            stringRedisTemplate.delete(PRODUCT_ID);
        }
        return "success";
}
```

那么，上述代码是否真正解决了死锁的问题呢？实际上，生产环境是非常复杂的。如果在线程成功加锁但还未删除锁标志时，服务器宕机了，程序并没有优雅地退出 JVM，那么也会使得后续的线程在进入提交订单的方法时，因无法成功设置锁标志位而下单失败。所以，上述代码仍然存在问题。

19.6.4 引入 Redis 超时机制

为了避免获得锁的线程因意外情况退出导致死锁，在分布式锁的实现中，引入 Redis 的超时机制，修改后的代码如下。

```
@RequestMapping("/submitOrder")
public String submitOrder(){
    //获取当前线程的 id
    long threadId = Thread.currentThread().getId();
    //通过 stringRedisTemplate 来调用 Redis 的 SETNX 命令
    //key 为商品的 id，value 为当前执行方法的线程 id
    Boolean isLocked = stringRedisTemplate.opsForvalue().setIfAbsent(PRODUCT_ID,
String.valueOf(threadId));
    //获取锁失败，直接返回下单失败的结果
    if (!isLocked){
        return "failure";
```

```
    }
    try{
        //引入 Redis 的超时机制
        stringRedisTemplate.expire(PRODUCT_ID, 30, TimeUnit.SECONDS);
        String stockStr = stringRedisTemplate.opsForvalue().get(PRODUCT_ID);
        if (stockStr == null || "".equals(stockStr.trim())){
            logger.info("库存不足，扣减库存失败");
            throw new RuntimeException("库存不足，扣减库存失败");
        }
        //将库存转化成 int 类型，进行减 1 操作
        int stock = Integer.parseInt(stockStr);
        if(stock > 0){
            stock -= 1;
            stringRedisTemplate.opsForvalue().set(PRODUCT_ID,
String.valueOf(stock));
            logger.info("库存扣减成功，当前库存为{}", stock);
        }else{
            logger.info("库存不足，扣减库存失败");
            throw new RuntimeException("库存不足，扣减库存失败");
        }
    }finally {
        //执行完业务后，删除 PRODUCT_ID，释放锁
        stringRedisTemplate.delete(PRODUCT_ID);
    }
    return "success";
}
```

可以看到，在 submitOrder()方法的 try{}代码块中添加了过期自动删除 Redis 中数据的代码，如下所示。

```
//引入 Redis 的超时机制
stringRedisTemplate.expire(PRODUCT_ID, 30, TimeUnit.SECONDS);
```

这里设置的过期时间是 30s。

19.6.5 加锁操作原子化

在 submitOrder()方法中为分布式锁引入了超时机制，此时还是无法真正避免死锁的问题，那究竟是为何呢？试想，当程序执行完 stringRedisTemplate.opsForvalue().setIfAbsent()方法后，正要执行 stringRedisTemplate.expire(PRODUCT_ID, 30, TimeUnit.SECONDS)代码时，服务器宕机了。此时，后续请求在进入提交订单的方法时都无法成功设置锁标志，从而导致下单流程无法正常执行。

如何解决这个问题呢？Redis 已经提供了解决方案。可以在向 Redis 中保存数据的同时，指定数据的超时时间。所以，可以将 submitOrder()方法的代码修改为如下所示。

```java
@RequestMapping("/submitOrder")
public String submitOrder(){
    //获取当前线程的 id
    long threadId = Thread.currentThread().getId();
    //通过 stringRedisTemplate 来调用 Redis 的 SETNX 命令
    //key 为商品的 id，value 为当前执行方法的线程 id
    Boolean isLocked = stringRedisTemplate.opsForvalue().setIfAbsent(PRODUCT_ID,
String.valueOf(threadId), 30, TimeUnit.SECONDS);
    //获取锁失败，直接返回下单失败的结果
    if (!isLocked){
        return "failure";
    }
    try{
        String stockStr = stringRedisTemplate.opsForvalue().get(PRODUCT_ID);
        if (stockStr == null || "".equals(stockStr.trim())){
            logger.info("库存不足，扣减库存失败");
            throw new RuntimeException("库存不足，扣减库存失败");
        }
        //将库存转化成 int 类型，进行减 1 操作
        int stock = Integer.parseInt(stockStr);
        if(stock > 0){
            stock -= 1;
            stringRedisTemplate.opsForvalue().set(PRODUCT_ID,
String.valueOf(stock));
            logger.info("库存扣减成功，当前库存为{}", stock);
        }else{
            logger.info("库存不足，扣减库存失败");
            throw new RuntimeException("库存不足，扣减库存失败");
        }
    }finally {
        //执行完业务后，删除 PRODUCT_ID，释放锁
        stringRedisTemplate.delete(PRODUCT_ID);
    }
    return "success";
}
```

在上述代码在向 Redis 中设置锁标志位时设置了超时时间。此时，只要向 Redis 中成功设置了数据，那么即使业务系统宕机，Redis 中的数据过期后也会被自动删除。后续的线程在进入提交订单的方法后，会成功设置锁标志位，并执行正常的下单流程。

19.6.6　误删锁分析

在实际开发系统的公共组件，如实现分布式锁时，往往会将一些功能抽取成公共的类供系统中其他的类调用。这里，假设定义了一个 RedisDistributeLock 接口，如下所示。

```
/**
 * @author binghe
 * @version 1.0.0
 * @description Redis 分布式锁接口
 */
public interface RedisDistributeLock {
    /**
     * 加锁
     */
    boolean tryLock(String key, long timeout, TimeUnit unit);

    /**
     * 解锁
     */
    void releaseLock(String key);
}
```

可以看到，RedisDistributeLock 接口的代码比较简单，定义了一个 tryLock()方法，表示加锁操作，定义了一个 releaseLock()方法，表示解锁操作。

接下来，创建 RedisDistributeLockImpl 类来实现 RedisDistributeLock 接口，RedisDistributeLockImpl 类的源码如下。

```
/**
 * @author binghe
 * @version 1.0.0
 * @description 实现 Redis 分布式锁
 */
@Service
public class RedisDistributeLockImpl implements RedisDistributeLock{
    @Autowired
    private StringRedisTemplate stringRedisTemplate;
    @Override
    public boolean tryLock(String key, long timeout, TimeUnit unit) {

        return stringRedisTemplate.opsForvalue().setIfAbsent(key,
this.getCurrentThreadId(), timeout, unit);
    }
```

```
@Override
public void releaseLock(String key) {
    stringRedisTemplate.delete(key);
}

private String getCurrentThreadId(){
    return String.valueOf(Thread.currentThread().getId());
}
}
```

从开发集成的角度看，当一个线程从上向下执行时，首先对程序进行加锁操作，然后执行业务代码，最后执行释放锁的操作。理论上，在加锁和释放锁时，操作的 Redis key 都是一样的。但是，如果其他开发人员在编写代码时，并没有调用 tryLock() 方法，而是直接调用了 releaseLock() 方法，并且调用 releaseLock() 方法传递的 key 与之前调用 tryLock() 方法传递的 key 一样，此时就会出现问题，后续执行业务的线程会将之前线程添加的分布式锁删除。

19.6.7 实现加锁和解锁归一化

什么是加锁和解锁的归一化呢？简单来说，就是一个线程执行了加锁操作后，必须由这个线程执行解锁操作，加锁和解锁操作由同一个线程完成。

为了达到只有加锁的线程才能进行相应的解锁操作的目的，需要将加锁和解锁操作绑定到同一个线程中，那么应如何操作呢？其实很简单，使用 ThreadLocal 类就能够解决这个问题。此时，将 RedisDistributeLockImpl 类的代码修改为如下所示。

```
/**
 * @author binghe
 * @version 1.0.0
 * @description 实现 Redis 分布式锁
 */
@Service
public class RedisDistributeLockImpl implements RedisDistributeLock{
    @Autowired
    private StringRedisTemplate stringRedisTemplate;
    private ThreadLocal<String> threadLocal = new ThreadLocal<String>();
    @Override
    public boolean tryLock(String key, long timeout, TimeUnit unit) {
        String currentThreadId = this.getCurrentThreadId();
        threadLocal.set(currentThreadId);
        return stringRedisTemplate.opsForvalue().setIfAbsent(key, currentThreadId,
timeout, unit);
    }
```

```
@Override
public void releaseLock(String key) {
    //当当前线程中绑定的线程 id 与 Redis 中的线程 id 相同时，执行删除锁的操作
    if (threadLocal.get().equals(stringRedisTemplate.opsForvalue().get(key))){
        stringRedisTemplate.delete(key);
        //防止内存泄露
        threadLocal.remove();
    }
}

private String getCurrentThreadId(){
    return String.valueOf(Thread.currentThread().getId());
}
}
```

上述代码的主要逻辑为，在对程序尝试执行加锁操作时，先获取当前线程的 id，将获取到的线程 id 绑定到当前线程，并将传递的 key 参数作为 Redis 中的 key，将获取的线程 id 作为 Redis 中的 value 保存到 Redis 中，同时设置超时时间。当执行解锁操作时，首先判断当前线程中绑定的线程 id 是否和 Redis 中存储的线程 id 相同，只有在二者相同时，才会执行删除锁标志位的操作。这就避免了在一个线程对程序进行了加锁操作后，其他线程对这个锁进行解锁操作的问题。同时，为了避免 ThreadLocal 内存泄露的问题，在成功删除锁标志位后，调用 ThreadLocal 的 remove() 方法删除线程绑定的数据。

19.6.8　可重入性分析

在前面的代码中，当一个线程成功设置了锁标志位后，其他的线程再设置锁标志位时，就会返回失败。在使用前面的代码实现分布式锁时，有一种场景是在提交订单的接口方法中调用了服务 A，服务 A 调用了服务 B，而服务 B 的方法中存在对同一个商品的加锁和解锁操作。所以，在服务 B 成功设置锁标志位后，提交订单的接口方法继续执行时，也不能成功设置锁标志位了。也就是说，目前实现的分布式锁没有可重入性。

可重入性指同一个线程能够多次获取同一把锁，并且能够按照顺序进行解锁操作。其实，在 JDK 1.5 之后提供的锁很多都支持可重入性，比如 synchronized 和 Lock。

那么，在实现分布式锁时，如何支持锁的可重入性呢？

在映射到分布式锁的加锁和解锁方法时的问题是，如何保证同一个线程能够多次获取到锁（设置锁标志位）？其实，可以这样设计：如果当前线程没有绑定线程 id，则生成线程 id 绑定

到当前线程，并且在 Redis 中设置锁标志位。如果当前线程已经绑定了线程 id，则直接返回 true，证明当前线程之前已经设置了锁标志位，也就是说已经获取到了锁，直接返回 true。

结合以上分析，将 RedisDistributeLockImpl 的代码修改为如下所示。

```java
/**
 * @author binghe
 * @version 1.0.0
 * @description 实现 Redis 分布式锁
 */
@Service
public class RedisDistributeLockImpl implements RedisDistributeLock{
    @Autowired
    private StringRedisTemplate stringRedisTemplate;
    private ThreadLocal<String> threadLocal = new ThreadLocal<String>();
    @Override
    public boolean tryLock(String key, long timeout, TimeUnit unit) {
        Boolean isLocked = false;
        if (threadLocal.get() == null){
            String currentThreadId = this.getCurrentThreadId();
            threadLocal.set(currentThreadId);
            isLocked = stringRedisTemplate.opsForvalue().setIfAbsent(key,
currentThreadId, timeout, unit);
        }else{
            isLocked = true;
        }
        return isLocked;
    }

    @Override
    public void releaseLock(String key) {
        //当当前线程中绑定的线程 id 与 Redis 中的线程 id 相同时，执行删除锁的操作
        if (threadLocal.get().equals(stringRedisTemplate.opsForvalue().get(key))){
            stringRedisTemplate.delete(key);
            //防止内存泄露
            threadLocal.remove();
        }
    }

    private String getCurrentThreadId(){
        return String.valueOf(Thread.currentThread().getId());
    }
}
```

不少读者可能会认为上述代码没什么问题了，但是仔细分析后发现，上述代码还是存在可重入性的问题。

假设在提交订单的方法中，先使用 RedisDistributeLock 接口对代码块添加了分布式锁，在加锁后的代码中调用了服务 A，服务 A 中也存在调用 RedisDistributeLock 接口的加锁和解锁操作。而在多次调用 RedisDistributeLock 接口的加锁操作时，只要之前的锁没有失效，就会直接返回 true，表示成功获取锁。也就是说，无论调用加锁操作多少次，最终都只会成功加锁一次。当执行完服务 A 中的逻辑后，在服务 A 中调用 RedisDistributeLock 接口的解锁方法时，会将当前线程所有的加锁操作获得的锁都释放。可重入性问题复现流程如图 19-9 所示。

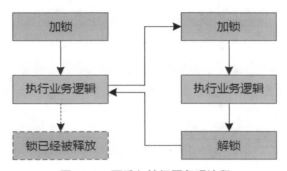

图 19-9　可重入性问题复现流程

由图 19-9 可以直观地看出，在上述代码的实现中，在一个方法中添加的分布式锁，会在调用的另一个方法中被释放，导致当前方法中的分布式锁失效。所以，上述代码仍然存在可重入性的问题。

19.6.9　解决可重入性问题

可以参照 ReentrantLock 锁实现可重入性的思路，在加锁和解锁的方法中加入计数器，加入计数器实现可重入性的流程如图 19-10 所示。

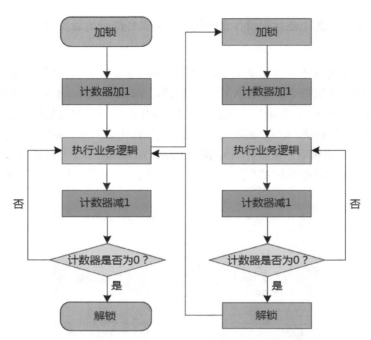

图 19-10　加入计数器实现可重入性的流程

按照上面的思路修改 RedisDistributeLockImpl 的类，修改后的代码如下所示。

```java
/**
 * @author binghe
 * @version 1.0.0
 * @description 实现 Redis 分布式锁
 */
@Service
public class RedisDistributeLockImpl implements RedisDistributeLock{
    @Autowired
    private StringRedisTemplate stringRedisTemplate;
    private ThreadLocal<String> threadLocal = new ThreadLocal<String>();
    private ThreadLocal<Integer> threadLocalCount = new ThreadLocal<Integer>();
    @Override
    public boolean tryLock(String key, long timeout, TimeUnit unit) {
        Boolean isLocked = false;
        if (threadLocal.get() == null){
            String currentThreadId = this.getCurrentThreadId();
            threadLocal.set(currentThreadId);
            isLocked = stringRedisTemplate.opsForvalue().setIfAbsent(key,
currentThreadId, timeout, unit);
        }else{
```

```
            isLocked = true;
        }
        //加锁成功后，计数器的值加 1
        if (isLocked){
            Integer count = threadLocalCount.get() == null ? 0 :
threadLocalCount.get();
            threadLocalCount.set(count++);
        }
        return isLocked;
    }


    @Override
    public void releaseLock(String key) {
        //当当前线程中绑定的线程 id 与 Redis 中的线程 id 相同时，执行删除锁的操作
        if (threadLocal.get().equals(stringRedisTemplate.opsForvalue().get(key))){
            Integer count = threadLocalCount.get();
            if (count == null || --count <= 0){
                stringRedisTemplate.delete(key);
                //防止内存泄露
                threadLocal.remove();
                threadLocalCount.remove();
            }


        }
    }
    private String getCurrentThreadId(){
        return String.valueOf(Thread.currentThread().getId());
    }
}
```

至此，上述代码基本解决了可重入性的问题。

19.6.10　实现锁的阻塞性

在提交订单的方法中，当获取 Redis 分布式锁失败时，直接返回了 failure 来表示当前请求下单的操作失败了。在高并发环境下，一旦某个请求获得了分布式锁，那么，在这个请求释放锁之前，当其他的请求调用下单方法时，都会返回下单失败的信息。在真实场景中，这是非常不友好的。所以在实现上，可以将后续的请求进行阻塞，直到当前请求释放锁后，再唤醒阻塞的请求获得分布式锁来执行方法。

所以，这里的分布式锁需要支持阻塞和非阻塞的特性。

那么，如何实现阻塞呢？一种简单的方式就是执行自旋操作，继续修改 RedisDistributeLockImpl

的代码如下所示。

```java
/**
 * @author binghe
 * @version 1.0.0
 * @description 实现 Redis 分布式锁
 */
@Service
public class RedisDistributeLockImpl implements RedisDistributeLock {
    @Autowired
    private StringRedisTemplate stringRedisTemplate;
    private ThreadLocal<String> threadLocal = new ThreadLocal<String>();
    private ThreadLocal<Integer> threadLocalCount = new ThreadLocal<Integer>();
    @Override
    public boolean tryLock(String key, long timeout, TimeUnit unit) {
        Boolean isLocked = false;
        if (threadLocal.get() == null){
            String currentThreadId = this.getCurrentThreadId();
            threadLocal.set(currentThreadId);
            isLocked = stringRedisTemplate.opsForvalue().setIfAbsent(key,
currentThreadId, timeout, unit);

            //如果获取锁失败，则执行自旋操作，直到获取锁成功
            if (!isLocked){
                for (;;){
                    isLocked = stringRedisTemplate.opsForvalue().setIfAbsent(key,
 currentThreadId, timeout, unit);
                    if (isLocked){
                        break;
                    }
                }
            }

        }else{
            isLocked = true;
        }
        //加锁成功后，计数器的值加 1
        if (isLocked){
            Integer count = threadLocalCount.get() == null ? 0 :
threadLocalCount.get();
            threadLocalCount.set(count++);
        }
        return isLocked;
    }
```

```
@Override
public void releaseLock(String key) {
    //当当前线程中绑定的线程 id 与 Redis 中的线程 id 相同时，执行删除锁的操作
    if (threadLocal.get().equals(stringRedisTemplate.opsForvalue().get(key))){
        Integer count = threadLocalCount.get();
        if (count == null || --count <= 0){
            stringRedisTemplate.delete(key);
            //防止内存泄露
            threadLocal.remove();
            threadLocalCount.remove();
        }

    }
}

private String getCurrentThreadId(){
    return String.valueOf(Thread.currentThread().getId());
}
}
```

至此，实现的分布式锁的代码支持了锁的阻塞性。

19.6.11　解决锁失效问题

尽管实现了分布式锁的阻塞性，但还有一个问题是不得不考虑的，那就是锁失效的问题。一旦程序执行业务的时间超过了锁的过期时间就会导致分布式锁失效，后面的请求获取到分布式锁继续执行，程序无法做到真正互斥，也就无法真正保证业务的原子性。

那么如何解决这个问题呢？答案就是，必须保证在业务代码执行完毕后才释放分布式锁。具体的实现方式就是经常性地执行下面的代码来保证在业务代码执行完毕前，分布式锁不会因超时而被释放。

```
springRedisTemplate.expire(key, 30, TimeUnit.SECONDS);
```

这里需要定义一个定时策略来执行上面的代码，需要注意的是，不能等到 30s 后再执行上述代码，因为在 30s 时锁会失效。例如，可以每 10s 执行一次上面的代码。这里在 RedisDistributeLockImpl 类的代码中使用 while(true)来实现，如下所示。

```
/**
 * @author binghe
 * @version 1.0.0
 * @description 实现 Redis 分布式锁
 */
```

```java
@Service
public class RedisDistributeLockImpl implements RedisDistributeLock {
    @Autowired
    private StringRedisTemplate stringRedisTemplate;
    private ThreadLocal<String> threadLocal = new ThreadLocal<String>();
    private ThreadLocal<Integer> threadLocalCount = new ThreadLocal<Integer>();
    @Override
    public boolean tryLock(String key, long timeout, TimeUnit unit) {
        Boolean isLocked = false;
        if (threadLocal.get() == null){
            String currentThreadId = this.getCurrentThreadId();
            threadLocal.set(currentThreadId);
            isLocked = stringRedisTemplate.opsForvalue().setIfAbsent(key,
currentThreadId, timeout, unit);

            //如果获取锁失败，则执行自旋操作，直到获取锁成功
            if (!isLocked){
                for (;;){
                    isLocked = stringRedisTemplate.opsForvalue().setIfAbsent(key,
currentThreadId, timeout, unit);
                    if (isLocked){
                        break;
                    }
                }
            }

            //防止锁过期失效
            while (true){
                Integer count = threadLocalCount.get();
                //如果当前锁已经被释放，则退出循环
                if (count == null || count <= 0){
                    break;
                }
                stringRedisTemplate.expire(key, 30, TimeUnit.SECONDS);
                try {
                    //每10s执行一次
                    Thread.sleep(10000);
                } catch (InterruptedException e) {
                    e.printStackTrace();
                }
            }

        }else{
            isLocked = true;
```

```
        }
        //加锁成功后，计数器的值加 1
        if (isLocked){
            Integer count = threadLocalCount.get() == null ? 0 :
threadLocalCount.get();
            threadLocalCount.set(count++);
        }
        return isLocked;
    }


    @Override
    public void releaseLock(String key) {
        //当当前线程中绑定的线程 id 与 Redis 中的线程 id 相同时，执行删除锁的操作
        if (threadLocal.get().equals(stringRedisTemplate.opsForvalue().get(key))){
            Integer count = threadLocalCount.get();
            if (count == null || --count <= 0){
                stringRedisTemplate.delete(key);
                //防止内存泄露
                threadLocal.remove();
                threadLocalCount.remove();
            }


        }
    }


    private String getCurrentThreadId(){
        return String.valueOf(Thread.currentThread().getId());
    }
}
```

　　细心的读者会发现，如果在 tryLock()方法中直接写 while(true)循环，则会导致当前线程在更新锁超时时间的 while(true)循环中一直阻塞而无法返回结果。所以，不能将当前线程阻塞，需要异步执行定时任务来更新锁的过期时间。此时，继续修改 RedisDistributeLockImpl 类的代码，将定时更新锁超时的代码放到一个单独的线程中执行，如下所示。

```
/**
 * @author binghe
 * @version 1.0.0
 * @description 实现 Redis 分布式锁
 */
@Service
public class RedisDistributeLockImpl implements RedisDistributeLock {
    @Autowired
    private StringRedisTemplate stringRedisTemplate;
```

```
    private ThreadLocal<String> threadLocal = new ThreadLocal<String>();
    private ThreadLocal<Integer> threadLocalCount = new ThreadLocal<Integer>();
    @Override
    public boolean tryLock(String key, long timeout, TimeUnit unit) {
        Boolean isLocked = false;
        if (threadLocal.get() == null){
            String currentThreadId = this.getCurrentThreadId();
            threadLocal.set(currentThreadId);
            isLocked = stringRedisTemplate.opsForvalue().setIfAbsent(key,
currentThreadId, timeout, unit);

            //如果获取锁失败，则执行自旋操作，直到获取锁成功
            if (!isLocked){
                for (;;){
                    isLocked = stringRedisTemplate.opsForvalue().setIfAbsent(key,
 currentThreadId, timeout, unit);
                    if (isLocked){
                        break;
                    }
                }
            }
            //启动线程执行定时更新超时时间的方法
            new Thread(new UpdateLockTimeoutTask(currentThreadId,
stringRedisTemplate, key)).start();

        }else{
            isLocked = true;
        }
        //加锁成功后，计数器的值加 1
        if (isLocked){
            Integer count = threadLocalCount.get() == null ? 0 :
threadLocalCount.get();
            threadLocalCount.set(count++);
        }
        return isLocked;
    }

    @Override
    public void releaseLock(String key) {
        //当当前线程中绑定的线程 id 与 Redis 中的线程 id 相同时，执行删除锁的操作
        String currentThreadId = stringRedisTemplate.opsForvalue().get(key);
        if (threadLocal.get().equals(currentThreadId)){
            Integer count = threadLocalCount.get();
            if (count == null || --count <= 0){
```

```
            stringRedisTemplate.delete(key);
            //防止内存泄露
            threadLocal.remove();
            threadLocalCount.remove();

            //通过当前线程的 id 从 Redis 中获取更新超时时间的线程 id
            String updateTimeThreadId =
            stringRedisTemplate.opsForvalue().get(currentThreadId);
            if (updateTimeThreadId != null
&& !"".equals(updateTimeThreadId.trim())){
                Thread updateTimeThread =

ThreadUtils.getThreadByThreadId(Long.parseLong(updateTimeThreadId));
                if (updateTimeThread != null){
                    //中断更新超时时间的线程
                    updateTimeThread.interrupt();
                    stringRedisTemplate.delete(currentThreadId);
                }
            }
        }
    }

    private String getCurrentThreadId(){
        return String.valueOf(Thread.currentThread().getId());
    }
}
```

创建 **UpdateLockTimeoutTask** 类来更新锁超时的时间，如下所示。

```
/**
 * @author binghe
 * @version 1.0.0
 * @description 更新分布式锁的超时时间
 */
public class UpdateLockTimeoutTask implements Runnable{
    private String currentThreadId;
    private StringRedisTemplate stringRedisTemplate;
    private String key;

    public UpdateLockTimeoutTask(String currentThreadId,
                        StringRedisTemplate stringRedisTemplate,
                        String key) {
        this.currentThreadId = currentThreadId;
```

```
        this.stringRedisTemplate = stringRedisTemplate;
        this.key = key;
    }

    @Override
    public void run() {
        //以传递的线程 id 为 key，当前执行更新超时时间的线程为 value，保存到 redis 中
        stringRedisTemplate.opsForvalue().set(currentThreadId,
          String.valueOf(Thread.currentThread().getId()));
        while (true){
            stringRedisTemplate.expire(key, 30, TimeUnit.SECONDS);
            try {
                //每 10s 执行一次
                Thread.sleep(10000);
            } catch (InterruptedException e) {
                Thread.currentThread().interrupt();
            }
        }
    }
}
```

接下来，创建一个 ThreadUtils 工具类，这个工具类中有一个根据线程 id 获取线程的方法 getThreadByThreadId(long threadId)，如下所示。

```
/**
 * @author binghe
 * @version 1.0.0
 * @description 根据线程 id 获取线程对象的工具类
 */
public class ThreadUtils{
    //根据线程 id 获取线程句柄
    public static Thread getThreadByThreadId(long threadId){
        ThreadGroup group = Thread.currentThread().getThreadGroup();
        while(group != null){
            Thread[] threads = new Thread[(int)(group.activeCount() * 1.2)];
            int count = group.enumerate(threads, true);
            for(int i = 0; i < count; i++){
                if(threadId == threads[i].getId()){
                    return threads[i];
                }
            }
        }
        return null;
    }
}
```

上述解决分布式锁失效问题的方法在分布式锁领域有一个专业的术语叫做异步续命。需要注意的是，在执行完毕业务代码后，需要中断更新锁超时时间的线程。所以，这里对程序的改动是比较大的，需要将更新锁超时的时间任务重新定义为一个 UpdateLockTimeoutTask 类，并将线程 id 和 StringRedisTemplate 注入任务类，在执行定时更新锁超时时间的任务时，先将当前线程 id 保存到 Redis 中，其中 key 为传递进来的线程 id。

在 RedisDistributeLockImpl 类的 tryLock()方法中，在获取分布式锁后，重新启动线程，并将当前线程的 id 和 StringRedisTemplate 传递到任务类中执行更新锁超时时间的任务。

在业务代码执行完毕，调用 RedisDistributeLockImpl 类的 releaseLock()方法释放锁时，会通过当前线程 id 从 Redis 中获取更新锁超时时间的线程 id，并通过更新锁超时时间的线程 id 获取更新锁超时时间的线程，调用更新锁超时时间线程的 interrupt()方法来中断线程。

这样，在释放分布式锁后，更新锁超时时间的线程就会由于线程中断而退出了。

19.6.12　解锁操作原子化

细心的读者可以发现，在上述实现分布式锁的代码中，releaseLock()方法中实现的释放锁的逻辑不是原子操作，如果在刚进入 releaseLock()方法时，线程由于某种原因退出了，则会由于无法删除分布式锁标志位而引起死锁问题。所以，释放锁的 releaseLock()方法也要实现原子化。

释放锁的操作可以使用 Redis 结合 Lua 脚本实现，这里给出一个最简单的使用 Redis 结合 Lua 脚本释放锁的方法，其中，释放锁的 Lua 脚本如下。

```
private static final String LUA_UN_LOCK =
        "if redis.call('get',KEYS[1]) == ARGV[1] then\n" +
        "    return redis.call('del',KEYS[1])\n" +
        "else\n" +
        "    return 0\n" +
        "end";
```

对应的释放锁的 Java 方法如下。

```
public boolean releaseLock2(String key, String lockvalue) {
    DefaultRedisScript<String> redisScript = new DefaultRedisScript<>();
    redisScript.setScriptText(LUA_UN_LOCK);
    redisScript.setResultType(String.class);
    Object result = stringRedisTemplate.execute(redisScript,
Collections.singletonList(key),
                                     lockvalue);
```

```
        return "1".equals(result.toString());
}
```

最后，笔者给读者留一个动手实践任务：将 RedisDistributeLockImpl 类的 releaseLock()方法改造成支持原子化操作的方法。读者可以在"冰河技术"微信公众号中留言与笔者交流。

19.7　本章总结

本章详细介绍了分布式锁架构的细节。首先，介绍了锁解决的本质问题和电商超卖问题。然后，介绍了 JVM 提供的锁及其不足。接下来，介绍了分布式领域中著名的 CAP 理论和基于 Redis 的 AP 架构模型以及基于 Zookeeper 的 CP 架构模型，对于 AP 架构模型实现分布式锁存在的问题以及解决方案进行了简单的描述。最后，以 Redis 的 AP 架构模型为例，详细介绍了如何按照分布式锁的基本要求实现分布式锁，并给出了详细的实现代码。

下一章将对高并发、大流量场景下的秒杀系统的架构设计进行深度解密和详细的介绍。

注意：本章涉及的源代码已经提交到 GitHub 和 Gitee，GitHub 和 Gitee 链接地址见 2.4 节结尾。

第20章

深度解密秒杀系统架构

很多头部电商平台，例如阿里、京东、小米等都会在每年的"618"和"双 11"期间推出商品秒杀促销活动。不仅如此，头部电商平台和新兴的社区团购公司也会通过秒杀促销活动来拉新留存，持续引流、保持热点。作为高并发、大流量场景下的秒杀系统，在架构上有其独有的特点。本章对秒杀系统的架构进行深度的解密。

本章涉及的知识点如下。

- 电商系统架构。
- 秒杀系统的特点。
- 秒杀系统的方案。
- 秒杀系统设计。
- 扣减库存设计。
- Redis 助力秒杀系统。
- 服务器性能优化。

20.1 电商系统架构

在电商领域中，存在一种典型的高并发、大流量的秒杀业务场景，在这种场景下，一件商品的购买人数会远远大于这件商品的库存数量，并且这件商品会在很短的时间内被抢购一空。

在一个简化的电商系统架构中，可以将整个系统架构由上到下分为客户端、网关层、负载均衡层、应用层和存储层。各层包含的应用和服务简单列举如下。

- 客户端：PC 网页端、App、H5 网页端、小程序。
- 网关层：系统网关，包括硬件网关、软件网关。
- 负载均衡层：Nginx 等负载均衡服务器。
- 应用层：涵盖的接入服务包括商品接入服务、会员接入服务、订单接入服务、收银接入服务和物流接入服务等。涵盖的基础服务包括商品服务、用户服务、订单服务、库存服务、价格服务和物流服务等。
- 存储层：缓存集群、ElasticSearch 集群、数据库集群和其他存储组件集群等。

根据上述思路设计出的简易电商系统架构如图 20-1 所示。

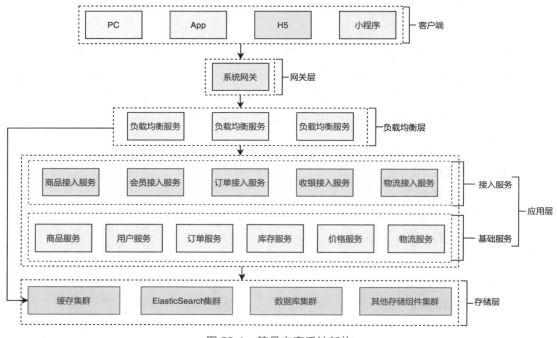

图 20-1　简易电商系统架构

由图 20-1 可以看出，对于一个简易的电商系统来说，最核心的部分就是负载均衡层、应用层和存储层。接下来，简单预估构成电商系统的每一层的并发量。

- 假设负载均衡层使用的是高性能的 Nginx 服务器，则可以预估 Nginx 最大的并发度大于 10 万，数量级是万。
- 假设应用层使用的是 Tomcat，而 Tomcat 的最大并发度可以预估为 800 左右，数量级是百。
- 假设存储层的缓存使用的是 Redis，Redis 最大并发度可以预估为 5 万左右，数量级是万。

- 假设存储层的数据库使用的是 MySQL，MySQL 的最大并发度可以预估为 1000 左右，数量级是千。

所以，负载均衡层、应用层和存储层各自的并发度是不同的，为了提升系统的总体并发度和缓存的性能，通常可以采用如下方案。

1. 系统扩容

系统扩容包括垂直扩容和水平扩容，垂直扩容针对应用层的业务，可以根据系统中的具体业务不同对功能进行分组，将同组的功能独立出来形成单独的服务，以便独立部署和维护。

从数据库的角度来看，垂直扩容可以将数据库中的数据表根据具体业务的不同划分为不同的组，将同组的数据表进行单独管理，即垂直分表。

从应用层的业务角度来看，水平扩容可以通过扩容服务器，增加应用层的集群规模和机器配置，在一定程度上提升应用层服务的性能。

从数据库的角度来看，水平扩容可以将单张数据表中的数据按照某种规则进行划分，将其分散存储到不同服务器上的多张数据表中，能够在一定程度上提升数据库的存储容量和读写性能，即水平分表。

这种系统扩容的优化措施，对绝大多数场景有效。

2. 缓存

包括本地缓存和集中式缓存，本地缓存可以使用 Guava Cache 实现，集中式缓存可以使用 Redis 实现。

在具体业务的实现中，可以先读取本地缓存 Guava Cache 中的数据，如果本地缓存中不存在要读取的数据，则从集中式缓存 Redis 中读取，如果 Redis 中仍然不存在要读取的数据，则从数据库中读取。然后将读取到的数据依次存入集中式缓存 Redis 和本地缓存 Guava Cache。如果后续需要再次读取相同的数据，则可以直接从本地缓存 Guava Cache 中读取。

这样读取数据能够减少网络 I/O，同时基于内存读取数据能够提升系统性能，并且对大部分场景有效。

3. 读写分离

针对数据的存储采用分库分表和读写分离，不同业务的数据采用不同的数据库存储，单张表的数据分散存储到多张表中，并且将读取数据的操作和写入数据的操作分离。这样，在架构层面能够通过增加机器来提升系统的并行处理能力。

20.2 秒杀系统的特点

秒杀系统作为高并发、大流量场景下最具代表性的一种业务实现，有其独有的一些特点。本节从业务和技术两方面简单介绍秒杀系统的特点。

20.2.1 秒杀系统的业务特点

以 12306 网站为例，每年春运时，12306 网站的并发量（访问量）是非常大的，而网站平时的并发量是比较平缓的，也就是说，每年春运时节，12306 网站的并发量都会出现瞬时突增的现象。又例如，各大电商平台平时的并发量都是比较平缓的，但在每年的"618"和"双 11"期间，尤其是在"618"和"双 11"零点的前几分钟，并发量都会出现瞬时突增的现象。再例如，小米秒杀系统，在上午 10 点开售某商品，10 点前的并发量比较平缓，而在 10 点时同样会出现并发量瞬时突增的现象。

秒杀系统并发量突增如图 20-2 所示。

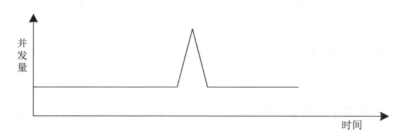

图 20-2　秒杀系统并发量突增

由图 20-2 可以看出，秒杀系统的并发量存在瞬时凸峰，也叫作流量突刺现象。

可以将秒杀系统的业务特点总结为如图 20-3 所示。

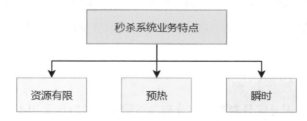

图 20-3　秒杀系统的业务特点

1. 资源有限

秒杀系统的资源是非常有限的，参与秒杀的商品数量会远远小于参与秒杀的用户数量，并且整个秒杀过程会限时、限量、限价，主要体现在如下几方面。

- 整个秒杀活动会在规定的时间内进行。
- 参与秒杀活动的商品的数量有限。
- 商品会以远远低于原价的价格出售。

例如，秒杀活动的时间仅限于某天上午 10:00 到 10:30，商品只有 10 万件，售完为止，而且商品的价格非常低。

在整个秒杀活动过程中，限时、限量和限价可以单独存在，也可以组合存在。

2. 预热

在秒杀活动开始前的一段时间内，往往会进行预热，常用的预热措施就是提前配置活动。在活动开始前，用户可以通过秒杀系统的相关页面查看秒杀活动的信息，同时，秒杀活动的主办方和参与活动的商家会对活动进行大力宣传。

3. 瞬时

整个秒杀活动持续的时间非常短，参与的人非常多，在大部分秒杀场景下，商品会迅速售完。此时的并发量是非常高的，系统会出现流量突刺现象。

20.2.2 秒杀系统的技术特点

秒杀系统在技术上对于并发的要求是非常高的，并且对数据的读操作会远远多于写操作，也就是整个系统中对数据的操作是读多写少的。同时，秒杀系统的业务流程是非常简单的。可以将秒杀系统的技术特点总结成如图 20-4 所示。

图 20-4 秒杀系统的技术特点

1. 瞬时并发量高

大量用户会在秒杀活动开始前的几分钟内，不断刷新页面并提交秒杀请求，在同一时刻抢购商品，造成非常高的瞬间并发量。

2. 读多写少

在秒杀系统中，商品页的访问量非常大，商品的可购买数量非常少，库存的查询访问数量会远远大于商品的购买数量。

在商品页中往往会加入一些限流措施，例如早期的秒杀系统商品页会加入验证码来平滑前端对系统的访问流量，近期的秒杀系统商品详情页会在用户打开页面时，提示用户登录系统。这些都是对系统的访问进行限流的措施。

3. 流程简单

秒杀系统的业务流程一般比较简单，可以简单概括为提交订单并扣减商品库存。

20.3　秒杀系统的方案

秒杀系统从秒杀活动开始到活动结束，通常会经历三个阶段，需要通过优化每个阶段的性能来提升秒杀系统的整体性能。

20.3.1　秒杀系统的三个阶段

秒杀系统经历的三个阶段分别为准备阶段、秒杀阶段和结算阶段，如图 20-5 所示。

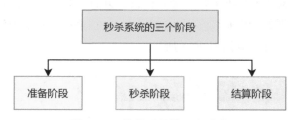

图 20-5　秒杀系统的三个阶段

1. 准备阶段

准备阶段也叫作系统预热阶段，此时会预热秒杀系统的业务数据。在这个阶段，用户会不断刷新秒杀页面，查看秒杀活动是否已经开始。在一定程度上，通过用户不断刷新页面的操作，可以将一些数据存储到 Redis 等缓存中进行预热。

2. 秒杀阶段

秒杀阶段会产生瞬时的高并发流量，对系统资源造成巨大的冲击，所以在秒杀阶段一定要通过各种手段做好系统防护，例如，服务的限流、熔断和降级等。

3. 结算阶段

结算阶段主要完成秒杀后的数据处理工作，例如，数据的一致性问题处理、异常情况处理、商品的回仓处理等，进行最后的数据校对和处理。

从某种程度上讲，这种短时大流量的系统不太适合进行系统扩容，因为真正会使用到扩容后的系统的时间很短，在大部分时间里，系统无须扩容即可正常使用。所以，需要从秒杀系统本身的架构设计入手优化系统的性能。

20.3.2　秒杀系统的性能优化

针对秒杀系统的特点，可以采取图 20-6 所示的措施来提升系统的性能。

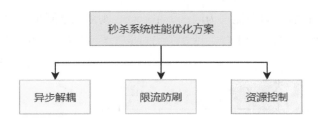

图 20-6　秒杀系统性能优化方案

1. 异步解耦

将秒杀系统的整体流程进行拆解，通过队列方式控制核心流程，能够实现异步解耦。

2. 限流防刷

控制秒杀系统的整体流量，提高请求的门槛，避免系统资源耗尽。例如，可以对秒杀系统的部分业务进行限流、熔断和降级等处理。

3. 资源控制

控制秒杀系统整体流程中的资源调度，避免系统资源被过度使用甚至耗尽。

由于应用层能够承载的并发量比缓存的并发量少很多。所以，在高并发系统中，可以直接使用 OpenResty 由负载均衡层访问缓存，以避免调用应用层带来的性能损耗。同时，由于秒杀系统中的商品数量比较少，也可以使用动态渲染技术、CDN 技术等来提高网站的访问性能。

另外，如果在秒杀活动开始时并发量太高，那么可以将用户的请求放入队列中进行处理，并为用户弹出排队页面来告知用户系统正在处理中。

注意：读者可以到 OpenResty 的中文官网了解更多有关 OpenResty 的知识，笔者在此不再赘述。

20.4　秒杀系统设计

在通常情况下，大部分秒杀系统最核心的业务包括下单和扣减库存两部分，也就是提交订单和扣减商品库存。而提交订单的流程又可以分为同步下单流程和异步下单流程。本节简单介绍同步下单流程和异步下单流程。

20.4.1　同步下单流程

如果秒杀系统中的提交订单流程为同步下单流程，则系统会同步处理所有的请求，一旦并发量突增，系统的性能就会急剧下降。秒杀系统同步下单流程如图 20-7 所示。

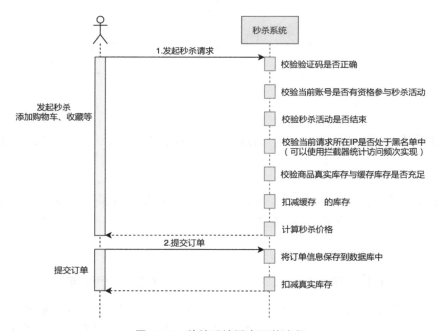

图 20-7　秒杀系统同步下单流程

由图 20-7 可以看出，在同步下单流程中，主要包括发起秒杀请求和提交订单两大部分。具体的流程如下。

1. 发起秒杀请求

在同步下单流程中，先由用户发起秒杀请求，秒杀系统需要依次执行如下流程来处理秒杀请求。

（1）校验验证码是否正确

秒杀系统判断用户发起秒杀请求时提交的验证码是否正确，如果验证码正确，则继续执行；否则，提示用户验证码不正确。

（2）校验当前账号是否有资格参与秒杀活动

验证当前账号是否有资格参与秒杀活动，如果当前账号有资格参与秒杀活动，则继续执行；否则，提示用户无法参与秒杀活动。

（3）校验秒杀活动是否结束

验证当前秒杀活动是否已经结束。如果当前秒杀活动未结束，则继续执行；否则，提示用户当前秒杀活动已经结束。

（4）校验当前请求所在 IP 是否处于黑名单中

在电商领域中，存在着很多的恶意竞争，其他商家可能通过不正当手段向秒杀系统发起恶意请求，占用系统大量的带宽和其他资源。此时，就需要使用风控系统等手段实现黑名单机制。为了简单，也可以使用拦截器统计访问频次实现黑名单机制。如果检测到当前请求所在的 IP 地址不在黑名单中，则继续执行；否则，忽略当前请求不做任何处理。

（5）校验商品真实库存与缓存库存是否充足

系统需要验证商品的真实库存与缓存库存能否支持本次秒杀活动。如果商品的库存充足，则继续执行；否则，提示用户商品库存不足。

（6）扣减缓存中的库存

在秒杀业务中，往往会将参与秒杀活动的商品库存等信息存放在缓存中，此时还需要验证参与秒杀活动的商品库存是否充足，并且需要从缓存库存中扣减秒杀活动中下单的商品数量。

（7）计算秒杀价格

由于在秒杀活动中，商品的秒杀价格和原价存在差异，所以需要计算商品的秒杀价格。

2. 提交订单

（1）将订单信息保存到数据库中

将用户提交的订单信息保存到数据库中。

（2）扣减真实库存

订单入库后，需要在商品的真实库存中扣除本次成功下单的商品数量。

如果使用上述流程开发了一个秒杀系统，那么当用户发起秒杀请求时，由于系统的每个业务流程都是串行执行的，所以整体的性能不会太高，当并发量太高时，可以为用户弹出排队页面，提示用户进行等待。此时的排队时间可能是 15s，也可能是 30s，甚至更长。这就存在一个问题：在用户发起秒杀请求到服务器返回结果的这段时间内，客户端和服务器之间的连接不会被释放，这就会占用大量的服务器资源。

所以，通过同步下单流程的方案开发的秒杀系统，其支撑的并发量并不会太高。如果 12306、淘宝、天猫、京东、小米等平台采用同步下单流程开发秒杀系统，那么这些秒杀系统会很快被高并发流量压垮。所以，在秒杀系统中，同步下单流程的方案是不可取的。

注意：在秒杀场景中，如果系统涉及的业务更加复杂，就会涉及更多的业务操作，这里笔者只是简单列举出了一些常见的业务操作。

20.4.2 异步下单流程

异步下单流程会将下单流程中的部分业务以异步的方式执行，能够极大地提升秒杀系统的性能和支持的下单并发量，异步下单流程如图 20-8 所示。

由图 20-8 可以看出，在异步下单流程中，主要包括发起秒杀请求、异步处理、轮询探测是否生成 Token、秒杀结算和提交订单五大部分，每部分的流程细节如下所示。

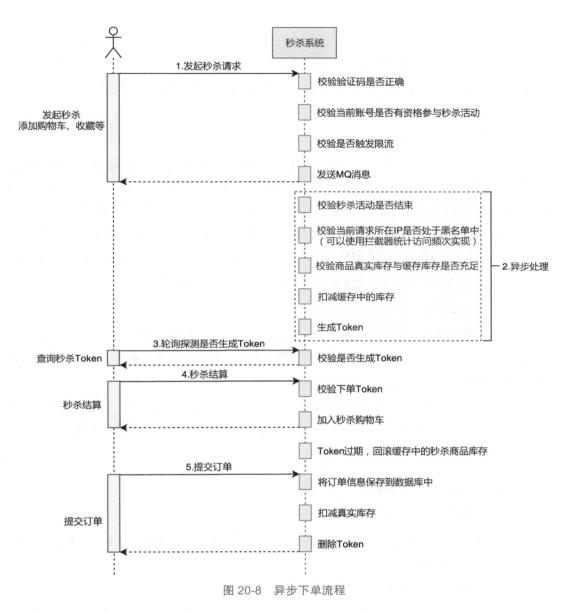

图 20-8　异步下单流程

1. 发起秒杀请求

用户发起秒杀请求后，秒杀系统会经过如下业务流程。

（1）校验验证码是否正确

秒杀系统判断用户发起秒杀请求时提交的验证码是否正确，如果验证码正确，则继续执行；

否则，提示用户验证码不正确。

（2）校验当前账号是否有资格参与秒杀活动

验证当前账号是否有资格参与秒杀活动，如果当前账号有资格参与秒杀活动，则继续执行；否则，提示用户无法参与秒杀活动。

（3）校验是否触发限流

系统会对用户的请求进行是否限流的判断，这里可以通过检测消息队列的长度进行判断。因为这里将用户的请求放在了消息队列中，消息队列中堆积的是用户的请求，所以可以根据当前消息队列中存在的待处理的请求数量来判断是否需要对用户的请求进行限流处理。

例如，在秒杀活动中，出售 1000 件商品，此时在消息队列中存在 1000 个请求，如果后续仍然有用户发起秒杀请求，则后续的请求可以不再处理，直接向用户返回商品已售完的提示。

所以，使用限流后，可以更快地处理用户的请求并释放连接的资源。

（4）发送 MQ 消息

完成前面的验证后，就可以将用户的请求参数等信息发送到 MQ 中进行异步处理，同时向用户返回结果信息。在秒杀系统中，会有专门的异步任务处理模块来处理消息队列中的请求和后续的异步流程。

在用户发起秒杀请求时，异步下单流程比同步下单流程的操作步骤少，它将后续的操作通过 MQ 发送给异步处理模块进行处理，并迅速向用户返回结果信息，释放请求连接。

2. 异步处理

可以将下单流程的如下操作进行异步处理。

（1）校验秒杀活动是否结束

验证当前秒杀活动是否已经结束，如果当前秒杀活动未结束，则继续执行；否则，提示用户当前秒杀活动已经结束。

（2）校验当前请求所在 IP 是否处于黑名单中

使用风控系统等手段或使用拦截器统计访问频次实现黑名单机制。如果检测到当前请求所在的 IP 地址不在黑名单中，则继续执行；否则，忽略当前请求不做任何处理。

（3）校验商品真实库存与缓存库存是否充足

系统需要验证商品的真实库存与缓存库存能否支持本次秒杀活动。如果商品的库存充足，则继续执行；否则，提示用户商品库存不足。

（4）扣减缓存中的库存

在秒杀业务中，往往会将参与秒杀活动的商品库存等信息存放在缓存中，此时还需要验证参与秒杀活动的商品库存是否充足，并且需要从缓存库存中扣减秒杀活动中下单的商品数量。

（5）生成 Token

这里的 Token 是根据当前用户和当前秒杀活动生成的，也就是说，生成的 Token 是绑定当前用户和当前秒杀活动的，只有生成了秒杀 Token 的请求才有资格进行秒杀活动。

这里引入了异步处理机制，在异步处理中，系统使用多少资源，分配多少线程来处理相应的任务，是可以控制的。

3. 轮询探测是否生成 Token

这里可以采取客户端短轮询查询服务器的方式确定是否为当前用户生成了秒杀 Token。例如，客户端可以每隔 3s 轮询请求服务器，查询是否生成了秒杀 Token，此时，服务器的处理方式是判断当前用户是否存在秒杀 Token，如果服务器为当前用户生成了秒杀 Token，则当前用户可以携带此 Token 执行后续下单流程，否则继续轮询查询，直到超时或者服务器返回商品已售完、无秒杀资格等信息。

在采用短轮询查询秒杀结果时，页面同样可以提示用户排队处理中，但是此时客户端会每隔几秒轮询服务器查询是否生成了秒杀 Token，相比于同步下单流程，无须长时间占用请求连接的资源。

注意：采用短轮询查询的方式，可能存在直到超时也查询不到是否生成了秒杀 Token 的情况。这种情况在秒杀场景下是允许的，因为商家参加秒杀活动本质上不是为了赚钱，而是为了提升商品的销量和商家的知名度，吸引更多的用户购买自己的商品。所以，在设计秒杀系统时，不必保证用户能够 100%查询到是否生成了秒杀 Token。

4. 秒杀结算

（1）校验下单 Token

当客户端提交秒杀结算请求时，会将秒杀 Token 一同提交到服务器，秒杀系统会验证当前的秒杀 Token 是否有效。

（2）加入秒杀购物车

秒杀系统在验证秒杀 Token 合法并有效后，会将用户秒杀的商品添加到秒杀购物车。

5. 提交订单

（1）将订单信息保存到数据库中

将用户提交的订单信息保存到数据库中。

（2）扣减真实库存

订单入库后，需要在商品的真实库存中扣除本次成功下单的商品数量。

（3）删除 Token

秒杀商品订单入库成功后，删除秒杀 Token。

异步下单流程只对一小部分流程进行了异步设计，而对于其他部分并没有采取异步削峰和填谷的措施。这是因为异步下单流程无论是在产品设计还是在接口设计上，都在用户发起秒杀请求阶段就进行了限流，系统的限流操作是非常前置的，系统的高峰流量已经被平滑解决了，再向下执行，系统的并发量并不高。

所以，不建议只在提交订单时通过异步削峰进行限流，这是因为提交订单属于整个流程中比较靠后的操作，而系统的限流操作一定要前置。

20.5 扣减库存设计

提交订单扣减商品库存的逻辑看上去非常简单，但是在秒杀系统这种超大流量的并发场景下，简单的扣减库存逻辑如果设计不当，也会出现各种问题。总体来说，扣减库存包括下单减库存、付款减库存和预扣减库存三种方式。本节简单介绍这三种扣减库存的方式，每种方式存在的问题和对应的解决方案，以及秒杀系统中通常会使用的扣减库存方案。

20.5.1 下单减库存

下单扣减库存的方式比较容易理解，就是用户提交订单后，在商品的总库存中减去用户购买的商品数量。这种减库存的方式是最简单的，也是将商品库存统计得最准确的。但是经常会碰到用户提交订单之后不付款的问题。

这就会存在一个问题——恶意刷单。例如，用户 A 作为商家参与了某平台的“双 11”秒杀活动，该平台扣减库存的方式为下单减库存，如果用户 A 的竞争对手通过恶意下单的方式将用户 A 参与秒杀的商品全部下单，让用户 A 的商品库存减为 0，但是并不付款，那么用户 A 参与“双 11”秒杀的商品就不能正常售卖了。

20.5.2　付款减库存

既然下单减库存存在问题，那么再来分析付款减库存。付款减库存就是在用户提交订单后，并不会立刻扣减商品的库存，而是等到用户付款后扣减库存。采用这种方式会经常遇到用户明明下单成功了，却提示不能付款的问题。 其原因就是当某个用户下单后，在执行付款操作前，相应的商品可能已经被其他人买走了。

付款减库存有可能造成另一个更为严重的后果——库存超卖。因为在用户提交订单时，系统不会扣减库存，所以最终用户成功下单的订单数量可能远远大于商品的库存数量。

20.5.3　预扣减库存

预扣减库存比前面两种方式复杂一些。当用户提交订单后，为用户预留购买数量的商品库存，例如预留 10min，一旦超过 10min 就释放为用户预留的库存，其他的用户可以继续下单购买。在付款时，系统会检验对应的订单是否存在有效的预留库存，如果存在，则真正扣减库存并付款；如果不存在，则再次尝试预扣减库存；如果库存不足，则不再付款；如果预扣减库存成功，则真正扣减库存并付款。

那么，预扣减库存是否能够解决下单减库存和付款减库存两种方式中的问题呢？答案是：并没有彻底解决。

例如，对恶意下单来说，虽然将有效的付款时间控制在一小段时间内，但是恶意用户完全有可能在一段时间后再次下单，也有可能在开始下单时，就一次性选择所有的库存下单。仍然不能彻底解决问题。

20.5.4　扣减库存问题的解决方案

秒杀系统中的主要问题是恶意下单和库存超卖，如下方案可以在一定程度上解决恶意下单问题。

（1）为经常提交订单却不付款的用户添加对应的标签，当这些用户下单时，进行特殊处理，例如不扣减库存等（具体可以根据需求确定）。

（2）在秒杀活动期间，为商品设置同一个人的最多购买件数，比如最多购买两件。

（3）对不付款重复下单的操作进行限制，例如，对同一商品下单时，首先校验当前用户是否存在未付款的订单，如果存在，则提示用户付款后再提交新订单。

如下方案可以在一定程度上解决库存超卖问题。

（1）当系统中普通商品的下单数量超过库存数量时，可以通过补货解决。

（2）在用户下单时提示库存不足。

20.5.5 秒杀系统扣减库存方案

通过前面对三种扣减库存方式的介绍，也许有不少读者会认为高并发秒杀系统会采用预扣减库存的方式，其实，在真正的高并发、大流量场景下，大部分秒杀系统会采用下单减库存的方式。在下单扣减库存的业务场景中，需要保证高并发、大流量下商品的库存不能被扣减至负数。

可以通过如下方案解决商品库存不能为负数的问题。

（1）扣减库存后，在应用程序的事务中判断商品库存是否为负数，如果是，则回滚事务不再扣减库存。

（2）在数据库中设置库存字段为无符号整数，从数据库层面保证无法出现负数的情况。

20.6　Redis 助力秒杀系统

Redis 在高并发、大流量下出色的性能表现，使其成为众多高并发系统首选的缓存数据库。本节简单介绍 Redis 是如何进一步提升秒杀系统性能的。

20.6.1　Redis 实现扣减库存

使用 Redis 实现扣减商品的库存时，可以在 Redis 中设计一个 Hash 数据结构，如下所示。

```
seckill:goodsStock:${goodsId}{
    totalCount:200,
    initStatus:0,
    seckillCount:0
}
```

在设计的 Hash 数据结构中，存在三个非常重要的属性信息。

- totalCount：表示参与秒杀的商品总数量，在秒杀活动开始前，会将商品的总数量提前加载到 Redis 缓存中。
- initStatus：将此值设计为布尔类型。在秒杀开始前，此值为 0，表示秒杀活动还未开始。可以通过定时任务或者后台操作将此值修改为 1，表示秒杀活动开始。

- seckillCount：表示在秒杀活动过程中当前商品的秒杀数量，此值的上限为 totalCount，当此值达到 totalCount 时，表示商品已经秒杀完毕。

在秒杀活动开始前，可以通过如下代码将参与秒杀活动的商品数据加载到 Redis 缓存中。

```java
/**
 * @author binghe
 * @version 1.0.0
 * @description 秒杀活动开始前构建商品缓存
 */
@Component
public class SeckillCacheBuilder {

    @Autowired
    private RedisTemplate<String, Object> redisTemplate;

    private static final String GOODS_CACHE = "seckill:goodsStock:";

    private String getCachekey(String id) {
        return GOODS_CACHE.concat(id);
    }

    public void prepare(String id, int totalCount) {
        String key = getCachekey(id);
        Map<String, Integer> goods = new HashMap<>();
        goods.put("totalCount", totalCount);
        goods.put("initStatus", 0);
        goods.put("seckillCount", 0);
        redisTemplate.opsForHash().putAll(key, goods);
    }
}
```

通过上述代码可以看出，在将参与秒杀活动的商品数据加载到 Redis 缓存时，商品的总数量 totalCount 的值通过 prepare()方法的参数传入。秒杀活动是否开始的 initStatus 状态值默认为 0，表示秒杀活动未开始。当前商品秒杀数量 seckillCount 值默认为 0，表示当前还未开始秒杀活动，商品的秒杀数量为 0。

秒杀活动开始时，需要在代码中首先判断缓存中的 seckillCount 值是否小于 totalCount 值，只有 seckillCount 值小于 totalCount 值，才能对库存进行锁定。在程序的实现中，这两步的实现其实并不是原子性的。如果在分布式环境中，通过多台机器同时操作 Redis 缓存，就会发生同步问题，进而引起"库存超卖"的严重后果。

20.6.2 完美解决超卖问题

如何解决多台机器同时操作 Redis 出现的同步问题呢？一种比较好的方案就是使用 Lua 脚本。使用 Lua 脚本将 Redis 中扣减库存的操作封装成一个原子操作，这样就能够保证操作的原子性，从而解决高并发环境下的同步问题。

例如，可以编写如下的 Lua 脚本代码，来执行 Redis 中扣减库存的操作。

```lua
local resultFlag = "0"
local n = tonumber(ARGV[1])
local key = KEYS[1]
local goodsInfo = redis.call("HMGET",key,"totalCount","seckillCount")
local total = tonumber(goodsInfo[1])
local seckill = tonumber(goodsInfo[2])
if not total then
    return resultFlag
end
if total >= seckill + n  then
    local ret = redis.call("HINCRBY",key,"seckillCount",n)
    return tostring(ret)
end
return resultFlag
```

在 Java 中，可以使用如下代码来调用上述 Lua 脚本。

```java
public int secKill(String id, int number) {
    String key = getCachekey(id);
    DefaultRedisScript<String> redisScript = new DefaultRedisScript<>();
    redisScript.setScriptText(SECKILL_LUA_SCRIPT);
    redisScript.setResultType(String.class);
    Object seckillCount = redisTemplate.execute(redisScript, Arrays.asList(key),
String.valueOf(number));
    return Integer.valueOf(seckillCount.toString());
}
```

完整的源代码如下。

```java
/**
 * @author binghe
 * @version 1.0.0
 * @description 秒杀服务的实现类
 */
@Service
public class SeckillServiceImpl implements SeckillService {
    private static final String GOODS_CACHE = "seckill:goodsStock:";
    private static final String SECKILL_LUA_SCRIPT =
```

```
        "local resultFlag = \"0\" \n" +
        "local n = tonumber(ARGV[1]) \n" +
        "local key = KEYS[1] \n" +
        "local goodsInfo =
redis.call(\"HMGET\",key,\"totalCount\",\"seckillCount\") \n" +
        "local total = tonumber(goodsInfo[1]) \n" +
        "local seckill = tonumber(goodsInfo[2]) \n" +
        "if not total then \n" +
        "   return resultFlag \n" +
        "end \n" +
        "if total >= seckill + n  then \n" +
        "   local ret = redis.call(\"HINCRBY\",key,\"seckillCount\",n) \n" +
        "   return tostring(ret) \n" +
        "end \n" +
        "return resultFlag\n";

    @Autowired
    private RedisTemplate<String, Object> redisTemplate;
    private String getCachekey(String id) {
        return GOODS_CACHE.concat(id);
    }
    @Override
    public int secKill(String id, int number) {
        String key = getCachekey(id);
        DefaultRedisScript<String> redisScript = new DefaultRedisScript<>();
        redisScript.setScriptText(SECKILL_LUA_SCRIPT);
        redisScript.setResultType(String.class);
        Object seckillCount = redisTemplate.execute(redisScript,
Arrays.asList(key),
                                               String.valueOf(number));
        return Integer.valueOf(seckillCount.toString());
    }
}
```

这样在执行秒杀活动的方法时，就能够保证操作的原子性，从而有效地避免数据的同步问题，进而有效地解决"超卖"问题。

20.6.3　Redis 分割库存

在使用 Redis 存储商品的库存时，为了进一步提升秒杀过程中 Redis 的读写并发量，可以将 Redis 中的商品库存进行分割存储。

例如，原来参与秒杀活动的商品 id 为 10001，库存为 1000 件，在 Redis 中存储的信息为(10001,

1000)，那么可以将原有的库存分割为 5 份，每份的库存为 200 件，此时，在 Redia 中存储的信息为(10001_0, 200)，(10001_1, 200)，(10001_2, 200)，(10001_3, 200)，(10001_4, 200)。Redis 分割存储库存如图 20-9 所示。

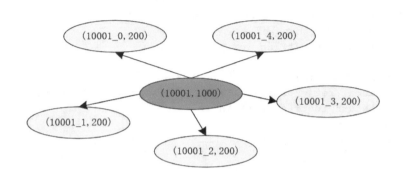

图 20-9　Redis 分割存储库存

将库存分割后，每个分割后的库存都使用商品 id 加一个数字标识来存储，这样，在对存储商品库存的每个 key 进行 Hash 运算时，得出的 Hash 结果都是不同的，这就说明，存储商品库存的 key 有很大概率不在 Redis 的同一个槽位中，这样就能提升 Redis 处理请求的性能和并发量。

分割库存后，还需要在 Redis 中存储一份商品 id 和分割库存后的 key 的映射关系，此时映射关系的 key 为商品的 id，也就是"10001, value"为分割库存后存储库存信息的 key，即 10001_0，10001_1，10001_2，10001_3，10001_4。在 Redis 中，可以使用 List 数据结构来存储这些值。

在真正处理库存信息时，可以先从 Redis 中查询出秒杀商品对应的分割库存后的所有 key，同时使用 AtomicLong 记录当前的请求数量，使用请求数量对从 Redis 中查询出的秒杀商品对应的分割库存后的所有 key 的长度进行求模运算，得出的结果为 0，1，2，3，4。再在前面拼接商品 id 就可以得出真正的库存缓存的 key。此时，就可以根据这个 key 直接到 Redis 中获取相应的库存信息了。

经过 Redis 分割商品库存的优化，能够进一步提升 Redis 的性能，从而进一步提升秒杀系统的整体性能。

20.6.4　缓存穿透技术

在高并发业务场景中，可以使用 Lua 脚本库（OpenResty）从负载均衡层直接访问缓存信息来进一步提升系统性能。所以说，这里的缓存穿透并不是指在高并发环境下出现的缓存异常，而是特指从系统的负载均衡层直接访问缓存中的数据。

可以思考这样一个场景：在秒杀业务场景中，秒杀的商品瞬间被抢购一空。此时，用户发起秒杀请求，如果由负载均衡层请求应用层的各个服务，再由应用层的各个服务访问缓存和数据库，那么实际上已经没有任何意义了，因为商品已经卖完了，而应用层的并发访问量的数量级是百，这又在一定程度上降低了系统的并发度。

为了解决这个问题，此时可以在系统的负载均衡层取出用户发送请求时携带的用户 id、商品 id 和秒杀活动 id 等信息，直接通过 Lua 脚本等技术访问缓存中的库存信息。如果秒杀商品的库存数量小于或等于 0，则直接返回用户商品已售完的提示信息，而不用再经过应用层的层层校验了。针对这个架构，可以参见图 20-1 所示的简易电商系统架构。

20.7　服务器性能优化

如果要将秒杀系统的性能优化到极致，那么只优化应用软件层面的性能是远远不够的，还需要进一步优化服务器和操作系统的性能。本节简单介绍如何优化服务器的性能。

注意：本节以 CentOS 8 为例来优化服务器的性能，如果读者使用的是其他版本的服务器，那么优化的参数或者优化的方式会有所不同。

20.7.1　操作系统参数

在 CentOS 操作系统中，可以通过如下命令来查看所有的系统参数。

```
/sbin/sysctl -a
```

使用此命令输出的参数有 1000 多个，在高并发场景下，不可能对操作系统的所有参数都进行调优，我们更多的是关注与网络相关的参数。如果想获得与网络相关的参数，那么需要先获取操作系统参数的类型，如下命令可以获取操作系统参数的类型。

```
/sbin/sysctl -a|awk -F "." '{print $1}'|sort -k1|uniq
```

运行上述命令，输出的结果如下。

```
abi
crypto
debug
dev
fs
```

```
kernel
net
sunrpc
user
vm
```

其中的 net 类型就是要关注的与网络相关的操作系统参数。可以获取 net 类型下的子类型，如下所示。

```
/sbin/sysctl -a|grep "^net."|awk -F "[.| ]" '{print $2}'|sort -k1|uniq
```

运行上述命令，输出的结果如下。

```
bridge
core
ipv4
ipv6
netfilter
nf_conntrack_max
unix
```

在 Linux 操作系统中，这些与网络相关的参数都可以在/etc/sysctl.conf 文件里修改，如果/etc/sysctl.conf 文件中不存在这些参数，那么可以自行在/etc/sysctl.conf 文件中添加这些参数。

注意：在 net 类型的子类型中，需要重点关注的有 core 和 ipv4。

20.7.2 优化套接字缓冲区

如果服务器的网络套接字缓冲区太小，就会导致应用程序读写多次才能将数据处理完，大大影响程序的性能。如果网络套接字缓冲区设置得足够大，就可以在一定程度上提升程序的性能。

可以在服务器的命令行输入如下命令，获取有关服务器套接字缓冲区的信息。

```
/sbin/sysctl -a|grep "^net."|grep "[r|w|_]mem[_| ]"
```

运行上述命令，输出的结果如下。

```
net.core.rmem_default = 212992
net.core.rmem_max = 212992
net.core.wmem_default = 212992
net.core.wmem_max = 212992
net.ipv4.tcp_mem = 43545          58062     87090
net.ipv4.tcp_rmem = 4096          87380     6291456
net.ipv4.tcp_wmem = 4096          16384     4194304
net.ipv4.udp_mem = 87093          116125    174186
net.ipv4.udp_rmem_min = 4096
```

```
net.ipv4.udp_wmem_min = 4096
```

其中，带有 max、default、min 关键字的参数分别代表最大值、默认值和最小值；带有 mem、rmem、wmem 关键字的参数分别为总内存、接收缓冲区内存和发送缓冲区内存。

注意：带有 rmem 和 wmem 关键字的单位都是字节，而带有 mem 关键字的单位是页。页是操作系统管理内存的最小单位，在 Linux 系统里，默认一页的大小是 4KB。

20.7.3　优化频繁接收大文件

在高并发、大流量的场景下，如果系统中存在频繁接收大文件的现象，则需要对服务器的性能进行优化。这里，可以修改的系统参数如下。

```
net.core.rmem_default
net.core.rmem_max
net.core.wmem_default
net.core.wmem_max
net.ipv4.tcp_mem
net.ipv4.tcp_rmem
net.ipv4.tcp_wmem
```

假设系统最多可以为 TCP 分配 2GB 内存，最小值为 256MB，压力值为 1.5GB。按照一页为 4KB 来计算，tcp_mem 的最小值、压力值、最大值分别是 65536、393216、524288，单位是页。具体的计算方式如下。

- 最小值：$256 \times 1024 \div 4 = 65536$。
- 压力值：$1.5 \times 1024 \times 1024 \div 4 = 393216$。
- 最大值：$2 \times 1024 \times 1024 \div 4 = 524288$。

假如平均每个数据包的大小为 512KB，那么平均每个套接字读写缓冲区最小可以容纳 2 个数据包，默认可以各容纳 4 个数据包，最大可以容纳 10 个数据包，则可以计算出 tcp_rmem 和 tcp_wmem 的最小值、默认值、最大值分别是 1048576、2097152、5242880，单位是字节。具体的计算方式如下。

- 最小值：$512 \times 2 \times 1024 = 1048576$。
- 默认值：$512 \times 4 \times 1024 = 2097152$。
- 最大值：$512 \times 10 \times 1024 = 5242880$。

rmem_default 和 wmem_default 是 2097152，rmem_max 和 wmem_max 是 5242880。

经过上面的分析和计算，可以得出如下的系统调优参数。

```
net.core.rmem_default = 2097152
net.core.rmem_max = 5242880
net.core.wmem_default = 2097152
net.core.wmem_max = 5242880
net.ipv4.tcp_mem = 65536  393216  524288
net.ipv4.tcp_rmem = 1048576  2097152  5242880
net.ipv4.tcp_wmem = 1048576  2097152  5242880
```

注意：如果缓冲区的大小超过了 65535，那么还需要将 net.ipv4.tcp_window_scaling 参数设置为 1。

20.7.4 优化 TCP 连接

TCP 的连接需要经过"三次握手"和"四次挥手"，还要有慢启动、滑动窗口、粘包算法等支持可靠性传输的一系列技术支持。虽然这些技术能够保证 TCP 的可靠性，但有时会影响程序的性能。所以在高并发场景下，可以按照如下方式优化 TCP 连接。

1. 关闭粘包算法

如果用户对于请求的耗时很敏感，就需要在 TCP 套接字上添加 tcp_nodelay 参数来关闭粘包算法，以便使数据包能够立刻发送出去。此时，也可以设置 net.ipv4.tcp_syncookies 的参数值为 1。

2. 避免频繁创建和回收连接资源

网络连接的创建和回收是非常消耗性能的，可以通过关闭空闲的连接、重复利用已经分配的连接资源来优化服务器的性能。例如，经常使用的线程池、数据库连接池就是复用了线程和数据库连接。

可以通过如下参数来关闭服务器的空闲连接并复用已分配的连接资源。

```
net.ipv4.tcp_tw_reuse = 1
net.ipv4.tcp_tw_recycle = 1
net.ipv4.tcp_fin_timeout = 30
net.ipv4.tcp_keepalive_time=1800
```

3. 避免重复发送数据包

TCP 支持超时重传机制。在发送方已经将数据包发送给接收方，但发送方并未收到反馈时，如果达到设置的时间间隔，就会触发 TCP 的超时重传机制。为了避免发送成功的数据包再次被发送，可以将服务器的 net.ipv4.tcp_sack 参数设置为 1。

4. 增大服务器文件描述符数量

在 Linux 操作系统中，一个网络连接也会占用一个文件描述符，连接越多，占用的文件描述符就越多。如果文件描述符设置得比较小，就会影响服务器的性能。此时，需要增大服务器文件描述符的数量。例如，fs.file-max = 10240000，表示服务器最多可以打开 10240000 个文件。

20.8　本章总结

本章主要对高并发、大流量下的秒杀系统的架构设计进行了深度的剖析。首先，介绍了电商系统的架构。然后，介绍了秒杀系统的业务特点、技术特点以及秒杀系统的三个阶段和性能优化措施。接下来，介绍了秒杀系统的下单流程设计和扣减库存设计。随后介绍了 Redis 在实际秒杀场景下的应用。最后，为了进一步提升秒杀系统的性能，简单介绍了服务器的性能优化措施。

注意：本章涉及的源代码已经提交到 GitHub 和 Gitee，GitHub 和 Gitee 链接地址见 2.4 节结尾。